九章算术

● 张苍 耿寿昌 删补

·九章算术·

从对数学的贡献的角度来衡量，刘徽应该与欧几里得、阿基米德相提并论。

以《九章算术》为代表的中国传统数学思想方法，同以《几何原本》为代表的古希腊数学思想方法，各有千秋……我认为，在未来，以《九章算术》为代表的算法化、程序化、机械化的数学思想方法体系，凌驾于以《几何原本》为代表的公理化、逻辑化、演绎化的数学思想方法体系之上，不仅不无可能，甚至可以说是殆成定局。

——吴文俊（中国著名数学家）

本书列入“十四五”国家重点图书出版规划

科学元典丛书

The Series of the Great Classics in Science

主　　编　任定成

执行主编　周雁翎

策　　划　周雁翎

丛书主持　陈　静

科学元典是科学史和人类文明史上划时代的丰碑，是人类文化的优秀遗产，是历经时间考验的不朽之作。它们不仅是伟大的科学创造的结晶，而且是科学精神、科学思想和科学方法的载体，具有永恒的意义和价值。

九章算术

〔汉〕张苍〔汉〕耿寿昌 删补

郭书春 译讲

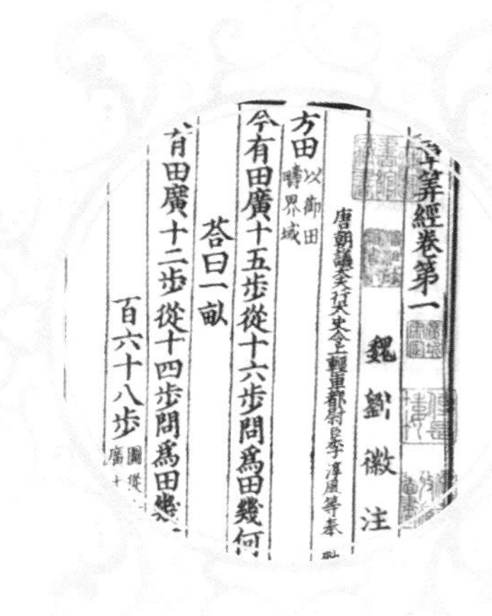
章算經卷第一

魏 劉徽 注

唐朝議大夫行太史令上輕車都尉臣李淳風等奉

方田 以御田疇界域

今有田廣十五步從十六步問爲田幾何

荅曰一畝

有田廣十二步從十四步問爲田幾

百六十八步

北京大学出版社
PEKING UNIVERSITY PRESS

图书在版编目（CIP）数据

九章算术 /（汉）张苍，（汉）耿寿昌删补；郭书春译讲. -- 北京：北京大学出版社，2024. 12. --（科学元典丛书）.

ISBN 978-7-301-35478-0

Ⅰ. O112

中国国家版本馆 CIP 数据核字第 20243MY112 号

书　　名　九章算术
　　　　　JIUZHANG SUANSHU
著作责任者　〔汉〕张苍 〔汉〕耿寿昌 删补　郭书春 译讲
丛书策划　周雁翎
丛书主持　陈　静
责任编辑　孟祥蕊　陈　静
标准书号　ISBN 978-7-301-35478-0
出版发行　北京大学出版社
地　　址　北京市海淀区成府路 205 号　100871
网　　址　http://www.pup.cn　新浪微博：@ 北京大学出版社
微信公众号　通识书苑（微信号：sartspku）　科学元典（微信号：kexueyuandian）
电子邮箱　编辑部 jyzx@pup.cn　总编室 zpup@pup.cn
电　　话　邮购部 010-62752015　发行部 010-62750672　编辑部 010-62753056
印 刷 者　天津裕同印刷有限公司
经 销 者　新华书店
　　　　　880 毫米 ×1230 毫米　A5　11 印张　264 千字
　　　　　2024 年 12 月第 1 版　2024 年 12 月第 1 次印刷
定　　价　79.00元（精装）

弁　　言

· Preface to the Series of the Great Classics in Science ·

这套丛书中收入的著作，是自古希腊以来，主要是自文艺复兴时期现代科学诞生以来，经过足够长的历史检验的科学经典。为了区别于时下被广泛使用的“经典”一词，我们称之为“科学元典”。

我们这里所说的“经典”，不同于歌迷们所说的“经典”，也不同于表演艺术家们朗诵的“科学经典名篇”。受歌迷欢迎的流行歌曲属于“当代经典”，实际上是时尚的东西，其含义与我们所说的代表传统的经典恰恰相反。表演艺术家们朗诵的“科学经典名篇”多是表现科学家们的情感和生活态度的散文，甚至反映科学家生活的话剧台词，它们可能脍炙人口，是否属于人文领域里的经典姑且不论，但基本上没有科学内容。并非著名科学大师的一切言论或者是广为流传的作品都是科学经典。

这里所谓的科学元典，是指科学经典中最基本、最重要的著作，是在人类智识史和人类文明史上划时代的丰碑，是理性精神的载体，具有永恒的价值。

一

科学元典或者是一场深刻的科学革命的丰碑，或者是一个严密的科学体系的构架，或者是一个生机勃勃的科学领域的基石，或者是一座传播科学文明的灯塔。它们既是昔日科学成就的创造性总结，又是未来科学探索的理性依托。

哥白尼的《天体运行论》是人类历史上最具革命性的震撼心灵的著作，它向统治西方思想千余年的地心说发出了挑战，动摇了“正统宗教”学说的天文学基础。伽利略《关于托勒密和哥白尼两大世界体系的对话》以确凿的证据进一步论证了哥白尼学说，更直接地动摇了教会所庇护的托勒密学说。哈维的《心血运动论》以对人类躯体和心灵的双重关怀，满怀真挚的宗教情感，阐述了血液循环理论，推翻了同样统治西方思想千余年、被“正统宗教”所庇护的盖伦学说。笛卡儿的《几何》不仅创立了为后来诞生的微积分提供了工具的解析几何，而且折射出影响万世的思想方法论。牛顿的《自然哲学之数学原理》标志着 17 世纪科学革命的顶点，为后来的工业革命奠定了科学基础。分别以惠更斯的《光论》与牛顿的《光学》为代表的波动说与微粒说之间展开了长达 200 余年的论战。拉瓦锡在《化学基础论》中详尽论述了氧化理论，推翻了统治化学百余年之久的燃素理论，这一智识壮举被公认为历史上最自觉的科学革命。道尔顿的《化学哲学新体系》奠定了物质结构理论的基础，开创了科学中的新时代，使 19 世纪的化学家们有计划地向未知领域前进。傅立叶的《热的解析理论》以其对热传导问题的精湛处理，突破了牛顿的《自然哲学之数学原理》所规定的理论力学范围，开创了数学物理学的崭新领域。达尔文《物种起源》中的进化论思想不仅在生物学发展到分子水平的今天仍然是科学家们阐释的对象，而且 100 多年来几乎在科学、社会和人文的所有领域都在施展它有形和无形的影响。《基因论》揭示了孟德尔式遗传性状传递机理的物质基础，把生命科学推进到基因水平。爱因斯坦的《狭义与广义相对论浅说》和薛定谔的《关于波动力学的四次演讲》分别阐述了物质世界在高速和微观领域的运动规律，完全改变了自牛顿以来的世界观。魏格纳的《海陆的起源》提出了大陆漂移的猜想，为当代地球科学提供了新的发展基点。维纳的《控制论》揭示了控制系统的反馈过程，普里戈金的《从存在到演化》发现了系统可能从原来无序向新的有序态转化的机制，二者的思想在今天的影响已经远远超越了自然科学领域，影响到经济学、社会学、政治学等领域。

科学元典的永恒魅力令后人特别是后来的思想家为之倾倒。欧几里得的《几何原本》以手抄本形式流传了1800余年，又以印刷本用各种文字出了1000版以上。阿基米德写了大量的科学著作，达·芬奇把他当作偶像崇拜，热切搜求他的手稿。伽利略以他的继承人自居。莱布尼兹则说，了解他的人对后代杰出人物的成就就不会那么赞赏了。为捍卫《天体运行论》中的学说，布鲁诺被教会处以火刑。伽利略因为其《关于托勒密和哥白尼两大世界体系的对话》一书，遭教会的终身监禁，备受折磨。伽利略说吉尔伯特的《论磁》一书伟大得令人嫉妒。拉普拉斯说，牛顿的《自然哲学之数学原理》揭示了宇宙的最伟大定律，它将永远成为深邃智慧的纪念碑。拉瓦锡在他的《化学基础论》出版后5年被法国革命法庭处死，传说拉格朗日悲愤地说，砍掉这颗头颅只要一瞬间，再长出这样的头颅100年也不够。《化学哲学新体系》的作者道尔顿应邀访法，当他走进法国科学院会议厅时，院长和全体院士起立致敬，得到拿破仑未曾享有的殊荣。傅立叶在《热的解析理论》中阐述的强有力的数学工具深深影响了整个现代物理学，推动数学分析的发展达一个多世纪，麦克斯韦称赞该书是“一首美妙的诗”。当人们咒骂《物种起源》是“魔鬼的经典”“禽兽的哲学”的时候，赫胥黎甘做“达尔文的斗犬”，挺身捍卫进化论，撰写了《进化论与伦理学》和《人类在自然界的位置》，阐发达尔文的学说。经过严复的译述，赫胥黎的著作成为维新领袖、辛亥精英、“五四”斗士改造中国的思想武器。爱因斯坦说法拉第在《电学实验研究》中论证的磁场和电场的思想是自牛顿以来物理学基础所经历的最深刻变化。

在科学元典里，有讲述不完的传奇故事，有颠覆思想的心智波涛，有激动人心的理性思考，有万世不竭的精神甘泉。

二

按照科学计量学先驱普赖斯等人的研究，现代科学文献在多数时间里呈指数增长趋势。现代科学界，相当多的科学文献发表之后，并没有任何人引用。就是一时被引用过的科学文献，很多没过多久就被新的文献所淹没了。科学注重的是创造出新的实在知识。从这个意义上说，科学是向前看的。但是，我们也可以看到，这么多文献被淹没，也表明划时代的科学文献数量是很少的。大多数科学元典不被现代科学文献所引用，那是因为其中的知识早已成为科学中无须证明的常识了。即使这样，科学经典也会因为其中思想的恒久意义，而像人文领域里的经典一样，具有永恒的阅读价值。于是，科学经典就被一编再编、一印再印。

早期诺贝尔奖得主奥斯特瓦尔德编的物理学和化学经典丛书“精密自然科学经典”从 1889 年开始出版，后来以“奥斯特瓦尔德经典著作”为名一直在编辑出版，有资料说目前已经出版了 250 余卷。祖德霍夫编辑的“医学经典”丛书从 1910 年就开始陆续出版了。也是这一年，蒸馏器俱乐部编辑出版了 20 卷“蒸馏器俱乐部再版本”丛书，丛书中全是化学经典，这个版本甚至被化学家在 20 世纪的科学刊物上发表的论文所引用。一般把 1789 年拉瓦锡的化学革命当作现代化学诞生的标志，把 1914 年爆发的第一次世界大战称为化学家之战。奈特把反映这个时期化学的重大进展的文章编成一卷，把这个时期的其他 9 部总结性化学著作各编为一卷，辑为 10 卷“1789—1914 年的化学发展”丛书，于 1998 年出版。像这样的某一科学领域的经典丛书还有很多很多。

科学领域里的经典，与人文领域里的经典一样，是经得起反复咀嚼的。两个领域里的经典一起，就可以勾勒出人类智识的发展轨迹。正因为如此，在发达国家出版的很多经典丛书中，就包含了这两个领域的重要著作。1924 年起，沃尔科特开始主编一套包括人文与科学两个领域的原始文献丛书。这个计划先后得到了美国哲学协会、美国科学促进会、美国科学史学会、美国人类学协会、美国数学协会、美国数学学会以及美国天文学学会的支持。1925 年，这套丛书中的《天文学原始文献》和《数学原始文献》出版，这两本书出版后的 25 年内市场情况一直很好。1950 年，沃尔科特把这套丛书中的科学经典部分发展成为“科学史原始文献”丛书出版。其中有《希腊科学原始文献》《中世纪科学原始文献》和《20 世纪（1900—1950 年）科学原始文献》，文艺复兴至 19 世纪则按科学学科（天文学、数学、物理学、地质学、动物生物学以及化学诸卷）编辑出版。约翰逊、米利肯和威瑟斯庞三人主编的“大师杰作丛书”中，包括了小尼德勒编的 3 卷“科学大师杰作”，后者于 1947 年初版，后来多次重印。

在综合性的经典丛书中，影响最为广泛的当推哈钦斯和艾德勒 1943 年开始主持编译的“西方世界伟大著作丛书”。这套书耗资 200 万美元，于 1952 年完成。丛书根据独创性、文献价值、历史地位和现存意义等标准，选择出 74 位西方历史文化巨人的 443 部作品，加上丛书导言和综合索引，辑为 54 卷，篇幅 2500 万单词，共 32000 页。丛书中收入不少科学著作。购买丛书的不仅有“大款”和学者，而且还有屠夫、面包师和烛台匠。迄 1965 年，丛书已重印 30 次左右，此后还多次重印，任何国家稍微像样的大学图书馆都将其列入必藏图书之列。这套丛书是 20 世纪上半叶在美国大学兴起而后扩展到全社会的经典著作研读运动的产物。这个时期，美国一些大学的寓所、校园和酒吧里都能听到学生讨论古典佳作的声音。有的大学要求学生必须深研 100 多部名著，甚至在教学中不得使用最新的实验设备，而是借助历史上的科学大师所使用的方法和仪器复制品去再现划时代的著名实验。至 20 世纪 40 年代末，美国举办古典名著学习班的城市达 300 个，学员 50000 余众。

相比之下，国人眼中的经典，往往多指人文而少有科学。一部公元前 300 年左右古希腊人写就的《几何原本》，从 1592 年到 1605 年的 13 年间先后 3 次汉译而未果，经 17 世纪初和 19 世纪 50 年代的两次努力才分别译刊出全书来。近几百年来移译的西学典籍中，成系统者甚多，但皆系人文领域。汉译科学著作，多为应景之需，所见典籍寥若晨星。借 20 世纪

70 年代末举国欢庆“科学春天”到来之良机，有好尚者发出组译出版“自然科学世界名著丛书”的呼声，但最终结果却是好尚者抱憾而终。20 世纪 90 年代初出版的“科学名著文库”，虽使科学元典的汉译初见系统，但以 10 卷之小的容量投放于偌大的中国读书界，与具有悠久文化传统的泱泱大国实不相称。

我们不得不问：一个民族只重视人文经典而忽视科学经典，何以自立于当代世界民族之林呢?

三

科学元典是科学进一步发展的灯塔和坐标。它们标识的重大突破，往往导致的是常规科学的快速发展。在常规科学时期，人们发现的多数现象和提出的多数理论，都要用科学元典中的思想来解释。而在常规科学中发现的旧范型中看似不能得到解释的现象，其重要性往往也要通过与科学元典中的思想的比较显示出来。

在常规科学时期，不仅有专注于狭窄领域常规研究的科学家，也有一些从事着常规研究但又关注着科学基础、科学思想以及科学划时代变化的科学家。随着科学发展中发现的新现象，这些科学家的头脑里自然而然地就会浮现历史上相应的划时代成就。他们会对科学元典中的相应思想，重新加以诠释，以期从中得出对新现象的说明，并有可能产生新的理念。百余年来，达尔文在《物种起源》中提出的思想，被不同的人解读出不同的信息。古脊椎动物学、古人类学、进化生物学、遗传学、动物行为学、社会生物学等领域的几乎所有重大发现，都要拿出来与《物种起源》中的思想进行比较和说明。玻尔在揭示氢光谱的结构时，提出的原子结构就类似于哥白尼等人的太阳系模型。现代量子力学揭示的微观物质的波粒二象性，就是对光的波粒二象性的拓展，而爱因斯坦揭示的光的波粒二象性就是在光的波动说和微粒说的基础上，针对光电效应，提出的全新理论。而正是与光的波动说和微粒说二者的困难的比较，我们才可以看出光的波粒二象性学说的意义。可以说，科学元典是时读时新的。

除了具体的科学思想之外，科学元典还以其方法学上的创造性而彪炳史册。这些方法学思想，永远值得后人学习和研究。当代诸多研究人的创造性的前沿领域，如认知心理学、科学哲学、人工智能、认知科学等，都涉及对科学大师的研究方法的研究。一些科学史学家以科学元典为基点，把触角延伸到科学家的信件、实验室记录、所属机构的档案等原始材料中去，揭示出许多新的历史现象。近二十多年兴起的机器发现，首先就是对科学史学家提供的材料，编制程序，在机器中重新做出历史上的伟大发现。借助于人工智能手段，人们已经在机器上重新发现了波义耳定律、开普勒行星运动第三定律，提出了燃素理论。萨伽德甚至用机器研究科学理论的竞争与接受，系统研究了拉瓦锡氧化理论、达尔文进化学说、魏格纳大陆漂移说、哥白尼日心说、牛顿力学、爱因斯坦相对论、量子论以及心理学中的行为主义和认知主义形成的革命过程和接受过程。

除了这些对于科学元典标识的重大科学成就中的创造力的研究之外，人们还曾经大规模地把这些成就的创造过程运用于基础教育之中。美国几十年前兴起的发现法教学，就是在这方面的尝试。近二十多年来，兴起了基础教育改革的全球浪潮，其目标就是提高学生的科学素养，改变片面灌输科学知识的状况。其中的一个重要举措，就是在教学中加强科学探究过程的理解和训练。因为，单就科学本身而言，它不仅外化为工艺、流程、技术及其产物等器物形态，直接表现为概念、定律和理论等知识形态，更深蕴于其特有的思想、观念和方法等精神形态之中。没有人怀疑，我们通过阅读今天的教科书就可以方便地学到科学元典著作中的科学知识，而且由于科学的进步，我们从现代教科书上所学的知识甚至比经典著作中的更完善。但是，教科书所提供的只是结晶状态的凝固知识，而科学本是历史的、创造的、流动的，在这历史、创造和流动过程之中，一些东西蒸发了，另一些东西积淀了，只有科学思想、科学观念和科学方法保持着永恒的活力。

然而，遗憾的是，我们的基础教育课本和科普读物中讲的许多科学史故事不少都是误讹相传的东西。比如，把血液循环的发现归于哈维，指责道尔顿提出二元化合物的元素原子数最简比是当时的错误，讲伽利略在比萨斜塔上做过落体实验，宣称牛顿提出了牛顿定律的诸数学表达式，等等。好像科学史就像网络上传播的八卦那样简单和耸人听闻。为避免这样的误讹，我们不妨读一读科学元典，看看历史上的伟人当时到底是如何思考的。

现在，我们的大学正处在席卷全球的通识教育浪潮之中。就我的理解，通识教育固然要对理工农医专业的学生开设一些人文社会科学的导论性课程，要对人文社会科学专业的学生开设一些理工农医的导论性课程，但是，我们也可以考虑适当跳出专与博、文与理的关系的思考路数，对所有专业的学生开设一些真正通而识之的综合性课程，或者倡导这样的阅读活动、讨论活动、交流活动甚至跨学科的研究活动，发掘文化遗产、分享古典智慧、继承高雅传统，把经典与前沿、传统与现代、创造与继承、现实与永恒等事关全民素质、民族命运和世界使命的问题联合起来进行思索。

我们面对不朽的理性群碑，也就是面对永恒的科学灵魂。在这些灵魂面前，我们不是要顶礼膜拜，而是要认真研习解读，读出历史的价值，读出时代的精神，把握科学的灵魂。我们要不断吸取深蕴其中的科学精神、科学思想和科学方法，并使之成为推动我们前进的伟大精神力量。

任定成

2005 年 8 月 6 日

北京大学承泽园迪吉轩

目　　录

导　读

郭书春
（中国科学院自然科学史研究所　研究员）

《九章筭术》与《九章算术》
《九章算术》产生的时代背景
《九章算术》的内容和成就
《九章算术》时代的数学工具——规矩和算筹
《九章算术》的体例
《九章算术》的编纂
张苍和耿寿昌
《九章算术》的历史地位
后世对《九章算术》的研究
《九章算术》的现代价值

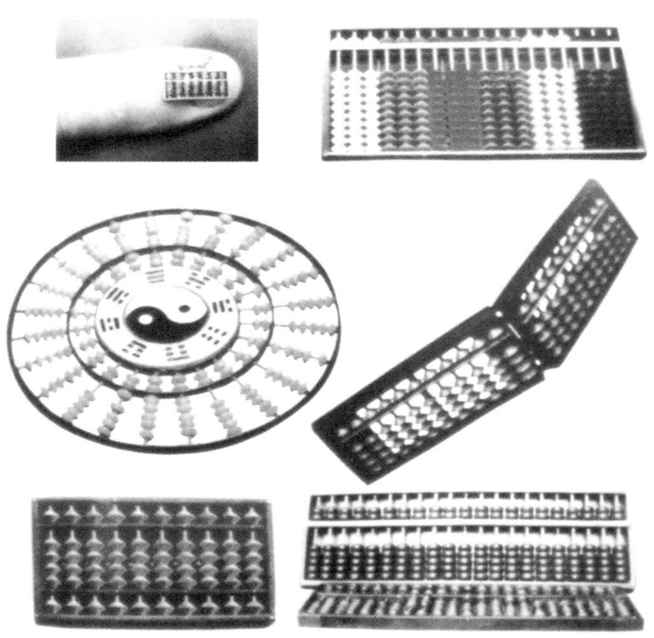

各式各样的中国珠算盘

一、《九章筭术》与《九章算术》

(一)关于书名

关于本书书名,通常有"**九章筭术**"与"**九章算术**"两种写法。现有历史资料中,此书之名最早出现在东汉光和二年(179年)的大司农斛、权的铭文中,用的是"**九章筭术**"。据史料,清中叶以前的数学著作,几乎全部用的是"**筭**"字,很少会用"算"字。唐朝初年,李淳风等人整理十部算经[①],为了提高数学的地位,将"**筭术**"改作"**筭经**"。现在流传的南宋本与明朝《永乐大典》本,书名皆作"**九章筭经**"。清朝中叶戴震(1724—1777)在参与编纂《四库全书》时及其后整理十部算经时,都使用了"**九章算术**"的名称,并将书中所有的"**筭**"都改作"算"。事实上,在20世纪80年代出土的西汉数学竹简中,有一支简书写有"**筭数书**"三字,后来人们将这三字作为这批竹简的书名。《**筭数书**》[②]和20世纪初收藏的几部秦汉数学简牍用的都是"**筭**"字,并未出现"算"字。这种情况一直延续到明朝和清初。清中叶的学者认为,"**筭**"是计算的器具,即算筹;"算"是"**筭**"的应用,即计算。此后数学著作中"**筭**""算"两字都用。20世纪50年代之后则主要用"算"字,很少用"**筭**",以致许多人误认为"**筭**"是繁体字或异体字。实际上,"**筭**"是《新华字典》中的规范汉字。而且除受戴震影响的版本,权威的版本仍用"**九章筭术**"。

根据以上分析,这本书的书名应该写成"**九章筭术**"。但是,由于"九章算术"这个书名现在已被大家广泛接受,按惯例,也为了方便普通读者检索查阅,本书仍将其书名写成"九章算术"。

---

① 为便于读者阅读,"十部算经""算经十书"等词,以及"算经十书"所包含的十部著作的书名,本书均用"算"字,但实际上,清中叶以前,同样都用"筭"字,因此这句话后面用的是"筭术""筭经"。——译者注

② 虽然当时用的确实是"筭"字,但和《九章算术》的书名用字情况相似,现今大多都用"算",因此后文再谈到此书时,用"算数书"这一名字。——译者注

(二)算经之首

《九章算术》是中国古代最重要的数学经典,历来被尊为算经之首,相当于儒家的《论语》、兵家的《孙子兵法》。现今流传的《九章算术》含有西汉编纂的《九章算术》本文、三国时期魏国刘徽撰写的《九章算术注》和唐朝初年李淳风等人撰写的《九章算术注释》。本书主要谈《九章算术》本文。

《九章算术》是“算经十书”之一。“算经十书”是西汉至唐朝初年十部算术著作的总集。李淳风等人受唐太宗之命在数学最高教育机构——国子监算学馆整理这些著作,同时算学博士梁述、太学助教王真儒等人协助。后来,“算经十书”成为算学馆的教材,并被列入科举考试中明算科的考试内容。

北宋元丰七年(1084年),专门管理国家藏书的秘书省刊刻了这十部算经,这是世界文化史上首次刻印数学著作。13世纪初,南宋天文学家、数学家鲍澣之翻刻了北宋秘书省刻本。后世将鲍澣之的翻刻本称为南宋本,这也是世界上现存最早的印刷本数学著作。在明初,《九章算术》被录入《永乐大典》。到了清朝中叶,乾隆年间纂修

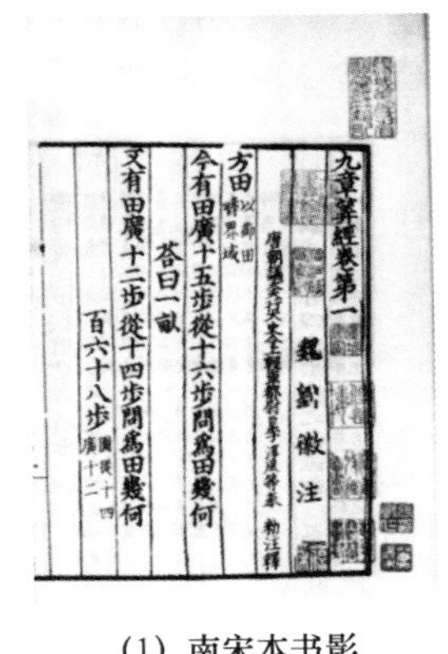

九章算經卷第一
魏 劉徽 注
唐朝議大夫行太史令上輕車都尉臣李淳風等奉 勅注釋
方田 以御田疇界域
今有田廣十五步從十六步問爲田幾何
荅曰一畝
又有田廣十二步從十四步問爲田幾何
百六十八步 圖從十四廣十二

(1) 南宋本书影

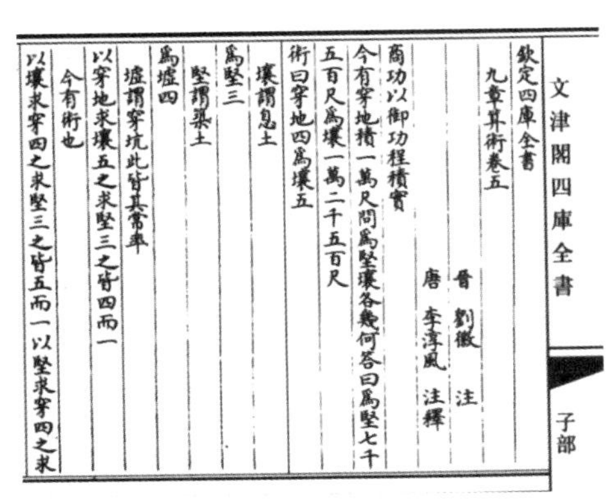

文津閣四庫全書
子部
欽定四庫全書
九章算術卷五
晉 劉徽 注
唐 李淳風 注釋
商功以御功程積實
今有穿地積一萬尺問爲堅壤各幾何荅曰爲堅七千
五百尺爲壤一萬二千五百尺
術曰穿地四爲壤五
壤謂息土
爲堅三
堅謂築土
爲墟四
墟謂穿坑此皆其常率
以穿地求壤五之求堅三之皆四而一
今有術也
以壤求穿四之求堅三之皆五而一以堅求穿四之求

(2) 四库文津阁本书影

图1 《九章算术》书影

《四库全书》,戴震从《永乐大典》中辑录、校勘了《九章算术》等七部算经,将其抄入《四库全书》,并收入《武英殿聚珍版丛书》,这是首次用活字印刷《九章算术》。后来戴震又找到了其他几部汉唐时期的算经,将之重新整理,由孔继涵刊刻。自此,这十部算经被称为"算经十书"。

二、《九章算术》产生的时代背景

《九章算术》共有九卷[①],分别是方田、粟米、衰(cuī)分、少(shǎo)广、商功、均输、盈不足、方程、勾股。学术界认为,《九章算术》是春秋战国时期社会大变革和经济大发展的产物,集中国数代数学知识之大成。

经过夏、商、西周,华夏已步入文明社会千余年,可是由于《九章算术》太完整,加之战乱,其前的数学著作全部丢失,致使当时数学的发展情况我们无从细究。

《周礼》记载西周贵族子弟要学习"六艺",其第六科"数"也称为"九数",也就是数学的九个门类。它在西周具体是哪九门,现已无法考察,但可以肯定的是,《九章算术》中计算田地面积和各种谷物交换的方法等,在当时已经娴熟。《周髀(bì)算经》是十部算经之一,据其记载,数学家商高已掌握了勾股圆方图,其中就有圆与正方形内接、外切关系图。商高还给出了勾股定理,据此可以求远处物体的距离,也可以确定直角。商高还向周公概述了用"矩"测高、望远的方法,周公听后发出了"了不起啊,数学!"的赞叹。这意味着数学已经成为一门学科。

西周末年,政治腐败。公元前770年,周平王东迁洛邑(今河南省洛阳市),由此开始,中国逐渐进入社会大变革、思想大解放、经济大发

① 卷和章都是古籍中常用的术语,有时二者一致,如本书,有的则不同。——译者注

展的春秋战国时代，直到公元前221年秦始皇统一中国。

春秋时期，夏、商、西周施行的“井田制”逐渐解体，开始按田亩大小和产量多少征收租税。西周之后，铁器在手工业和农业中得到广泛使用，这大大促进了生产力的发展。同时，学术和文化也发生了变革。“学在官府”被打破，学术下移，私学兴起，出现了知识分子构成的“士”阶层。他们有不同的学术观点和理想抱负，互相争辩，服务于不同的社会集团，促进了学术的蓬勃发展。

农业、手工业和商业更加繁荣。宫室的建造、城池的修筑、水利设施的兴修，都促进了数学方法的创立和发展。《左传》中有两次筑城的记载：一次是鲁宣公十一年（前598年）；另一次是鲁昭公三十二年（前510年）。这两次筑城都要用到土方体积，沟、渠等的容积，要考虑筑城所需的民工数、对民工工作量的分配、民工的粮食供应、运输的远近等方面的计算，还要用到面积、体积的计算，粟米的交换、比例和比例分配，乃至均输、测望、勾股等数学方法。

西周初年的“九数”发展到春秋战国，从内容到方法，都发生了大的飞跃，成为东汉经学家郑众（？—83）、郑玄（127—200）所说的九个分支：方田、粟米、差（cī）分、少广、商功、均输、赢不足、方程、旁要。它们构成了《九章算术》的主体。在西汉，“差分”改为“衰分”，“旁要”发展为“勾股”。《周礼》《管子》《墨子》等先秦典籍和出土文物中都有关于这些内容的若干蛛丝马迹。

春秋战国时期，随着社会变革的加剧，思想界出现了百家争鸣的繁荣局面。儒家、墨家、道家、名家等诸子互相争辩，促进了学术的发展，提高了人们的抽象思维能力。数学九个门类中的算法，大都是抽象性比较高的，这是先秦人们抽象思维能力较强的反映。这些算法是《九章算术》的主要方法，构成了《九章算术》的基本框架。

秦、汉是中国历史上最早的两个统一的中央集权的朝代，社会生产力得到进一步发展，数学也得到长足进步。但是，秦朝的严刑苛法、汉武帝的独尊儒术，窒息了百家争鸣，学者们的抽象思维能力大大降低，他们主要使用形象思维。在《九章算术》中，有很多问题局限于演算，而抽象得不够，正是这种形象思维的反映。

三、《九章算术》的内容和成就

《九章算术》共有九卷，也称为九章。

第一卷为“方田”，含有各种图形的面积公式及世界上最早、最完整的分数四则运算法则，共有38个例题。

第二卷为“粟米”，是以今有术为主体的比例算法。此外，该卷还有其他方法。这一卷共有46个例题。

第三卷为“衰分”，衰分就是比例分配算法。这一卷还有若干用今有术求解的异乘同除问题，共有20个例题。

第四卷为“少广”，其第一部分是：有一块田地，已知其面积为1亩，还知道这块田地的特别小的“广”，也就是宽，求这块田地的长是多少，所以称为“少广”。

显然，这是长方形面积问题的逆运算。后来这种方法又发展出已知某正方形面积求其边长的开方术、已知某正方体体积求其边长的开立方术。这分别是面积与体积问题的逆运算。这类问题也就自然归类在“少广”这一卷中。这一卷共有24个例题。

开方术和开立方术后来发展为求解一元方程的正根的方法。这是中国古代最为发达的数学分支。

第五卷为“商功”，商功的本义是讨论土方工程的工作量如何分配。为此，首先要知道工程中土方的体积和要挖掘的各种地下工程的容积。为解决这一问题，这一卷给出了各种多面体和圆体的体积公式。这一卷共有28个例题。

第六卷为“均输”，讲的是各县或各户赋税的合理负担算法。此外还有各种算术难题。这一卷共有28个例题。

第七卷为“盈不足”,也就是盈亏类问题的算法及其在各种数学问题中的应用,共有20个例题。

第八卷为“方程”,其中介绍的方程术就是现今线性方程组的解法,与含有一个未知数及其幂次的等式这类方程不同。在这一卷中,有时根据实际问题所列出的关系式不是规整的方程,于是提出了列方程的方法“损益”。方程在消元时,可能出现小数减去大数的情形,便出现了负数,或者列出的方程本身就含有负系数,于是提出了正负数加减法则。这一卷共有18个例题。

第九卷为“勾股”,含有勾股定理、解勾股形、勾股数组的通解公式、勾股容方、勾股容圆以及简单的测望问题。这一卷共有24个例题。

《九章算术》含有近百条十分抽象的术文(公式)、解法及246个例题。其中,分数四则运算法则、比例和比例分配算法、盈不足算法、开方法、线性方程组解法、正负数加减法则、列方程的方法、勾股数组及部分解勾股形的方法等,是这类算法在世界上最早的文献记录,都超前其他文化传统几百年,甚至千余年,是具有世界意义的重大科学成就。

四、《九章算术》时代的数学工具——规矩和算筹

《九章算术》是一部高级数学著作,对计算工具没有介绍。刘徽说,数学中“世代所传的方法,只不过是规、矩、度、量中那些可以得到并且有共性的东西”。规是画圆的工具,矩是画方的工具。度、量就是度量衡。用度量衡来量度某物,就得到其长度、容积和重量,这可以反映事物的数量关系。因此,规矩、度量就是人们常说的空间形式和数量关系。

相传人类的始祖伏羲、女娲制造了规和矩，图2是新疆阿斯塔纳唐墓出土的伏羲和女娲执规、矩织帛的图。《尸子》说倕作规矩。后来规矩也成了汉语中表示标准、法则甚至道德规范的常用词。

图2　新疆阿斯塔纳唐墓出土的伏羲和女娲执规、矩织帛图

用度量衡度量某物所得到的数量，通常用算筹表示。《九章算术》多次使用“算”字，它最重要的含义就是算筹。第四卷的开方术和开立方术要“借一算”，指借用一枚算筹。用算筹计算就是筹算。《九章算术》所解决的各种应用问题的计算，都是通过筹算完成的。东汉许慎在《说文解字》中指出，“**筭**”是用来计算历法和数学的。它由“竹”“弄”组成，是说经常摆弄才不出现错误。而“算”是数，由“竹”“具”组成，读音同“**筭**”。可见，当时人们通用的是“**筭**”字，也出现了一个同音字“算”。

算筹又称为算、筹、策、算子等，一般用竹或木制作，也有用象牙、骨或金属制作的。算筹是什么时候产生的，已无法考察。《老子》说，善于计算的人不用筹策。《左传·襄公三十年》记载人们用“亥”字的字谜表示一位老人的年纪。史赵解释此字谜说，“亥”以“二”作为头，以“六”作为身体，下二部分与身体相同，就是他年纪的日数。士文伯说，那么他有“二万六千六百有六旬”。“亥”字拆成算筹就是＝⊤⊥⊤　，即26660日，也就是74岁。这些都说明，最迟在春秋时期人们已经普遍使用算筹了。

算筹采用十进位值制记数，分纵横两式，如图3(1)所示。公元400年前后编定的《孙子算经》说：“一从(zòng，通‘纵’)十横，百立千僵

(躺着),千、十相望,万、百相当。"这是现存关于算筹记数法的最早记载。20世纪70年代多次出土骨制算筹,截面为圆形,证实了《汉书·律历志》关于算筹"径一分,长六寸"(分别合今0.23厘米,13.8厘米)的记载。图3(2)是20世纪70年代陕西旬阳出土的西汉算筹。为避免布算面积过大和算筹滚动,后来算筹逐渐变短,截面由圆变方。20世纪70年代末,石家庄东汉墓出土的算筹,长度缩短为8.9厘米左右,截面也已变为方形,如图3(3)所示。

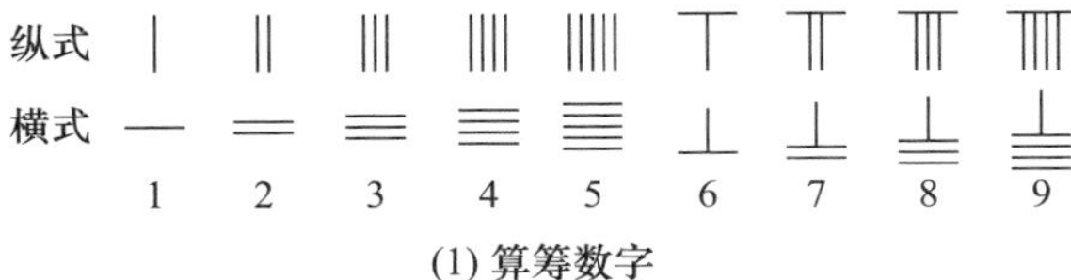

(1) 算筹数字

(2) 陕西旬阳出土的西汉算筹

(3) 河北石家庄出土的算筹

图3　算筹

算筹是当时世界上最方便的计算工具。将算筹纵横交错,并用空位表示0,可以表示任何自然数,也可以表示分数、小数、负数、高次方程和线性方程组,甚至可以表示多元高次方程组。算筹加上先进的十进位值制记数法,是中国古典数学长于计算的重要原因。算筹是明朝中叶以前中国的主要计算工具。中国古典数学的主要成就,大都是借助算筹和筹算取得的。

自唐朝中叶起,随着商业繁荣,人们需要计算得快,便创造了各种乘除捷算法,并利用汉语数字都是单音节的特点,编成许多口诀,使之更加便于传诵记忆。但这样就产生了新的矛盾:嘴念口诀很快,手摆弄算筹很慢,得心无法应手。

为了解决这一矛盾,满足社会需要,就要有新的计算工具。这就使得我国最迟在宋朝就发明了珠算盘。此后,珠算盘与算筹共存并用了很长时间。关于这一点,我们从明初的绘图识字读物《魁本对相四言杂字》中可以看到,插图中既有珠算盘,也有算筹(当时叫算子),如图4。

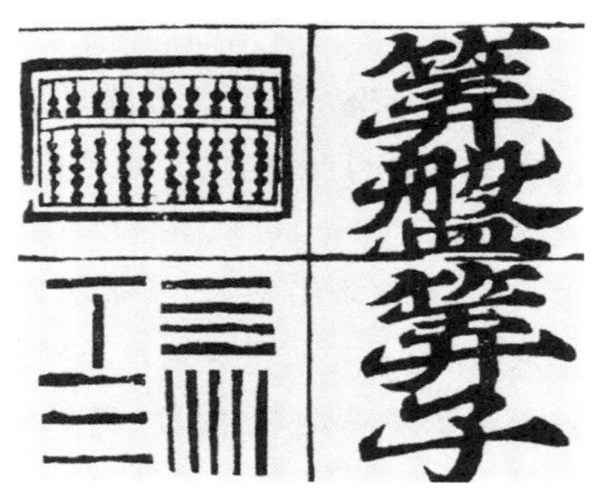

图4 珠算盘与算子

大约在明朝中叶,珠算盘完全取代了算筹,完成了中国计算工具的改革。此后一直到20世纪,珠算盘在中国、朝鲜、日本和东南亚地区人们的生活、生产中发挥了巨大的作用。

2013年12月4日,联合国教科文组织审议通过,将"中国珠算——运用算盘进行数学计算的知识与实践"列入《人类非物质文化遗产代表作名录》。

五、《九章算术》的体例

《九章算术》是经过几代人长期积累而成的,但到底是什么时候编定的,由谁编写的,则有各种说法。《九章算术》在公元2世纪就已成为官方规范度量衡器制造的经典,这说明它实际的编定时间要比公元2世纪早得多。

为了解决《九章算术》的编纂问题,首先要分析它的体例。

学术界通行《九章算术》是一部应用问题集的说法。这种概括不够准确、全面，实际上它的主体不是一题、一答、一术的问题集。《九章算术》的术文与题目的关系，大体说来有以下几种情形。

（一）抽象性术文统率例题

这类内容又有不同的情形。

1. 先给出一个或几个例题，然后给出一条或几条抽象性术文。例题中只有题目和答案，没有具体演算的术文。比如，方田章的每条术文至少对应2个例题，并非“一题、一答、一术”模式。总之，方田章全部，粟米章2条经率术、其率术和反其率术，少广章开方诸术，商功章除城、垣等术与刍童等术及其例题之外的全部内容，均输章均输4术，盈不足章盈不足术，两盈、两不足术，盈适足、不足适足术等5术及其例题，勾股章勾股术、勾股容方、勾股容圆和测邑5术等及其例题，都属于这种情形，共73术，106个例题（商功章还有6术及其例题附于其他题目之后，未计在内）。

2. 先给出抽象术文，再列出几个例题。例题只有题目和答案，亦没有演算术文。商功章城、垣等术，刍童等术及其例题便属于这种情形，共2术，10个例题。

3. 先给出抽象性总术，再给出若干例题。例题包含题目、答案以及应用总术的术文。粟米章今有术及其31个例题，衰分章衰分术、返衰术及其9个例题，少广章少广术及其11个例题，盈不足章使用盈不足术解决的11个一般计算问题，以及方程章方程术、损益术、正负术及其18个例题，共7术（盈不足诸术不再计在内），80个例题。

这三种情形共82术，196个例题，约占全书的80%。在这里，术文是中心，是主体，都非常抽象严谨，而且具有普适性，换成现代符号就是公式或运算程序。题目是作为例题出现的，是依附于术文的。我们将之称为术文统率例题的形式。

（二）应用问题集

这类内容往往是一题一术。这部分共有50个题目（不含今有术、衰分术、返衰术所属的40个题目),全部在衰分章的非衰分类问题、均输章的非典型均输问题,以及勾股章的解勾股形和立四表望远等问题中。它们都以题目为中心,术文只是所依附的题目的解法或演算细草。

数学史上起码存在过三种不同体例的著作:一是像欧几里得《几何原本》那样形成一个公理化体系;二是像古希腊丢番图的《算术》和中国的《孙子算经》等那样的应用问题集;三是《九章算术》的主体部分,它不同于前面这两者,而是算法统率例题的形式。

六、《九章算术》的编纂

《九章算术》的编纂不仅涉及《九章算术》本身,而且涉及张苍、耿寿昌等历史人物的定位,以及对先秦数学的认识,是中国数学史研究中的重要内容。

(一)刘徽的论断最可靠

现存的史料中,关于《九章算术》编纂的最早记载来自刘徽的《九章算术注》,他在《九章算术注》序中说,周公制定礼乐制度时便产生了九数。九数经过发展,就成了《九章算术》。过去,秦朝焚书,导致经、术散坏。西汉时期的张苍、耿寿昌,皆以擅长数学而著称于世。张苍等人凭借残缺的前人文本,先后对其进行删削补充。

后来,有人认为《九章算术》是黄帝或其臣子隶首所作,这种说法当然不足为信。

清朝中叶的戴震否定张苍删补《九章算术》之事,他说:"现今考察这部书中有长安、上林的名字。上林苑在汉武帝的时候,而张苍在汉朝初年,他怎么能预先把它写到《九章算术》中呢?由此可知写这部书的人应该在西汉中叶以后。"这种说法一出,张苍没有参与删补《九章算术》,好像成了定论。钱宝琮(1892—1974)则认为《九章算术》成书于公元1世纪下半叶。实际上,据《史记》记载,秦始皇时便有上林苑,戴震的说法当然是错误的。

我们认为刘徽的说法最为可靠。为了彻底解决《九章算术》的编纂问题,我们着重分析九数与《九章算术》的关系,以及《九章算术》中物价所处的时代。

(二) 九数与《九章算术》

不管人们对《九章算术》编纂的看法多么不同,但都承认《九章算术》与九数有密切的关系。前面已谈到郑众、郑玄关于九数的构成,他们还说,汉代又有重差、勾股。很明显,九数与《九章算术》相比较,只有差分、赢不足、旁要三项不同。其实,前二者的含义相同:“衰”和“差”都意为不同差别等级,“赢”和“盈”都意为多余。它们分别是同义字。只有旁要与勾股的差异较大,但根据北宋贾宪《黄帝九章算经细草》的提示,旁要包括勾股术、勾股容方、勾股容圆和简单的测望问题。

前面说的关于《九章算术》体例的分析说明,采取术文统率例题形式的三种情形覆盖了方田、粟米、少广、商功、盈不足、方程等六章的全部问题,以及衰分章的衰分问题、均输章的均输问题和勾股章的勾股术、勾股容方、勾股容圆、测邑等问题。而采取应用问题集形式的内容则是余下的衰分章的非衰分类问题、均输章的非典型均输问题,以及勾股章的解勾股形和立四表望远等问题。它们不仅在体例、风格上与术文统率例题的部分完全不同,而且衰分章、均输章中这些题目的性质与篇名不协调,是明显的补缀。那么,若将这三章中的这些内容剔除,并将第九卷恢复“旁要”之名,则《九章算术》的九章不仅完全与篇名相符,与郑众、郑玄所说的“九数”惊人的一致,而且都采取术文统率例题的形式。这无可辩驳地证明,刘徽所说的“九数经过发展,就成为《九章算术》”是言之有据的。

(三)《九章算术》中物价所处的时代

日本历史学家堀(kū)毅在其著作《秦汉物价考》中引述《史记》《盐铁论》《汉书》及《居延汉简》等文献,考证了《九章算术》中物价所反映的时代,得出的结论是,《九章算术》中所述的物价,尽管有的与汉朝十分相近,但总的来说,绝大多数差别相当大。他又分析了战国和秦时的物价,得出的结论是:《九章算术》基本上反映出战国、秦时的物价。这为刘徽的论断提供了新的佐证。

上面这些考察都证明了刘徽关于《九章算术》编纂的论述是完全正确的。

此外,刘徽具有实事求是的严谨学风和高尚的道德品质,他的话是可信的。如果没有可靠的史料,对《九章算术》的编纂这样严肃的问题,他绝不可能信口开河。由于岁月的变迁以及天灾人祸,刘徽当时能看到的资料,流传到清朝中叶的,百无一二。在这百无一二中,即使像戴震这样的大师也不可能全都读遍,即使读了也不可能全部记住。对《史记》中关于上林苑的多次记载他都不甚了了,遑论其他!

(四)秦汉数学简牍不是《九章算术》的前身

1985年初,湖北荆州出土汉简《算数书》的消息公布于世,许多人认为《算数书》是《九章算术》的前身,甚至认为《算数书》是张苍编撰的。实际上,它们的题目和文字差别相当大,内容相同或相近的在《算数书》中不足十分之一;两者许多同类的内容却是不同的题目;而《算数书》中有超过三分之二的内容是《九章算术》所没有的。因此,《算数书》不可能是《九章算术》的前身。当然,它们的某些内容有承袭关系或有某个共同的来源。至于哪个早哪个晚,则有待于进一步考察。自然,这些论述完全适用于岳麓书院收藏的秦简《数》、北京大学收藏的《算书》等秦汉数学简牍。

七、张苍和耿寿昌

张苍、耿寿昌不仅是两汉最伟大的数学家，也是陈子（公元前5世纪数学家）之后、刘徽之前的这七八百年间，我国最重要的两位数学家。

（一）张苍

张苍（？—前152），阳武（今河南省原阳县东南）人，秦汉时期的政治家、数学家、天文学家。在秦朝，他官为御史，掌管文书、记事及官藏图书，对当时的图书计籍都非常熟悉。秦二世三年（前207年），张苍参加了刘邦反抗秦的起义军。汉高祖三年（前204年），张苍因军功被封为北平侯。同年，张苍升迁为计相，掌管各郡国的财政统计工作。

张苍善于计算，精通乐律、历法，曾受汉高祖之命"定章程"。刘邦的皇后吕雉去世后，张苍等协助开国元勋周勃，粉碎了吕氏集团篡权的阴谋，迎立刘邦第四子刘恒为皇帝，这就是开创了文景之治的汉文帝。汉文帝前元四年（前176年），张苍为丞相。汉文帝后元二年（前162年），张苍称病辞职。汉景帝前元五年（前152年），张苍去世。据《史记》记载，张苍活了一百多岁。

西汉初年，皇帝论功行赏，公卿将相大多是不通文墨的军吏，像张苍这样的学者封侯拜相，实属凤毛麟角。他著《张苍》十八篇，现已不存。"定章程"是张苍最重要的科学活动，包括历法、算学、度量衡、乐律等几个方面。他肯定秦始皇统一全国度量衡的贡献，使汉初基本上沿袭秦朝的制度。张苍对秦始皇焚书后和秦末战乱中散坏的《九章算术》残简，进行了仔细收集、整理和删补，这是《九章算术》编纂的最重要的阶段,也是张苍“定章程”中最杰出的工作。

(二)耿寿昌

耿寿昌,西汉数学家、理财家、天文学家,生卒年和籍贯不详。在汉宣帝(前73年—前49年在位)时为“大司农中丞”,主要负责管理国家财政。耿寿昌非常熟悉测量和工程计算,并且精于财政和贸易管理等事务,这为他收集、整理和总结人们生产、生活中的数学问题,以及在张苍的基础上继续删补《九章算术》,提供了得天独厚的条件。将《九章算术》定稿是耿寿昌最杰出的科学工作。

在任职“大司农中丞”期间,汉宣帝根据耿寿昌的建议,将长安京畿地区和太原等郡的粮食购入国库,使京师的粮食供应充足,并且比之前从关东采购粮食节省了大半的漕运费用和沿途押运的兵卒。耿寿昌还命令边境各郡都修筑粮仓,并在谷物价格低贱的时候提高价格采购,以利于农民和农业;在谷物价格贵的时候,压低价格卖出,平抑粮价,称为常平仓。这一举措保证了粮食供给,使社会稳定、人民安居乐业,收到了良好的社会效益。

耿寿昌还是天文学家、历法学家,在浑天说与盖天说的争论中,他主张更先进的浑天说。他曾著有多部天文学著作,但都没有流传下来。

八、《九章算术》的历史地位

《九章算术》确立了中国古典数学的基本框架,为数学成为中国古代最为发达的基础科学之一奠定了基础,深刻影响了此后2000余年间中国乃至东方世界的数学。

(一)《九章算术》的特点

古希腊数学家认为,数学是人们头脑思辨的产物,他们主要关注在逻辑推理基础上的抽象化的数学知识，对实际应用关注较少。而中国古代数学则非常重视计算和实际应用，数学理论密切联系实际便是《九章算术》的突出特点。

《九章算术》以算法为中心，大部分术文是抽象的计算公式或程序。即使是面积、体积和勾股测望等问题，也没有关于图形性质的命题。所有的问题都必须计算出其长度、面积和体积，这实际上是几何问题与算术、代数相结合，或者说是几何问题的算法化，同时还具有构造性与机械化的特色。

(二)《九章算术》规范了中国古典数学的表达方式

在表达方式上，《九章算术》与秦汉数学简牍有明显的不同。《九章算术》的表达方式十分规范，而且前后统一。而秦汉数学简牍的表达方式十分繁杂，且没有统一的格式，这也是数学早期发展的必然现象。那时诸侯林立，诸子百家互相辩难，各地语言文字不同，数学术语也不可能统一。秦朝短命，虽统一了文字，但没来得及规范数学术语。直到张苍、耿寿昌发掘整理了前人的数学成果，并且编定《九章算术》，这才完成了数学术语的统一。他们的工作，对规范中国古典数学术语，做出了巨大贡献。此后，直到20世纪初，中国数学著作一直沿用《九章算术》的模式。

(三)《九章算术》属于世界数学的主流

我国当代著名数学家吴文俊指出："在历史长河中，数学机械化算法体系与数学公理化演绎体系曾多次反复，互为消长，交替成为数学发展中的主流。"

《九章算术》所代表的就是数学机械化算法体系，它所奠基的中国古典数学以研究数量关系为主，而这正是世界数学的主流。实际上，《九章算术》编定之时，灿烂辉煌的古希腊数学已越过它的顶峰，走向衰落。

《九章算术》的成书，标志着中国以及后来的印度和阿拉伯地区，逐渐成为世界数学的研究中心。这种状况一直延续到文艺复兴之后，欧洲迈入变量数学的大门为止。

(四)《九章算术》的缺点

不过，《九章算术》也存在着一些明显的缺点。

首先，分类标准不统一。书中的九卷，有的按应用分类，如方田、粟米、商功、均输等；有的按方法分类，如衰分、少广、盈不足、方程、勾股等。

其次，内容有交错，有的文不对题，比如一些异乘同除问题的求解，用不到衰分术，却编入衰分章。

再次，对数学概念没有定义。

更重要的是，对数学公式、解法没有推导和证明。这并不是说在得出这些公式、解法时没有推导。因为有的公式或解法非常复杂，无法由直观或感悟得出。比如，刘徽的《九章算术注》中记载的棋验法，就是《九章算术》时代推导多面体体积公式的方法。

《九章算术》的这些缺点，长期影响着中国古典数学的表达方式。后来的数学著作，除了刘徽的《九章算术注》等少数例外，大都没有定义和推导。

九、后世对《九章算术》的研究

为《九章算术》作注，是中国古典数学著述的重要形式。目前学术界公认最重要并且在不同程度上传世的是三国魏景元四年(263年)刘徽的《九章算术注》、7世纪唐朝初年李淳风等人的《九章算术注释》、唐朝中叶李籍的《九章算术音义》，以及11世纪上半叶北宋贾宪的《黄帝九章算经细草》、南宋景定二年(1261年)杨辉的《详解九章算法》。

(一) 三国魏刘徽、南朝宋齐祖冲之父子、唐朝李淳风等、唐朝李籍

1. 刘徽及其《九章算术注》

刘徽，生平不详，淄乡(今山东邹平)人。他撰《九章算术注》10卷，其第10卷“重差”为自撰自注，后来以《海岛算经》之名单行，成为十部算经之一。他又撰《九章重差图》1卷，不过没有流传下来。

刘徽注含有他所采集的前人的说法和他自己的创造两种内容。前者保存了周三径一、出入相补、棋验法、齐同原理等《九章算术》时代的方法，后者则定义了许多重要的数学概念，以演绎逻辑为主要方法全面论证了《九章算术》的算法，驳正了其中的错误或不精确之处。

他发展了《九章算术》的率概念和齐同原理，把它称为“算法的纲纪”，并解读了《九章算术》的大部分术文和二百多个题目。他创造了互乘相消以求解线性方程组。他在世界数学史上首次将极限思想和无穷小分割方法引入数学论证，证明了《九章算术》的圆面积公式，并以此为基础在中国首创了求圆周率近似值的科学程序，求出了两个近似值$\frac{157}{50}$和$\frac{3927}{1250}$，后者的精确度超过了古希腊，而且方法更加简便。

刘徽认为用棋验法无法解决多面体的体积问题，便提出了刘徽原理：在堑堵(斜着剖解1个长方体，就得到2个堑堵)中，阳马与鳖臑(斜着剖解1个堑堵，就得到1个阳马与1个鳖臑)的体积之比永远是2:1。他用极限思想和无穷小分割方法证明了这个原理，从而将多面体体积理论建立在无穷小分割的基础之上，这与现代数学的体积理论暗合。他深刻认识了截面积原理，即祖暅之原理。他指出《九章算术》的球体积公式是错误的，并设计了牟合方盖，这为后来祖冲之父子彻底解决球体积公式指出了正确途径。他创造了“开方不尽”时求“徽数”的方法，以十进分数逼近无理根，这是求圆周率精确值的计算基础。

刘徽在《海岛算经》中设计了用重差术测望山高、海宽、谷深、邑方等各种问题,使用了重表、累矩、连索三种基本测望方法。

刘徽认为,数学像一棵枝条虽然分离但具有同一个主干的大树,形成了一个理论体系。

2. 祖冲之父子

祖冲之(429—500),祖籍范阳遒县(今河北涞水),西晋灭亡,其曾祖率全家南迁。祖冲之一直在南朝宋、齐做官。他制定了当时最准确的历法《大明历》,遭到皇帝宠臣的攻击后,便撰写了《驳议》进行答辩,捍卫自己的科研成果。这是科学史上的杰出篇章。在祖暅之的努力下,《大明历》在南朝梁实施。祖冲之注解《九章算术》,造《缀术》,提出了求解负系数三次方程的方法。《缀术》应该是比刘徽注水平更高的著作,但由于隋、唐算学馆的学官看不懂,遂失传。祖冲之还是机械制造专家。

祖暅之也是著名数学家、天文学家。他提出了祖暅之原理,在刘徽基础上求出了牟合方盖的体积,彻底解决了球体积公式。

3. 李淳风等《九章算术注释》

李淳风(602—670),岐州雍县(今陕西凤翔)人,唐初天文学家、数学家。在天文仪器制造和历法制定中贡献极大。他与梁述、王真儒等的《九章算术注释》除了在少广章开立圆术注释中引用了祖暅之开立圆术外,其他注释大多没有什么新意。他们多次指责刘徽,但实际上,错误的都不是刘徽,而是李淳风等,这表明他们不理解刘徽的理论贡献及新方法的意义,反映了其数学水平的低下。这是隋唐时期中国数学比魏晋南北朝落后的一个侧面反映。

4. 李籍《九章算术音义》

唐中叶李籍撰《九章算术音义》,对《九章算术》几百条字、词注反切,释词义,对后人理解《九章算术》的内容有一定帮助。它还保存了某些珍贵的版本资料。

(二)北宋贾宪与南宋杨辉

1. 贾宪《黄帝九章算经细草》

11世纪上半叶,北宋贾宪撰《黄帝九章算经细草》9卷、《算法斅古集》2卷。后者已失传,前者因成为杨辉《详解九章算法》的底本而尚存约三分之二。贾宪的履历、籍贯不详,他是大历算学家楚衍的弟子。

《黄帝九章算经细草》是宋元筹算高潮的奠基性著作,其中提出的"立成释锁法",将传统开方法推广到开任意高次方,并首创"开方作法本源"(今称"贾宪三角",也就是西方所说的"帕斯卡三角")。他又创造增乘开方法,更加简捷。阿拉伯和西方在这两方面都晚于我国数百年。贾宪对《九章算术》做了进一步抽象,还提出了若干新的解法。

2. 杨辉《详解九章算法》

杨辉,钱塘(今浙江杭州)人,南宋末年在台州(今属浙江省)担任过地方行政官,廉洁奉公。他于景定二年(1261年)撰《详解九章算法》12卷,还著有《日用算法》(1262年,残)、《乘除通变本末》(1274年)、《田亩比类乘除捷法》(1275年)、《续古摘奇算法》(1275年)。后三种后来合刻为《杨辉算法》。

《详解九章算法》抄录了《九章算术》本文、刘徽的注、李淳风等的注释,以及贾宪的《黄帝九章算经细草》,对《九章算术》的80个问题作"解题"和"比类"。其商功章的比类发展了垛积术,末卷"纂类"按数学方法将《九章算术》的算法和246个问题重新分类,尽管有不合理之处,但首次突破了《九章算术》的框架,是个创举。

(三)《九章算术》在明代的厄运

《九章算术》在明代遭到前所未有的厄运。首先,尽管《永乐大典》抄录了《九章算术》,但藏于深宫,一般人读不到。南宋本基本失传,到明末只剩半部，成为藏书家的古董。其次，明代尽管以“九章”命名的著作颇多，即使是书名没有“九章”二字的，其结构仍不脱《九章算术》的格局，可是，其作者都读不到《九章算术》，只能通过杨辉的书了解其内容，无法区分《九章算术》的原题和杨辉所录贾宪新设的题目。

（四）《九章算术》复出

清乾隆间戴震参与修《四库全书》，使《九章算术》重新面世，功德无量。后来李潢撰《九章算术细草图说》，对《九章算术》详加解释，大有裨益。

1963年，钱宝琮校点的《九章算术》（繁体字）收入中华书局1963年出版的《算经十书》上册，学术界称为“钱校本”。

虽然戴震、李潢、钱宝琮等提出了若干正确的校勘，但也有许多错校。

20世纪70年代末之后，学术界掀起了研究《九章算术》及其刘徽注的热潮，人们解决了过去未解决或未正确解决的若干重大问题，如《九章算术》的编纂、版本与校勘，刘徽的割圆术和极限思想，刘徽原理与体积理论，《九章算术》与刘徽关于率的理论，刘徽的逻辑方法、数学思想和数学体系，以及刘徽的籍贯、思想渊源等。笔者出版的《汇校〈九章算术〉》及其增补版、《〈九章算术〉新校》，被学术界公认为目前最准确的校勘本。笔者与法国学者林力娜（K.Chemla）合作完成的中法双语评注本《九章算术》在西方颇受欢迎。

十、《九章算术》的现代价值

《九章算术》虽是两千多年前的古代著作，但其中所蕴含的思想和方法，在现代仍然具有极大价值。这里仅提出以下几点。

(一)有利于促进中小学数学教材改革

中国古典数学,在延续了两千多年后,在20世纪初中断。此后,中国数学融入世界统一的现代数学,这当然是历史的进步。但是,在现代数学教育中,完全剔除中国古典数学,则是不可取的。

事实上,中国古典数学,特别是《九章算术》以及刘徽《九章算术注》中的许多思想和方法,不仅与现代中小学数学教学内容高度契合,而且有的思想和方法,比现行教材还优越。

比如,掌握了《九章算术》及刘徽《九章算术注》中的位值制、机械化思想和几何问题的代数化等特点,就能使学生更容易地掌握数学方法。中小学数学教学倘能汲取《九章算术》及刘徽《九章算术注》中的思想和方法,会大大改善中小学生的学习效果。

(二)对现代数学研究的启迪

吴文俊指出:“由于近代计算机的出现,其所需数学的方式方法,正与《九章算术》传统的算法体系若合符节。”

实际上,《九章算术》的大多数算法可以毫无困难地转化为程序,用计算机来实现。吴文俊先生由此开创了数学机械化理论,这在国际数学界引起了巨大反响。吴文俊先生的这一成就,正是《九章算术》中的思想和方法启迪现代数学研究的典型案例。

(三)传统文化教育的优秀读物

数学是中国古代最为发达的基础科学之一,而《九章算术》与刘徽《九章算术注》先后奠定了中国古典数学的基本框架和理论基础,登上了当时世界数学研究的高峰,有力驳斥了中国古代没有科学的谬论。因此《九章算术》是进行传统文化教育和爱国主义教育的优秀读物。

(四)对中外文化交流的意义

长期以来,西方学术界对中国古代数学有许多偏见,除了少数欧洲中心论者外，大多数是因为他们不了解《九章算术》和刘徽的《九章算术注》。而国内学术界偏见的源头在国外。因此，向世界原原本本地介绍《九章算术》和刘徽的《九章算术注》，是中国学者的重要任务。这也是开展中外文化交流，使外国人了解中国古代文明的一项重要工作。

李俨(1892—1963)(左),中国数学史家、铁路工程专家;钱宝琮(右),中国数学史家、天文学史家。二人同为中国数学史学科的开拓者与奠基者

刘徽论《九章算术》

（三国魏）刘徽

刘徽《九章算术注》的序分三部分：第一部分论数学的起源、作用、《九章算术》及其编纂；第二部分谈自己注《九章算术》的情况；第三部分论重差术。今仅选第一部分。

由本书译讲者郭书春主持编纂的《李俨钱宝琮科学史全集》，该书于1999年获第四届国家图书奖荣誉奖

• 原文

昔在包牺氏始画八卦，[1]以通神明之德，以类万物之情，[2]作九九之术，[3]以合六爻[4]之变。暨于黄帝神而化之，[5]引而伸之，[6]于是建历纪，协律吕，[7]用稽道原，[8]然后两仪四象精微之气可得而效焉。[9]记称"隶首作数"，[10]其详未之闻也。按：周公制礼而有九数，[11]九数之流，则《九章》是矣。[12]

往者暴秦焚书，经术散坏。[13]自时厥[14]后，汉北平侯张苍、大司农中丞耿寿昌皆以善算命世。[15]苍等因旧文之遗残，各称删补。[16]故校其目则与古或异，[17]而所论者多近语也。[18]

• 译文

从前，包牺氏曾制作八卦，为的是通达客观世界变化的规律，描摹万物的情状；又作九九之术，为的是符合六爻的变化。到黄帝时，神化之，引申之，于是建立历法的纲纪，校正律管使乐曲和谐，用以考察道的本原，然后两仪、四象的精微之气可以效法。典籍记载隶首创作了算学，其详细情形没有听说过。按：周公制定礼乐制度时产生了九数。九数经过发展，就演变为《九章算术》。

过去，残暴的秦朝焚书，导致经、术散坏。自那以后，西汉的北平侯张苍、大司农中丞耿寿昌皆以擅长算学而闻名于世。张苍等人凭借残缺的原有文本，先后进行删削补充。这就是为什么考校它的目录，有的地方与古代不同，而论述中大多使用的是近代的语言。

• 注释

[1] 包牺氏：又作庖牺氏、伏羲氏、宓羲、伏戏，又称牺皇、皇羲。神话中的人类始祖，人类由他与其妹女娲婚配产生。教民结网，渔猎畜牧，又画八卦，反映了中国原始社会早期的文明情况。始：曾，尝。八卦：《周易》中的八种符号。《周易》中构成卦的横画叫作爻。⚊是阳爻，⚋是阴爻。每三爻合成一卦，可得八卦：☰（乾），☱（兑），☲（离），☳（震），☴（巽），☵（坎），☶（艮），☷（坤）。分别象征天、雷、泽、火、风、水、

山、地,代表一定属性的若干事务。其中乾与坤,震与巽,坎与离,艮与兑是对立的。两卦相叠,成为六十四卦,象征自然界和社会现象的发展变化。

[2] 以通神明之德,以类万物之情:为的是通达客观世界变化的规律,描摹万物的情状。语出《周易·系辞下》。此后“通神明”“类万物”遂成为中国古代关于数学两种作用的传统思想。神明:本来指主宰自然界和人类社会变化的神灵,后来演变为古代哲学用以说明变化的术语。进而将通过事物变化预测未来的能力称为神。虽然,“通神明”的作用还是会将数学导向象数学,而“类万物”则是描绘万物的数量关系,是中国古典数学的主要作用。德:客观规律。类:象,相似,像。

[3] 九九:九九乘法表。因古代自“九九八十一”始,故名“九九”;元朱世杰《算学启蒙》(1299年)才改为从“一一如一”起。后亦指数学。李籍引师古曰:“九九算术,若今《九章》《五曹》之辈。”李治云:“《测圆海镜》‘虽九九小数,后世必有知者’。”术:方法,解法,算法,程序。宋元时期又称为“法”。“术”的本义是邑中的道路,进而指一般的道路,再引申为途径,又引申为解决问题的途径,这就是方法、手段。《淮南子·人间训》:“见本而知末,观指而睹归,执一而应万,握要而治详,谓之术。”这里的“术”与《九章算术》里的“术”同义。

[4] 六爻:八卦中每两卦相叠所构成的卦象。每卦含有阴阳交错的六个爻,故名。凡有六十四卦。

[5] 暨:及,至,到。黄帝:姬姓,号轩辕氏,有熊氏,传说中的中华民族祖先。相传败炎帝,杀蚩尤,被拥戴为部落联盟首领,以代神农氏。命大桡作甲子,容成造历,羲和占日,常仪占月,臾区占星气,伶伦造律吕,隶首作算数。相传蚕桑、医药、舟车、宫室、文字等之制,皆创始于黄帝之时,反映了新石器时代晚期的情况。神而化之,语出《周易·系辞下》:“黄帝、尧、舜氏作,通其变,使民不倦,神而化之,使民宜之。”

[6] 引而伸之:语出《周易·系辞上》:“引而伸之,触类而长之,天

下之能事毕矣。"

[7] 历:推算日月星辰运行及季节时令的方法,又指历书。纪:古代计年单位,十二年为一纪。律吕:乐律、音律的统称。律:本是古代用来校正乐音标准的管状仪器。以管的长短来确定音阶。从低音算起,有十二根管,成奇数的六根管黄钟、太蔟、姑洗、蕤宾、夷则、无射叫律,成偶数的六根管大吕、夹钟、仲吕、林钟、南吕、应钟叫吕,统称十二律。

[8] 用稽道原:用以考察道的本原。稽:考核,调查。

[9] 两仪:指天、地。《周易·系辞上》:"是故易有太极,是生两仪。"宋儒又谓指阴、阳。四象:指金、木、水、火。《周易·系辞上》:"太极生两仪,两仪生四象,四象生八卦。"王弼注:"四象谓金、木、水、火。震木、离火、兑金、坎水,各主一时。"一指春、夏、秋、冬四时,体现于卦上,则指太阳、太阴、少阳、少阴。精微:精深微妙。气:古代的哲学概念。诸家理解不一。一指主观精神,一指形成宇宙万物的最根本的物质实体。《周易·系辞上》:"精气为物,游魂为变。"刘徽当用后者之义。

[10] 记:典籍。这里当指《世本》。《世本》云:"隶首作数。"一作"隶首作算数"。隶首:相传为黄帝的臣子。数:算学、数学。

[11] 周公:周初政治家,名姬旦,协助周武王灭商,后又辅佐周成王。相传他制定了周朝的典章礼乐制度。九数:古代数学的九个分支。东汉末郑玄《周礼注》引东汉初郑众云:"九数:方田、粟米、差分、少广、商功、均输、嬴不足、方程、旁要。今有重差、夕桀、句股也。"周公制礼时会有称为"九数"的数学九个分支,但不会完全同于二郑所云"九数",但这表明数学在周公时代已形成一门学科。

[12] 九数之流,则《九章》是矣:刘徽认为,"九数"在先秦已经发展为《九章算术》。此种《九章算术》已不存,现存《九章算术》中采取术文统率例题部分的大多数内容应是它的主要部分。流:本义是水的流动,引申为演变、变化。

[13] 暴秦焚书:秦始皇于他在位的第三十四年(前213年)采纳了

李斯的建议，下令除秦记、医药、卜筮、种树书外，民间所藏的所有《诗》《书》和百家书皆交地方官并于三十六天内焚毁。这是对中国文化的一次极大破坏。不过，秦末战乱，尤其是项羽的焚烧掳掠，对先秦经典的破坏不会亚于秦始皇焚书。刘徽认为，《九章算术》在秦始皇焚书时遭到破坏。

[14] 厥：之。

[15] 北平：西汉初侯国。高祖封张苍为北平侯，属中山国，治所在今河北满城北。大司农中丞：大司农属官。汉武帝太初元年（前104年）置，掌财政支出，均输漕运事。命世：闻名于世。

[16] 称：述说，声言。删补：删节补充。张苍与耿寿昌是不是删去了某些定义与推理，不可详考。但衰分章的非衰分问题，均输章的非均输问题，勾股章的解勾股形问题等采取应用问题集形式的内容肯定是他们补充的。

[17] 故校其目则与古或异：刘徽考校了张苍、耿寿昌等删补的《九章算术》与各种资料，发现其目录与先秦的《九章算术》有所不同。

[18] 所论者多近语：此谓张苍、耿寿昌用西汉语言改写了先秦的文字。

第一卷

方　田

方田:“九数”之一。传统的方田讨论各种面积问题和分数四则运算。

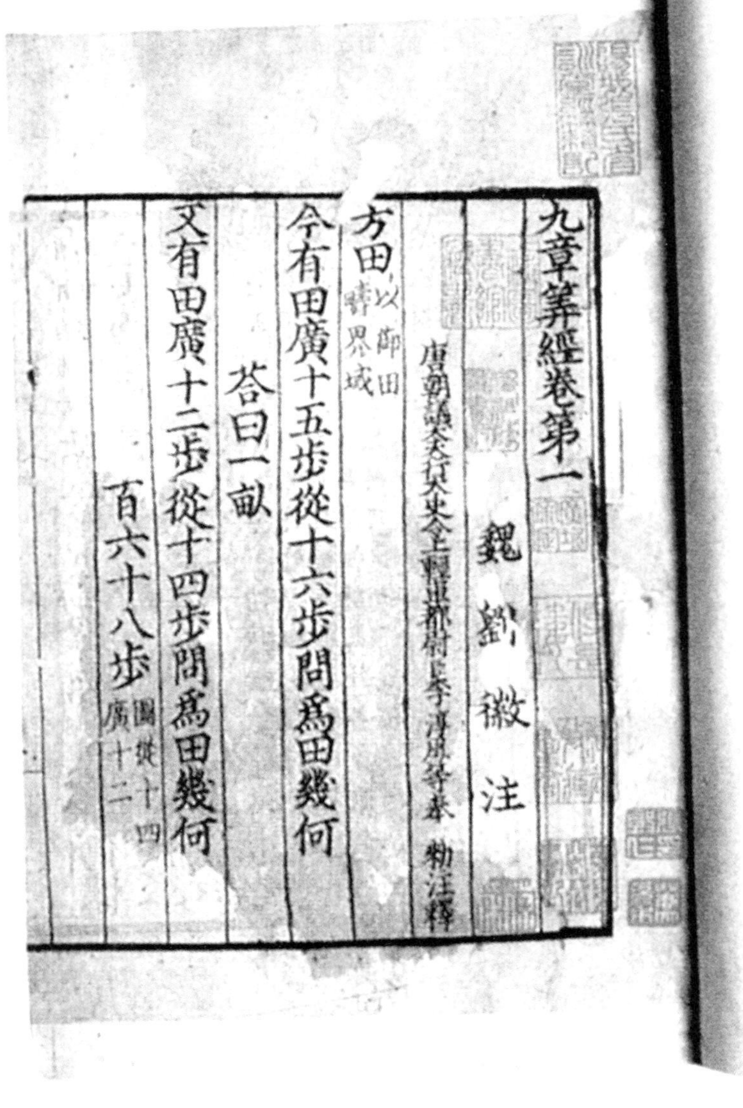
九章筭經卷第一

魏 劉徽 注

唐朝議大夫行太史令上輕車都尉臣李淳風等奉 勑注釋

方田 以御田疇界域

今有田廣十五步從十六步問爲田幾何

荅曰一畝

又有田廣十二步從十四步問爲田幾何

百六十八步 圖從十四 廣十二

《九章算术》，又作《九章算经》，图为方田卷书影

一、长方形面积

·原文

今有田广十五步，从十六步。[1]问[2]：为田几何[3]？

答[4]曰：一亩。[5]

又有田广十二步，从十四步。问：为田几何？

答曰：一百六十八步。[6]

方田术[7]曰：广从步数相乘得积步。[8]

今有田广一里[9]，从一里。问：为田几何？

答曰：三顷七十五亩。[10]

又有田广二里，从三里。问：为田几何？

答曰：二十二顷五十亩。[11]

里田术曰：广从里数相乘得积里。[12]以三百七十五乘之，即亩数。

·译文

假设一块田宽15步，长16步。问：田的面积有多少？

答：1亩。

又假设一块田宽12步，长14步。问：田的面积有多少？

答：168步^2。

方田术：宽与长的步数相乘，便得到面积。

假设一块田宽1里，长1里。问：田的面积有多少？

答：3顷75亩。

又假设一块田宽2里，长3里。问：田的面积有多少？

答：22顷50亩。

里田术：宽与长的里数相乘，便得到面积。以375亩乘之，就是亩数。

·注释

[1] 今:连词,表示假设,相当于“若”“假如”。今有:假设有,《九章算术》中问题的起首方式。当一条术文有多个例题时,则从第二题起用“又有”。田,即方田。狭义的方田,后来又称为直田,即长方形的田,如图1–1所示。广:一般指物体的宽度,也指阔。不过中国古代的广、从有方向的意义,广指东西方向,又常称为横。从(zòng):中国古代表示南北的长度,后来常作纵,现今常理解为长。战国末期秦与六国的战略分别称为连横与合纵,也是由东西、南北的方向而来。因此,广未必比从短。如下文乘分术第3个例题。本书中一般将“广”译为“宽”,将“从”译为“长”。

图1–1 直田

[2] 问:中国古典数学问题发问的起首语。秦汉数学简牍表明,先秦数学问题发问的起首是不统一的。张苍等整理《九章算术》,遂以“问”统一了数学问题发问的起首方式。

[3] 几何:若干,多少。中国古典数学问题的发问语。明末利玛窦与徐光启合译欧几里得的*Element*,将其定名为《几何原本》,“几何”实际上是拉丁文*mathematica*的中译,指整个的数学。后来日本将*geometria*译作几何学,传到中国,几何遂成为数学中关于空间形式的学问。

[4] 荅:同“答”。荅本是小豆之名,后来借为对荅之荅。本书凡引《九章算术》原文皆用“荅”字,而译文则全部用“答”。

[5] 亩:古代的土地面积单位。《九章算术》中1亩为240步,此处的“步”实际上是“步^2”。将这个问题中的广$a=15$步,从$b=16$步代入下文的方田术(1–1)式,得到田的面积

$$S=15\text{步}\times16\text{步}=240\text{步}^2=1\text{亩}。$$

[6] 此处"步"实为"步²",因此在译文中将其译为"步²",后文还会出现类似问题,皆作同样处理。将这个问题中的广 $a=12$ 步,从 $b=14$ 步代入下文的方田术(1-1)式,得到田的面积

$$S=12\text{步}\times14\text{步}=168\text{步}^2。$$

[7] 术:方法,计算程序。

[8] 设方田的面积为 S,广、从分别是 a,b,则田的面积公式是

$$S=ab,\tag{1-1}$$

积步:《九章算术》中提出的表示面积的概念,也是面积的单位,即步之积。将1步长的线段在平面上积累起来,长 b 步,就是 b 积步,常简称为 b 步,步即今天的平方步。下文中的积尺、积寸、积里等与此类似。由此又引申出积分等概念。

[9] 里:长度单位,秦汉时1里为300步。

[10] 1顷=100亩。将这个问题中的广 $a=1$ 里,从 $b=1$ 里代入(1-1)式,得到面积

$$\begin{aligned}S&=1\text{里}\times1\text{里}=300\text{步}\times300\text{步}\\&=90000\text{步}^2=375\text{亩}\\&=3\text{顷}75\text{亩}。\end{aligned}$$

1顷=100亩,1里²=(300步)²=90000步²=375亩=3顷75亩。故375亩称为里法。

[11] 将这个问题中的广 $a=2$ 里,从 $b=3$ 里代入下文的里田术,亦即(1-1)式,得到面积

$$\begin{aligned}S&=2\text{里}\times3\text{里}\\&=600\text{步}\times900\text{步}\\&=540000\text{步}^2\\&=2250\text{亩}=22\text{顷}50\text{亩}。\end{aligned}$$

或

$$\begin{aligned}S&=2\text{里}\times3\text{里}\\&=6\text{里}^2\\&=6\times375\text{亩}\\&=2250\text{亩}=22\text{顷}50\text{亩}。\end{aligned}$$

[12] 以里为单位的田地的面积求法,其里田术公式与方田术(1-1)式相同。

二、分数四则运算

(一) 分数的约简

·原文

今有十八分之十二。[1]问:约[2]之得几何?

荅曰:三分之二。[3]

又有九十一分之四十九。问:约之得几何?

荅曰:十三分之七。[4]

约分[5]术曰:可半者半之;[6]不可半者,副置分母、子之数,以少减多,更相减损,求其等也。[7]以等数约之。[8]

·译文

假设有$\frac{12}{18}$。问:约简它,得多少?

答:$\frac{2}{3}$。

又假设有$\frac{49}{91}$。问:约简它,得多少?

答:$\frac{7}{13}$。

约分术:可以取分子、分母一半的,就取它们的一半;如果不能取它们的一半,就在旁边布置分母、分子的数值,以小减大,辗转相减,求出它们的最大公约数。用最大公约数约简它们。

·注释

[1] 非名数真分数的表示方式在中国也有一个发展过程。从秦汉数学简牍看出,现今的真分数$\frac{a}{b}$(a,b皆为正整数,且$b>a$)在先秦有两种表示方式:一是表示为“b分a”,一是表示为“b分之a”。张苍等整

理《九章算术》，遂统一表示为“b分之a”。

[2] 约：本义是缠束，引申为精明、简要。这里是约简。

[3] 由约分术，18与12都可被2整除，得到9与6，两者辗转相减：$9-6=3$，$6-3=3$，得到最大公约数3。以3约简9得到3，约简6得到2，于是$\frac{12}{18}=\frac{2}{3}$。

[4] 由约分术，将91与49辗转相减：$91-49=42$，$49-42=7$，$42-7=35$，$35-7=28$，$28-7=21$，$21-7=14$，$14-7=7$，得到最大公约数7。以7约简91得到13，约简49得到7，于是$\frac{49}{91}=\frac{7}{13}$。

[5] 约分：约简分数。约分术就是约简分数的方法。

[6] 这是说可以取其一半的就取其一半。亦即分子、分母都是偶数的情形，可以被2整除。

[7] 副：贰，次要的。置，布置。副置即在旁边布置算筹。更相减损：相互减损，是一种与辗转相除法异曲同工的运算程序。更相就是相互。减损就是减少。等是等数的简称。等数即今天的最大公约数。由于它是分子、分母更相减损，至两者的余数相等而得出的，因此得名。

[8] 这是说以最大公约数同时除分子与分母。

（二）分数的加减法

1. 分数加法

• 原文

今有三分之一，五分之二。问：合[1]之得几何？

　　荅曰：十五分之十一。[2]

又有三分之二，七分之四，九分之五。问：合之得几何？

　　荅曰：得一、六十三分之五十。[3]

又有二分之一，三分之二，四分之三，五分之四。问：合之得几何？

　　荅曰：得二、六十分之四十三。[4]

合分[5]术曰：母互乘子，并以为实。母相乘为法。实如法而一。[6]不满法者，以法命之。[7]其母同者，直相从之。[8]

• 译文

假设有$\frac{1}{3}$，$\frac{2}{5}$。问：将它们相加，得多少？

答：$\frac{11}{15}$。

又假设有$\frac{2}{3}$，$\frac{4}{7}$，$\frac{5}{9}$。问：将它们相加，得多少？

答：得$1\frac{50}{63}$。

又假设有$\frac{1}{2}$，$\frac{2}{3}$，$\frac{3}{4}$，$\frac{4}{5}$。问：将它们相加，得多少？

答：得$2\frac{43}{60}$。

合分术：分母互乘分子，相加作为被除数。分母相乘作为除数。被除数除以除数。如果被除数的余数小于除数，就用除数命名一个分数。如果分母本来就相同，便直接将它们相加。

• 注释

[1] 合：聚合、聚集，引申为合并、相加。

[2] 将分数$\frac{1}{3}$和$\frac{2}{5}$代入下文的分数加法法则(1-2)式，得到

$$\frac{1}{3}+\frac{2}{5}=\frac{1\times5}{3\times5}+\frac{2\times3}{5\times3}=\frac{5+6}{15}=\frac{11}{15}。$$

[3] 将分数$\frac{2}{3}$，$\frac{4}{7}$和$\frac{5}{9}$代入下文的分数加法法则(1-2)式，得到

$$\begin{aligned}\frac{2}{3}+\frac{4}{7}+\frac{5}{9}&=\frac{2\times7\times9}{3\times7\times9}+\frac{4\times3\times9}{3\times7\times9}+\frac{5\times3\times7}{3\times7\times9}\\&=\frac{126}{189}+\frac{108}{189}+\frac{105}{189}=\frac{339}{189}\\&=1\frac{150}{189}=1\frac{50}{63}。\end{aligned}$$

［4］将分数$\frac{1}{2}$,$\frac{2}{3}$,$\frac{3}{4}$和$\frac{4}{5}$代入下文的分数加法法则(1-2)式,得到

$$\begin{aligned}&\frac{1}{2}+\frac{2}{3}+\frac{3}{4}+\frac{4}{5}\\=&\frac{1\times3\times4\times5}{2\times3\times4\times5}+\frac{2\times2\times4\times5}{2\times3\times4\times5}+\frac{3\times2\times3\times5}{2\times3\times4\times5}+\frac{4\times2\times3\times4}{2\times3\times4\times5}\\=&\frac{60}{120}+\frac{80}{120}+\frac{90}{120}+\frac{96}{120}=\frac{326}{120}=2\frac{86}{120}=2\frac{43}{60}。\end{aligned}$$

［5］合分:将分数相加。合分术就是分数加法法则。

［6］被除数除以除数。这是分数加法法则:设各个分数分别是$\frac{a_1}{b_1},\frac{a_2}{b_2},\cdots,\frac{a_n}{b_n}$,则

$$\begin{aligned}&\frac{a_1}{b_1}+\frac{a_2}{b_2}+\cdots+\frac{a_n}{b_n}\\=&\frac{a_1b_2\cdots b_n}{b_1b_2\cdots b_n}+\frac{a_2b_1b_3\cdots b_n}{b_1b_2\cdots b_n}+\cdots+\frac{a_nb_1b_2\cdots b_{n-1}}{b_1b_2\cdots b_n}\\=&\frac{a_1b_2\cdots b_n+a_2b_1b_3\cdots b_n+\cdots+a_nb_1b_2\cdots b_{n-1}}{b_1b_2\cdots b_n}。\end{aligned}\tag{1-2}$$

显然这里分数的加法没有用到分母的最小公倍数。实:被除数,也就是分子。法:除数,也就是分母。

［7］这是说以法为分母命名一个分数。命:命名。

［8］这是说如果各个分数的分母相同,就直接相加。直:径直,直接。从:本义是随从,这里是“加”的意思。

2. 分数减法

·原文

今有九分之八,减[1]其五分之一。问:余几何?

荅曰:四十五分之三十一。[2]

又有四分之三,减其三分之一。问:余几何?

荅曰:十二分之五。[3]

减分[4]术曰:母互乘子,以少减多,余为实。母相乘为法。实如法

而一。[5]

今有八分之五，二十五分之十六。问：孰[6]**多？多几何？**

答曰：二十五分之十六多，多二百分之三。[7]

又有九分之八，七分之六。问：孰多？多几何？

答曰：九分之八多，多六十三分之二。[8]

又有二十一分之八，五十分之十七。问：孰多？多几何？

答曰：二十一分之八多，多一千五十分之四十三。[9]

课[10]**分术曰：母互乘子，以少减多，余为实。母相乘为法。实如法而一，即相多也。**[11]

• 译文

假设有$\frac{8}{9}$，它减去$\frac{1}{5}$。问：剩余是多少？

答：余$\frac{31}{45}$。

又假设有$\frac{3}{4}$，它减去$\frac{1}{3}$。问：剩余是多少？

答：余$\frac{5}{12}$。

减分术：分母互乘分子，以小减大，余数作为被除数。分母相乘作为除数。被除数除以除数。

假设有$\frac{5}{8}$，$\frac{16}{25}$。问：哪个多？多多少？

答：$\frac{16}{25}$多，多$\frac{3}{200}$。

又假设有$\frac{8}{9}$，$\frac{6}{7}$。问：哪个多？多多少？

答：$\frac{8}{9}$多，多$\frac{2}{63}$。

又假设有$\frac{8}{21}$，$\frac{17}{50}$。问：哪个多？多多少？

答：$\frac{8}{21}$多，多$\frac{43}{1050}$。

课分术：分母互乘分子，以小减大，余数作为被除数。分母相乘作为除数。被除数除以除数，就得到多出来的数。

· 注释

［1］减：《说文解字》与李籍均云："减，损也。"

［2］将分数$\frac{8}{9}$和$\frac{1}{5}$代入下文的分数减法法则(1-3)式，得到

$$\frac{8}{9}-\frac{1}{5}=\frac{8\times5}{9\times5}-\frac{1\times9}{5\times9}=\frac{40-9}{45}=\frac{31}{45}。$$

［3］将分数$\frac{3}{4}$和$\frac{1}{3}$代入下文的分数减法法则(1-3)式，得到

$$\frac{3}{4}-\frac{1}{3}=\frac{3\times3}{4\times3}-\frac{1\times4}{3\times4}=\frac{9-4}{12}=\frac{5}{12}。$$

［4］减分：将分数相减。减分术就是分数减法法则。

［5］这是分数减法法则，若$\frac{a}{b}>\frac{c}{d}$，则

$$\frac{a}{b}-\frac{c}{d}=\frac{ad}{bd}-\frac{bc}{bd}=\frac{ad-bc}{bd}。\qquad(1-3)$$

［6］孰：哪个。

［7］将分数$\frac{5}{8}$与$\frac{16}{25}$通分，分别变成$\frac{5\times25}{8\times25}=\frac{125}{200}$与$\frac{16\times8}{25\times8}=\frac{128}{200}$，可见$\frac{16}{25}$比$\frac{5}{8}$多。由分数减法法则(1-3)式，多

$$\frac{16}{25}-\frac{5}{8}=\frac{128}{200}-\frac{125}{200}=\frac{3}{200}。$$

［8］将分数$\frac{8}{9}$与$\frac{6}{7}$通分，分别变成$\frac{8\times7}{9\times7}=\frac{56}{63}$与$\frac{6\times9}{7\times9}=\frac{54}{63}$，可见$\frac{8}{9}$比$\frac{6}{7}$多。由分数减法法则(1-3)式，多

$$\frac{8}{9}-\frac{6}{7}=\frac{56}{63}-\frac{54}{63}=\frac{2}{63}。$$

［9］将分数$\frac{8}{21}$与$\frac{17}{50}$通分，分别变成$\frac{8\times50}{21\times50}=\frac{400}{1050}$与$\frac{17\times21}{50\times21}=$

$\frac{357}{1050}$,可见$\frac{8}{21}$比$\frac{17}{50}$多。由分数减法法则(1-3)式,多

$$\frac{8}{21}-\frac{17}{50}=\frac{400}{1050}-\frac{357}{1050}=\frac{43}{1050}。$$

[10] 课:考察、考核。课分就是考察分数的大小。课分术就是比较分数大小的方法。

[11] 课分术的程序与减分术(1-3)式基本相同。明朝著作常将两者归结为同一术,或称为减分术,或称为课分术。

(三) 求分数的平均值

·原文

今有三分之一,三分之二,四分之三。问:减多益少,各几何而平?[1]

答曰:减四分之三者二,三分之二者一,并,以益三分之一,而各平于十二分之七。[2]

又有二分之一,三分之二,四分之三。问:减多益少,各几何而平?

答曰:减三分之二者一,四分之三者四,并,以益二分之一,而各平于三十六分之二十三。[3]

平分[4]**术曰:母互乘子,副并为平实。**[5]**母相乘为法。以列数乘未并者各自为列实。亦以列数乘法。**[6]**以平实减列实,**[7]**余,约之为所减。**[8]**并所减以益于少。**[9]**以法命平实,各得其平。**[10]

·译文

假设有$\frac{1}{3}$,$\frac{2}{3}$,$\frac{3}{4}$。问:减大的数,加到小的数上,各多少而得到它们的平均值?

答:减$\frac{3}{4}$的是$\frac{2}{12}$,减$\frac{2}{3}$的是$\frac{1}{12}$,将它们相加,增加到$\frac{1}{3}$上,各得平均值是$\frac{7}{12}$。

又假设有$\frac{1}{2}$,$\frac{2}{3}$,$\frac{3}{4}$。问:减大的数,加到小的数上,各多少而得到它们

的平均值？

答：减$\frac{2}{3}$的是$\frac{1}{36}$，减$\frac{3}{4}$的是$\frac{4}{36}$，将它们相加，增加到$\frac{1}{2}$上，各得平均值是$\frac{23}{36}$。

平分术：分母互乘分子，在旁边将它们相加作为均等的被除数。分母相乘作为除数。以分数的个数乘尚未相加的分子各自作为带有列数的被除数。同时以分数的个数乘除数。用均等的被除数减带有列数的被除数。用除数将其余数约简。作为应该从大的数中减去的分子。将应该减去的分子相加，增加到小的分子上。用除数除带有列数的被除数，便得到各分数的平均值。

• 注释

[1] 益：增加。平：平均值。

[2] 此处"二""一"均是以十二为分母的分数的分子。这是说从$\frac{3}{4}$减$\frac{2}{12}$，从$\frac{2}{3}$减$\frac{1}{12}$，将$\frac{2}{12}+\frac{1}{12}=\frac{3}{12}$加到$\frac{1}{3}$上，得到它们的平均值

$$\frac{3}{12}+\frac{1}{3}=\frac{3}{12}+\frac{4}{12}=\frac{7}{12}。$$

这实际上是将分母先置于旁边。

[3] 此处"一""四"均是以三十六为分母的分数的分子。这是说从$\frac{2}{3}$减$\frac{1}{36}$，从$\frac{3}{4}$减$\frac{4}{36}$，将$\frac{1}{36}+\frac{4}{36}=\frac{5}{36}$加到$\frac{1}{2}$上，得到它们的平均值

$$\frac{5}{36}+\frac{1}{2}=\frac{5}{36}+\frac{18}{36}=\frac{23}{36}。$$

这也是将分母先置于旁边。

[4] 平分：求几个分数的平均值。平分术就是求几个分数平均值的方法。以求三个分数$\frac{a}{b},\frac{c}{d},\frac{e}{f}$的平均值为例，列数是3。

[5] 并：加。母互乘子，副并为平实：分母互乘分子，就是齐其子。在旁边求它们的和，即为均等的被除数。分子分别得adf, bcf, bde，均

等的被除数就是 $adf+bcf+bde$。

[6] 分母相乘就是同其分母，得 bdf，称为法，即除数。未并者指相齐后尚未相加的分子。以列数乘之，分别得到带有列数的被除数，即 $3adf$，$3bcf$，$3bde$。又以列数乘除数，得 $3bdf$，仍称为除数。这里体现了位值制。

[7] 以均等的被除数减带有列数的被除数，分别得到 $3adf-(adf+bcf+bde)$，$3bcf-(adf+bcf+bde)$，$3bde-(adf+bcf+bde)$。

[8] 约之为所减：是指以均等的被除数减带有列数的被除数得到的余数与除数 $3bdf$ 约简，作为应该从大的数中减去的分子。

[9] 这是说将应该减去的分子相加，增加到小的分子上。

[10] 法：指列数与原"法"之积，即除数 $3bdf$。之所以仍称为"法"，即除数，是因为此位置为"法"，是位值制的一种表示。这是说以除数除均等的被除数，得到平均值，即 $\frac{adf+bcf+bde}{3bdf}$。

(四) 分数乘除法

1. 分数除法

原文

今有七人，分八钱三分钱之一。[1]问：人得几何？

荅曰：人得一钱二十一分钱之四。[2]

又有三人三分人之一，分六钱三分钱之一、四分钱之三。问：人得几何？

荅曰：人得二钱八分钱之一。[3]

经[4]分术曰：以人数为法，钱数为实，实如法而一。有分者通之；[5]重有分者同而通之。[6]

译文

假设有 7 人分 $8\frac{1}{3}$ 钱。问：每人得多少？

答:每人得 $1\frac{4}{21}$ 钱。

又假设有 $3\frac{1}{3}$ 人分 $6\frac{1}{3}$ 钱,$\frac{3}{4}$ 钱。问:每人得多少?

答:每人得 $2\frac{1}{8}$ 钱。

经分术:把人数作为除数,钱数作为被除数,被除数除以除数。如果有分数,就将其通分。有双重分数的,就要化成同分母以使它们通达。

• 注释

[1] 由秦汉数学简牍知道,先秦的名数分数的表示方式也多种多样。比如现今的以尺为单位的分数 $m\frac{a}{b}$ 尺(m,a,b 均为正整数),有的在“分”后无名数单位,表示成 m 尺 b 分 a,或 m 尺 b 分之 a。有的在“分”后有名数单位,表示成 m 尺 b 分尺 a,或 m 尺有 b 分尺之 a,或 m 尺 b 分尺之 a。张苍等整理《九章算术》,遂统一为 m 尺 b 分尺之 a。

[2] 这是被除数是分数,除数是整数的情形,将7和 $8\frac{1}{3}$ 代入下文的经分术即(1–4)式,得

$$8\frac{1}{3}\div 7=\frac{25}{3}\div\frac{21}{3}=\frac{25}{21}=1\frac{4}{21}。$$

[3] 这是被除数与除数都是分数,而且被除数是两个分数之和的情形。先求出被除数是 $6\frac{1}{3}+\frac{3}{4}=\frac{19}{3}+\frac{3}{4}=\frac{76}{12}+\frac{9}{12}=\frac{85}{12}$。将 $3\frac{1}{3}=\frac{10}{3}$ 和 $\frac{85}{12}$ 代入下文的经分术即(1–5)式,得

$$\frac{85}{12}\div\frac{10}{3}=\frac{85\times 3}{12\times 3}\div\frac{12\times 10}{12\times 3}=\frac{85\times 3}{12\times 10}=\frac{17}{8}=2\frac{1}{8}。$$

[4] 经:划分,分割。经分:本义是分割分数,也就是分数相除。经分术就是数除法法则。《九章算术》的例题中被除数都是分数,而除数可以是分数也可以是整数。

[5] 这是指实即被除数是分数,法即除数是整数的情形。与现今不同的是此时需要先将被除数与除数通分,然后将被除数与除数相除,其法则是

$$\frac{a}{b} \div d = \frac{a}{b} \div \frac{bd}{b} = \frac{a}{bd}。 \qquad (1\text{-}4)$$

[6] 重(chóng)有分是分数除分数的情形,将除写成分数的关系,就是现今的繁分数。其法则是

$$\frac{a}{b} \div \frac{c}{d} = \frac{ad}{bd} \div \frac{bc}{bd} = \frac{ad}{bc}。 \qquad (1\text{-}5)$$

这里没有用到颠倒相乘法。

2. 分数乘法

• 原文

今有田广七分步之四,从五分步之三。问:为田几何?

荅曰:三十五分步之十二。[1]

又有田广九分步之七,从十一分步之九。问:为田几何?

荅曰:十一分步之七。[2]

又有田广五分步之四,从九分步之五。[3]问:为田几何?

荅曰:九分步之四。[4]

乘分[5]术曰:母相乘为法,子相乘为实,实如法而一。[6]

今有田广三步三分步之一,从五步五分步之二。问:为田几何?

荅曰:十八步。[7]

又有田广七步四分步之三,从十五步九分步之五。问:为田几何?

荅曰:一百二十步九分步之五。[8]

又有田广十八步七分步之五,从二十三步十一分步之六。问:为田几何?

荅曰:一亩二百步十一分步之七。[9]

大广田[10]术曰:分母各乘其全,分子从之,相乘为实。分母相乘为法。实如法而一。[11]

• 译文

假设有一块田，宽 $\frac{4}{7}$ 步，长 $\frac{3}{5}$ 步。问：田的面积是多少？

答：$\frac{12}{35}$ 步 ^{2}。

又假设有一块田，宽 $\frac{7}{9}$ 步，长 $\frac{9}{11}$ 步。问：田的面积是多少？

答：$\frac{7}{11}$ 步 ^{2}。

又假设有一块田，宽 $\frac{4}{5}$ 步，长 $\frac{5}{9}$ 步。问：田的面积是多少？

答：$\frac{4}{9}$ 步 ^{2}。

乘分术：分母相乘作为除数，分子相乘作为被除数，被除数除以除数。

假设有一块田，宽 $3\frac{1}{3}$ 步，长 $5\frac{2}{5}$ 步。问：田的面积是多少？

答：18 步 ^{2}。

又假设有一块田，宽 $7\frac{3}{4}$ 步，长 $15\frac{5}{9}$ 步。问：田的面积是多少？

答：$120\frac{5}{9}$ 步 ^{2}。

又假设有一块田，宽 $18\frac{5}{7}$ 步，长 $23\frac{6}{11}$ 步。问：田的面积是多少？

答：1 亩 $200\frac{7}{11}$ 步 ^{2}。

大广田术：分母分别乘自己的整数部分，加入分子，互相乘作为被除数。分母相乘作为除数。被除数除以除数。

• 注释

[1] 将两个分数 $\frac{4}{7}$ 步和 $\frac{3}{5}$ 步代入下文的乘分术(1-6)，得到

$$\frac{4}{7}\text{步}\times\frac{3}{5}\text{步}=\frac{12}{35}\text{步}^2。$$

"三十五分步之十二"中的"步",指"步²",见上文方田术。

[2] 将两个分数$\frac{7}{9}$步和$\frac{9}{11}$步代入下文的乘分术(1-6)式,得到

$$\frac{7}{9}\text{步}\times\frac{9}{11}\text{步}=\frac{7}{11}\text{步}^2\text{。}$$

[3] 将$\frac{4}{5}$与$\frac{5}{9}$通分,分别得到$\frac{36}{45}$与$\frac{25}{45}$,于是$\frac{4}{5}$步>$\frac{5}{9}$步。此问是宽大于长的情形。

[4] 将两个分数$\frac{4}{5}$步和$\frac{5}{9}$步代入下文的乘分术(1-6)式,得到

$$\frac{4}{5}\text{步}\times\frac{5}{9}\text{步}=\frac{4}{9}\text{步}^2\text{。}$$

[5] 乘分:分数相乘。乘分术就是分数相乘的方法。

[6] 母相乘为法,子相乘为实,实如法而一:此即分数乘法法则

$$\frac{a}{b}\times\frac{c}{d}=\frac{ac}{bd}\text{。}\qquad(1-6)$$

[7] 将两个分数$3\frac{1}{3}$步和$5\frac{2}{5}$步代入下文的大广田术(1-7)式,得到

$$3\frac{1}{3}\text{步}\times5\frac{2}{5}\text{步}=\frac{10}{3}\text{步}\times\frac{27}{5}\text{步}=\frac{270}{15}\text{步}^2=18\text{步}^2\text{。}$$

[8] 将两个分数$7\frac{3}{4}$步,$15\frac{5}{9}$步代入下文的大广田术(1-7)式,得到

$$7\frac{3}{4}\text{步}\times15\frac{5}{9}\text{步}=\frac{31}{4}\text{步}\times\frac{140}{9}\text{步}=\frac{4340}{36}\text{步}^2=120\frac{5}{9}\text{步}^2\text{。}$$

[9] 将两个分数$18\frac{5}{7}$步,$23\frac{6}{11}$步代入下文的大广田术(1-7),得到

$$18\frac{5}{7}\text{步}\times23\frac{6}{11}\text{步}=\frac{131}{7}\text{步}\times\frac{259}{11}\text{步}=\frac{33929}{77}\text{步}^2$$

$$=440\frac{7}{11}\text{步}^2=1\text{亩}200\frac{7}{11}\text{步}^2\text{。}$$

[10] 大广田:指宽、长是带分数的田地。

[11] 设两个带分数为$a+\frac{c}{d}$和$b+\frac{e}{f}$，其中a和b分别是两个分数的整数部分。其法则就是

$$\left(a+\frac{c}{d}\right)\left(b+\frac{e}{f}\right)=\frac{ad+c}{d}\times\frac{bf+e}{f}$$

$$=\frac{(ad+c)(bf+e)}{df}。\quad(1\text{-}7)$$

三、多边形面积

(一)三角形

• 原文

今有圭田[1]广十二步,正从[2]二十一步。问:为田几何?

荅曰:一百二十六步。[3]

又有圭田广五步二分步之一,从八步三分步之二。[4]问:为田几何?

荅曰:二十三步六分步之五。[5]

术曰:半广以乘正从。[6]

• 译文

假设有一块圭田,宽12步,高21步。问:田的面积是多少?

答:126步^2。

又假设有一块圭田,宽$5\frac{1}{2}$步,高$8\frac{2}{3}$步。问:田的面积是多少?

答:$23\frac{5}{6}$步^2。

术:用宽的一半乘高。

• 注释

[1] 圭:本是古代帝王、诸侯举行隆重仪式所执玉制礼器,上尖下方。圭田:本是古代供卿、大夫、士祭祀用的田地,呈三角形,如图1-2所示。

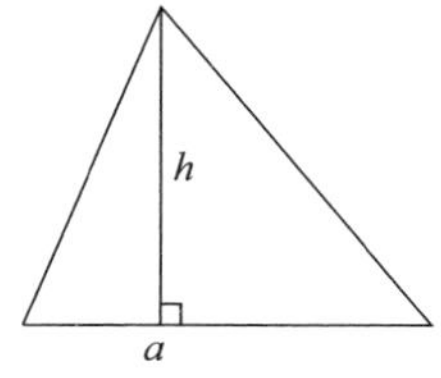

图1-2 圭田

［2］正从：三角形的高。

［3］将这个例题中的宽 $a=12$ 步，高 $h=21$ 步代入下文的圭田术(1-8)式，得到

$$S=\frac{12\text{步}}{2}\times 21\text{步}=126\text{步}^2。$$

［4］此圭田给出“从”，而不说“正从”，可见从就是正从，即其高。因此此圭田应是勾股形。

［5］将这个例题中的宽 $a=5\frac{1}{2}$ 步，高 $h=8\frac{2}{3}$ 步代入下文圭田术(1-8)式，得到

$$S=\frac{1}{2}\times 5\frac{1}{2}\text{步}\times 8\frac{2}{3}\text{步}=\frac{1}{2}\times\frac{11}{2}\text{步}\times\frac{26}{3}\text{步}=23\frac{5}{6}\text{步}^2。$$

［6］这是三角形田地的面积公式

$$S=\frac{a}{2}\times h, \tag{1-8}$$

其中 S,a,h 分别是三角形田地的面积、宽和高。

（二）梯形

·原文

今有邪田，[1]一头广三十步，一头广四十二步，正从[2]六十四步。问：为田几何？

答曰：九亩一百四十四步。[3]

又有邪田，正广六十五步，一畔从一百步，一畔从七十二步。[4]问：为田几何？

答曰：二十三亩七十步。[5]

术曰：并两邪而半之，以乘正从若广。[6]又可半正从若广，以乘并。[7]亩法而一。[8]

今有箕田，舌广二十步，踵广五步，[9]正从三十步。问：为田几何？

答曰：一亩一百三十五步。[10]

又有箕田，舌广一百一十七步，踵广五十步，正从一百三十五步。问：为田几何？

答曰：四十六亩二百三十二步半。[11]

术曰：并踵、舌而半之，以乘正从。[12]**亩法而一。**

• 译文

假设有一块斜田，一头宽30步，另一头宽42步，高64步。问：田的面积是多少？

答：9亩144步^2。

又假设有一块斜田，宽65步，一侧的长100步，另一侧的长72步。问：田的面积是多少？

答：23亩70步^2。

术：求与斜边相邻两宽或两长之和，取其一半，然后乘以高或宽。又可以取其正长或宽的一半，用以乘两宽或两长之和。除以亩法，得亩数。

假设有一块箕田，舌处宽20步，踵处宽5步，高30步。问：田的面积是多少？

答：1亩135步^2。

又假设有一块箕田，舌处宽117步，踵处宽50步，高135步。问：田的面积是多少？

答：46亩$232\frac{1}{2}$步^2。

术：求上底和下底之和，取其一半，然后乘以高。除以亩法，得亩数。

• 注释

[1] 邪：斜。邪田：直角梯形。此问的邪田如图1-3(1)所示。

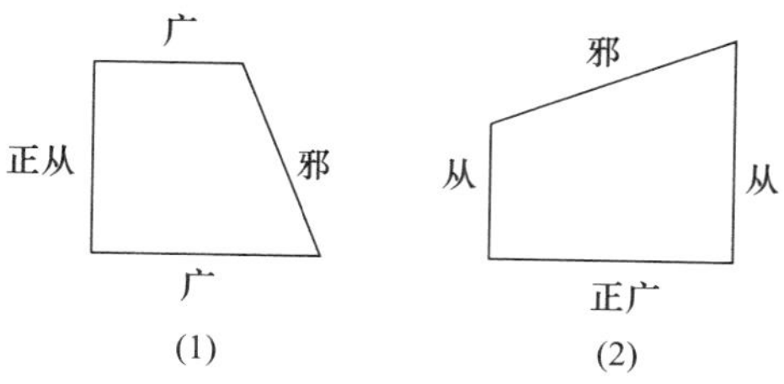

图 1-3 邪田

[2] 正从:高。

[3] 将这一例题中的一头宽 $a_1 = 30$ 步,一头宽 $a_2 = 42$ 步,高 $h = 64$ 步代入下文的邪田面积公式(1-9),得到

$$S = \frac{30\text{步} + 42\text{步}}{2} \times 64\text{步} = 2304\text{步}^2 = 9\text{亩}144\text{步}^2。$$

[4]正广:指直角梯形两直角之间的边。畔:边侧。此问之邪田如图 1-3(2)所示。两问之邪田在数学上没有什么不同。

[5] 将这一例题中的高 $h = 65$ 步,一畔长 $a_1 = 100$ 步,另一畔长 $a_2 = 72$ 步代入下文之邪田面积公式(1-9),得到

$$S = \frac{100\text{步} + 72\text{步}}{2} \times 65\text{步} = 5590\text{步}^2 = 23\text{亩}70\text{步}^2。$$

[6] 两邪:指与斜边相邻的两宽或两畔长。这是古汉语中实词活用的修辞方式。若:训或,或者。这是说以并两邪而半之乘高或宽,从而给出邪田面积公式

$$S = \frac{a_1 + a_2}{2} \times h, \tag{1-9}$$

其中 S, a_1, a_2, h 分别是邪田的面积、两宽和高。

[7] 这是邪田面积的另一公式

$$S = (a_1 + a_2) \times \frac{h}{2}。 \tag{1-10}$$

[8] 240 步^{2}为 1 亩,因而作为亩法。此即步^{2}的数量除以 240,便得到亩数。

[9] 箕(jī)田:是形如簸箕的田地,即一般的梯形,如图 1-4 所示。箕:簸箕,簸米去糠的器具。踵:脚后跟。舌和踵分别是梯形的上底与下底。

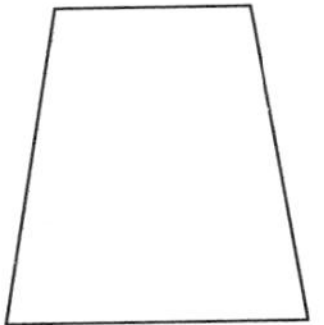

图 1-4　箕田

[10] 将这一例题中的舌宽 $a_1=20$ 步,踵宽 $a_2=5$ 步,高 $h=30$ 步代入箕田面积公式,亦即(1-9)式,得到

$$S=\frac{20\text{步}+5\text{步}}{2}\times 30\text{步}=375\text{步}^2=1\text{亩}135\text{步}^2\text{。}$$

[11] 将这一例题中的舌宽 $a_1=117$ 步,踵宽 $a_2=50$ 步,高 $h=135$ 步代入箕田面积公式,亦即(1-9)式,得到

$$S=\frac{117\text{步}+50\text{步}}{2}\times 135\text{步}=11272\frac{1}{2}\text{步}^2=46\text{亩}232\frac{1}{2}\text{步}^2\text{。}$$

[12] 此给出箕田面积公式 $S=\frac{a_1+a_2}{2}\times h$,其中 S,a_1,a_2,h 分别是箕田的面积、舌宽、踵宽和高,与(1-9)式相同。

四、曲边形面积

(一) 圆

• 原文

今有圆田[1],周三十步,径十步。问:为田几何?

荅曰:七十五步。[2]

又有圆田,周一百八十一步,径六十步三分步之一。问:为田几何?

荅曰:十一亩九十步十二分步之一。[3]

术曰:半周半径相乘得积步。[4]

又术曰:周、径相乘,四而一。[5]

又术曰:径自相乘,三之,四而一。[6]

又术曰:周自相乘,十二而一。[7]

• 译文

假设有一块圆田,周长30步,直径10步。问:田的面积是多少?

答:75步^2。

又假设有一块圆田,周长181步,直径$60\frac{1}{3}$步。问:田的面积是多少?

答:11亩$90\frac{1}{12}$步^2。

术:半周与半径相乘便得到圆的面积。

又术:圆周与直径相乘,除以4。

又术:圆直径自乘,乘以3,除以4。

又术:圆周自乘,除以12。

• 注释

[1] 圆田：圆，如图1–5所示。

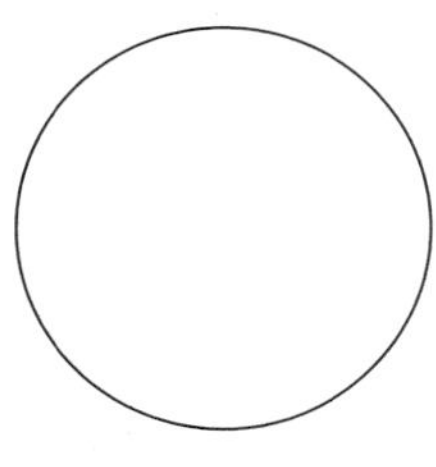

图1–5 圆

[2] 直径$d=10$步，那么半径$r=5$步。将圆周$L=30$步，半径$r=5$步代入下文的圆面积公式(1–11)，得到

$$S=\frac{1}{2}\times 30步\times 5步=75步^2。$$

或将圆周$L=30$步，直径$d=10$步直接代入(1–12)式亦可。

[3] 直径$d=60\frac{1}{3}$步，那么半径$r=30\frac{1}{6}$步。将圆周$L=181$步，半径$r=30\frac{1}{6}$步代入下文的圆面积公式(1–11)，得到

$$S=\frac{1}{2}\times 181步\times 30\frac{1}{6}步=\frac{1}{2}\times 181步\times\frac{181}{6}步$$
$$=\frac{32761}{12}步^2=11亩90\frac{1}{12}步^2。$$

或将圆周$L=181$步，直径$d=60\frac{1}{3}$步直接代入(1–12)式亦可。

[4] 此即圆面积公式

$$S=\frac{1}{2}Lr。\qquad(1\text{–}11)$$

其中S,L,r分别是圆的面积、周长和半径。这个公式是准确的，只是例题中的周、径按周3径1取值，导致计算结果不准确。

[5] 记圆直径为d，此即圆面积的又一公式

$$S=\frac{1}{4}Ld。\qquad(1\text{–}12)$$

[6] 此即圆面积的第三个公式

$$S=\frac{3}{4}d^2。\tag{1-13}$$

(1-13)式对应于π=3,因而是不精确的公式。

[7] 此即圆面积的第四个公式

$$S=\frac{1}{12}L^2。\tag{1-14}$$

(1-14)式也对应于π=3,因而也是不精确的。

(二)曲面形——宛田

•原文

今有宛田,下周三十步,径十六步。[1]问:为田几何?

答曰:一百二十步。[2]

又有宛田,下周九十九步,径五十一步。问:为田几何?

答曰:五亩六十二步四分步之一。[3]

术曰:以径乘周,四而一。[4]

•译文

假设有一块宛田,下周长30步,穹径16步。问:田的面积是多少?

答:120步^2。

又假设有一块宛田,下周长99步,穹径51步。问:田的面积是多少?

答:5亩$62\frac{1}{4}$步^2。

术:以径乘下周,除以4。

•注释

[1]宛田:类似于球冠的曲面形。其径指宛田表面上穿过顶心的大弧,如图1-6所示。

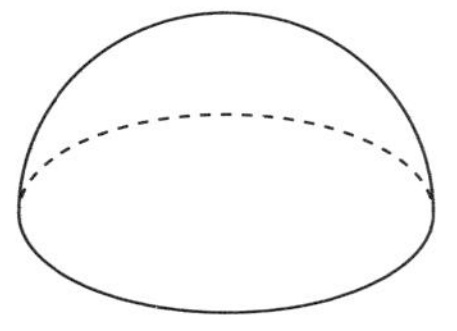

图1-6　宛田

[2] 将这一例题中的下周长 $L=30$ 步，径 $D=16$ 步代入下文的(1-15)式，得到

$$S=\frac{1}{4}\times 30\text{步}\times 16\text{步}=120\text{步}^2。$$

[3] 将这一例题中的下周长 $L=99$ 步，径 $D=51$ 步代入下文的(1-15)式，得到

$$S=\frac{1}{4}\times 99\text{步}\times 51\text{步}=\frac{1}{4}\times 5049\text{步}^2=5\text{亩}62\frac{1}{4}\text{步}^2。$$

[4] 此是《九章算术》提出的宛田面积公式

$$S=\frac{1}{4}LD \tag{1-15}$$

其中 S,L,D 分别为宛田的面积、下周长和径。刘徽指出这个公式是错误的。

(三) 弓形——弧田

• 原文

今有弧田，弦三十步，矢十五步。[1]问：为田几何？

荅曰：一亩九十七步半。[2]

又有弧田，弦七十八步二分步之一，矢十三步九分步之七。问：为田几何？

荅曰：二亩一百五十五步八十一分步之五十六。[3]

术曰：以弦乘矢，矢又自乘，并之，二而一。[4]

• 译文

假设有一块弓形田，弦是30步，矢是15步。问：田的面积是多少？

答：1亩$97\frac{1}{2}$步^2。

又假设有一块弓形田，弦是$78\frac{1}{2}$步，矢是$13\frac{7}{9}$步。问：田的面积是多少？

答：2亩$155\frac{56}{81}$步^2。

术：以弦乘矢，矢又自乘，两者相加，除以2。

·注释

［1］弧田：形如今天的弓形一样的田。形状如图1-7所示。弦是连接弧两端的直线段，矢是弓形所在圆半径上的部分，它垂直于弦。

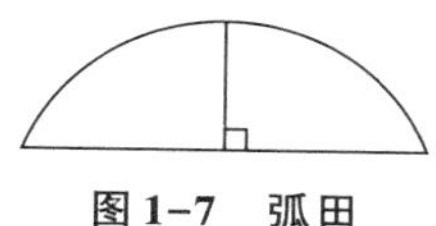

图1-7　弧田

［2］将这一例题的弦c=30步，矢v=15步代入下文的弓形面积公式(1-16)，得到

$$\begin{aligned}S&=\frac{1}{2}\left[30\text{步}\times 15\text{步}+\left(15\text{步}\right)^2\right]\\&=\frac{1}{2}\left(450\text{步}^2+225\text{步}^2\right)\\&=337\frac{1}{2}\text{步}^2=1\text{亩}97\frac{1}{2}\text{步}^2。\end{aligned}$$

［3］将这一例题的弦$c=78\frac{1}{2}$步，矢$v=13\frac{7}{9}$步代入下文的弓形面积公式(1-16)，得到

$$\begin{aligned}S&=\frac{1}{2}\left[78\frac{1}{2}\text{步}\times 13\frac{7}{9}\text{步}+\left(13\frac{7}{9}\text{步}\right)^2\right]\\&=\frac{1}{2}\left[\frac{157}{2}\text{步}\times\frac{124}{9}\text{步}+\left(\frac{124}{9}\text{步}\right)^2\right]\end{aligned}$$

$$=\frac{1}{2}\left(\frac{9734}{9}步^2+\frac{15376}{81}步^2\right)$$

$$=\frac{51491}{81}步^2=2亩155\frac{56}{81}步^2。$$

[4] 设S,c,v分别是弓形的面积、弦和矢,此即弓形面积公式

$$S=\frac{1}{2}\left(cv+v^2\right)。\tag{1-16}$$

刘徽证明这一公式不准确,并运用极限思想创造了求弓形面积精确近似值的方法。

(四)圆环——环田

•原文

今有环田,中周九十二步,外周一百二十二步,径五步。[1]问:为田几何?

荅曰:二亩五十五步。[2]

又有环田,中周六十二步四分步之三,外周一百一十三步二分步之一,径十二步三分步之二。[3]问:为田几何?

荅曰:四亩一百五十六步四分步之一。[4]

术曰:并中、外周而半之,以径乘之,为积步。[5]

密率术[6]曰:置中、外周步数,分母、子各居其下。母互乘子,通全步,内分子。以中周减外周,余半之,以益中周。径亦通分内子,以乘周为密实。分母相乘为法。除之为积步,余,积步之分。以亩法除之,即亩数也。[7]

•译文

假设有一块圆环田,中周长92步,外周长122步,环径5步。问:圆环田的面积是多少?

答:2亩55步^2。

又假设有一块圆环田,中周长$62\frac{3}{4}$步,外周长$113\frac{1}{2}$步,环径$12\frac{2}{3}$步。问:圆环田的面积是多少?

答:4亩$156\frac{1}{4}$步^2。

术:中周长与外周长相加,取其一半,乘以环径长,就是积步。

密率术:布置中周长、外周长的步数,它们的分子、分母各布置在下方,分母互乘分子,将整数部分通分,纳入分子。以中周长减外周长,取其余数的一半,增加到中周长上。对环径亦通分,纳入分子。以它乘周长,作为精密被除数。周长、径长的分母相乘,作为除数。被除数除以除数,就是积步;余数是积步中的分数。以亩法除之,就是亩数。

•注释

[1] 环田:形如今天的圆环,如图1–8(1)所示。中周:圆环内圆的周长。外周:圆环外圆的周长。径:中外周之间的距离。

[2] 将这一例题中的中周$L_1=92$步,外周$L_2=122$步,径$d=5$步代入下文的(1–17)式,得到环田面积

$$S=\frac{1}{2}\left(92\text{步}+122\text{步}\right)\times 5\text{步}=535\text{步}^2=2\text{亩}55\text{步}^2。$$

[3] 此问的环田为大约240°的环缺,如图1–8(2)所示。①

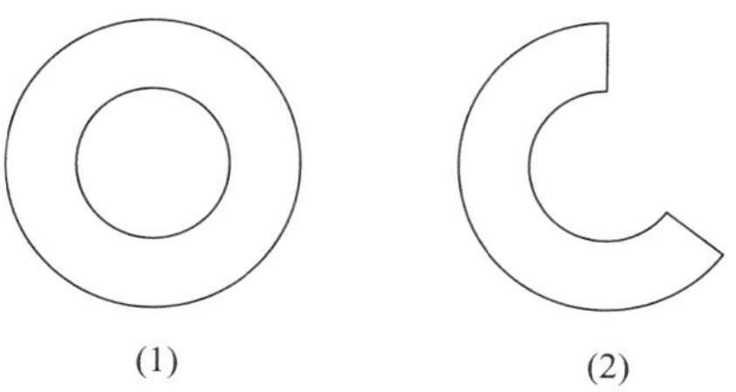

图1–8 圆环

[4] 将这一例题中的中周$L_1=62\frac{3}{4}$步,外周$L_1=113\frac{1}{2}$步,径$d=12\frac{2}{3}$步代入下文的(1–17)式,得到面积

① 刘徽说:"此田环而不通匝。"意为不是整环,实际上是240°的环缺。但此问的计算结果是按整环求得的。——译者注

$$S=\frac{1}{2}\left(62\frac{3}{4}\text{步}+113\frac{1}{2}\text{步}\right)\times 12\frac{2}{3}\text{步}$$
$$=\frac{1}{2}\left(\frac{251}{4}\text{步}+\frac{227}{2}\text{步}\right)\times\frac{38}{3}\text{步}$$
$$=\frac{1}{2}\times\frac{705}{4}\text{步}\times\frac{38}{3}\text{步}$$
$$=\frac{4465}{4}\text{步}^2=1116\frac{1}{4}\text{步}^2=4\text{亩}156\frac{1}{4}\text{步}^2。$$

[5] 此即圆环面积公式

$$S=\frac{1}{2}\left(L_1+L_2\right)d。\tag{1-17}$$

[6] 此术是针对各项数值都带有分数的情形而设的，比关于整数的上术精密，故称“密率术”。

[7] 用现代符号写出，此术也是(1-17)式。

第二卷

粟　米

粟米:泛指谷类,粮食。粟:古代泛指谷类,又指谷子。"粟米"作为一类数学问题,是"九数"之一,本是处理抵押交换问题。

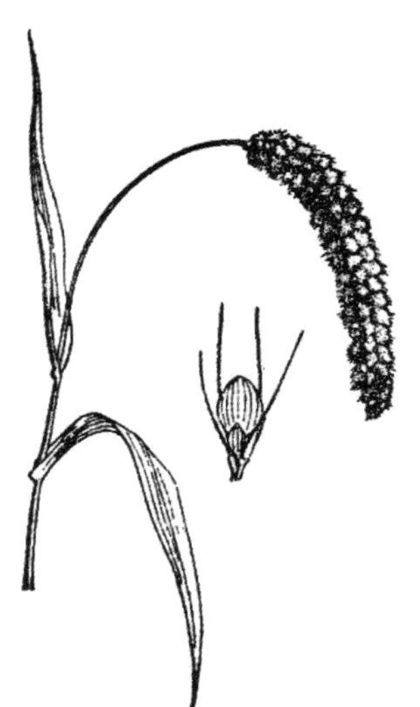

粟，亦称“谷子”“粱”，去壳后称“小米”。原产中国，主要分布在华北、西北等黄土高原和东北西部的干旱、半干旱地区。籽粒营养价值高，主要供食用或酿酒。茎、叶、谷糠可作饲料

一、今有术——比例算法

(一) 粟米之法

原文

粟米之法:[1]

粟率五十	粝米[2]三十
粺米[3]二十七	糳米[4]二十四
御米[5]二十一	小䵑[6]十三半
大䵑[7]五十四	粝饭七十五
粺饭五十四	糳饭四十八
御饭四十二	菽[8]、荅[9]、麻[10]、麦各四十五
稻六十	豉[11]六十三
飧[12]九十	熟菽一百三半
糵[13]一百七十五	

译文

粟米之率:

粟率 50	粝米 30
粺米 27	糳米 24
御米 21	小䵑 $13\frac{1}{2}$
大䵑 54	粝饭 75
粺饭 54	糳饭 48
御饭 42	菽、荅、麻、麦各 45
稻 60	豉 63

飧 90　　　　熟菽 $103\frac{1}{2}$

糵 175

• 注释

[1] 粟米之法：这里是互换的标准，即各种粟米的率。法：标准。

[2] 粝米：糙米，有时省称为米。《九章算术》单言“米”，均指粝米。

[3] 粺米：精米。

[4] 糳(zuò)米：舂过的精米。糳：本义是舂。

[5] 御米：供宫廷食用的米。

[6] 䵂(zhí)：麦屑。小䵂：细麦屑。

[7] 大䵂：粗麦屑。

[8] 菽：大豆。引申为豆类的总称。

[9] 荅：小豆。

[10] 麻：古代指大麻，亦指芝麻。此指芝麻。

[11] 豉(chǐ)：用煮熟的大豆发酵后制成的食品。

[12] 飧(sūn)：晚饭，引申为熟食。

[13] 糵(niè)：粬糵。

(二) 今有术

• 原文

今有术[1]曰：以所有数乘所求率为实，以所有率为法。实如法而一。[2]

今有粟一斗，欲为粝米。问：得几何？

答曰：为粝米六升。

术曰：以粟求粝米，三之，五而一。[3]

今有粟二斗一升，欲为粺米。问：得几何？

答曰:为粺米一斗一升五十分升之十七。

术曰:以粟求粺米,二十七之,五十而一。[4]

今有粟四斗五升,欲为糳米。问:得几何?

答曰:为糳米二斗一升五分升之三。

术曰:以粟求糳米,十二之,二十五而一。[5]

今有粟七斗九升,欲为御米。问:得几何?

答曰:为御米三斗三升五十分升之九。

术曰:以粟求御米,二十一之,五十而一。[6]

今有粟一斗,欲为小䵂。问:得几何?

答曰:为小䵂二升一十分升之七。

术曰:以粟求小䵂,二十七之,百而一。[7]

今有粟九斗八升,欲为大䵂。问:得几何?

答曰:为大䵂一十斗五升二十五分升之二十一。

术曰:以粟求大䵂,二十七之,二十五而一。[8]

今有粟二斗三升,欲为粝饭。问:得几何?

答曰:为粝饭三斗四升半。

术曰:以粟求粝饭,三之,二而一。[9]

今有粟三斗六升,欲为粺饭。问:得几何?

答曰:为粺饭三斗八升二十五分升之二十二。

术曰:以粟求粺饭,二十七之,二十五而一。[10]

今有粟八斗六升,欲为糳饭。问:得几何?

答曰:为糳饭八斗二升二十五分升之一十四。

术曰:以粟求糳饭,二十四之,二十五而一。[11]

今有粟九斗八升,欲为御饭。问:得几何?

答曰:为御饭八斗二升二十五分升之八。

术曰:以粟求御饭,二十一之,二十五而一。[12]

今有粟三斗少半[13]升,欲为菽。问:得几何?

答曰:为菽二斗七升一十分升之三。

今有粟四斗一升太半[14]升，欲为荅。问：得几何？

答曰：为荅三斗七升半。

今有粟五斗太半升，欲为麻。问：得几何？

答曰：为麻四斗五升五分升之三。

今有粟一十斗八升五分升之二，欲为麦。问：得几何？

答曰：为麦九斗七升二十五分升之一十四。

术曰：以粟求菽、荅、麻、麦，皆九之，十而一。[15]

今有粟七斗五升七分升之四，欲为稻。问：得几何？

答曰：为稻九斗三十五分升之二十四。

术曰：以粟求稻，六之，五而一。[16]

今有粟七斗八升，欲为豉。问：得几何？

答曰：为豉九斗八升二十五分升之七。

术曰：以粟求豉，六十三之，五十而一。[17]

今有粟五斗五升，欲为飧。问：得几何？

答曰：为飧九斗九升。

术曰：以粟求飧，九之，五而一。[18]

今有粟四斗，欲为熟菽。问：得几何？

答曰：为熟菽八斗二升五分升之四。

术曰：以粟求熟菽，二百七之，百而一。[19]

今有粟二斗，欲为糵。问：得几何？

答曰：为糵七斗。

术曰：以粟求糵，七之，二而一。[20]

今有粝米十五斗五升五分升之二，欲为粟。问：得几何？

答曰：为粟二十五斗九升。

术曰：以粝米求粟，五之，三而一。[21]

今有粺米二斗，欲为粟。问：得几何？

答曰：为粟三斗七升二十七分升之一。

术曰：以粺米求粟，五十之，二十七而一。[22]

今有糳米三斗少半升，欲为粟。问:得几何?

答曰:为粟六斗三升三十六分升之七。

术曰:以糳米求粟，二十五之，十二而一。[23]

今有御米十四斗，欲为粟。问:得几何?

答曰:为粟三十三斗三升少半升。

术曰:以御米求粟，五十之，二十一而一。[24]

今有稻一十二斗六升一十五分升之一十四，欲为粟。问:得几何?

答曰:为粟一十斗五升九分升之七。

术曰:以稻求粟，五之，六而一。[25]

今有粝米一十九斗二升七分升之一，欲为粺米。问:得几何?

答曰:为粺米一十七斗二升一十四分升之一十三。

术曰:以粝米求粺米，九之，十而一。[26]

今有粝米六斗四升五分升之三，欲为粝饭。问:得几何?

答曰:为粝饭一十六斗一升半。

术曰:以粝米求粝饭，五之，二而一。[27]

今有粝饭七斗六升七分升之四，欲为飧。问:得几何?

答曰:为飧九斗一升三十五分升之三十一。

术曰:以粝饭求飧，六之，五而一。[28]

今有菽一斗，欲为熟菽。问:得几何?

答曰:为熟菽二斗三升。

术曰:以菽求熟菽，二十三之，十而一。[29]

今有菽二斗，欲为豉。问:得几何?

答曰:为豉二斗八升。

术曰:以菽求豉，七之，五而一。[30]

今有麦八斗六升七分升之三，欲为小䵂。问:得几何?

答曰:为小䵂二斗五升一十四分升之一十三。

术曰:以麦求小䵂，三之，十而一。[31]

今有麦一斗，欲为大䵂。问:得几何?

荅曰：为大䵂一斗二升。

术曰：以麦求大䵂，六之，五而一。[32]

• 译文

今有术：以现有物品的数量乘所求物品的率作为被除数，以现有物品的率作为除数。被除数除以除数。

假设有1斗粟，想换成粝米。问：得多少？

答：换成6升粝米。

术：由粟求粝米，乘以3，除以5。

假设有2斗1升粟，想换成粺米。问：得多少？

答：换成1斗$1\frac{17}{50}$升粺米。

术：由粟求粺米，乘以27，除以50。

假设有4斗5升粟，想换成糳米。问：得多少？

答：换成2斗$1\frac{3}{5}$升糳米。

术：由粟求糳米，乘以12，除以25。

假设有7斗9升粟，想换成御米。问：得多少？

答：换成3斗$3\frac{9}{50}$升御米。

术：由粟求御米，乘以21，除以50。

假设有1斗粟，想换成小䵂。问：得多少？

答：换成$2\frac{7}{10}$升小䵂。

术：由粟求小䵂，乘以27，除以100。

假设有9斗8升粟，想换成大䵂。问：得多少？

答：换成10斗$5\frac{21}{25}$升大䵂。

术：由粟求大䵂，乘以27，除以25。

假设有2斗3升粟，想换成粝饭。问：得多少？

答:换成3斗$4\frac{1}{2}$升粝饭。

术:由粟求粝饭,乘以3,除以2。

假设有3斗6升粟,想换成粺饭。问:得多少?

答:换成3斗$8\frac{22}{25}$升粺饭。

术:由粟求粺饭,乘以27,除以25。

假设有8斗6升粟,想换成糳饭。问:得多少?

答:换成8斗$2\frac{14}{25}$升糳饭。

术:由粟求糳饭,乘以24,除以25。

假设有9斗8升粟,想换成御饭。问:得多少?

答:换成8斗$2\frac{8}{25}$升御饭。

术:由粟求御饭,乘以21,除以25。

假设有3斗$\frac{1}{3}$升粟,想换成菽。问:得多少?

答:换成2斗$7\frac{3}{10}$升菽。

假设有4斗$1\frac{2}{3}$升粟,想换成荅。问:得多少?

答:换成3斗$7\frac{1}{2}$升荅。

假设有5斗$\frac{2}{3}$升粟,想换成麻。问:得多少?

答:换成4斗$5\frac{3}{5}$升麻。

假设有10斗$8\frac{2}{5}$升粟,想换成麦。问:得多少?

答:换成9斗$7\frac{14}{25}$升麦。

术:由粟求菽、荅、麻、麦,皆乘以9,除以10。

假设有7斗$5\frac{4}{7}$升粟,想换成稻。问:得多少?

答:换成9斗$\frac{24}{35}$升稻。

术:由粟求稻,乘以6,**除以**5。

假设有7斗8升粟,想换成豉。问:得多少?

答:换成9斗8$\frac{7}{25}$升豉。

术:由粟求豉,乘以63,**除以**50。

假设有5斗5升粟,想换成飧。问:得多少?

答:换成9斗9升飧。

术:由粟求飧,乘以9,**除以**5。

假设有4斗粟,想换成熟菽。问:得多少?

答:换成8斗2$\frac{4}{5}$升熟菽。

术:由粟求熟菽,乘以207,**除以**100。

假设有2斗粟,想换成糵。问:得多少?

答:换成7斗糵。

术:由粟求糵,乘以7,**除以**2。

假设有15斗5$\frac{2}{5}$升粝米,想换成粟。问:得多少?

答:换成25斗9升粟。

术:由粝米求粟,乘以5,**除以**3。

假设有2斗粺米,想换成粟。问:得多少?

答:换成3斗7$\frac{1}{27}$升粟。

术:由粺米求粟,乘以50,**除以**27。

假设有3斗$\frac{1}{3}$升糳米,想换成粟。问:得多少?

答:换成6斗3$\frac{7}{36}$升粟。

术:由糳米求粟,乘以25,**除以**12。

假设有14斗御米,想换成粟。问:得多少?

答:换成33斗$3\frac{1}{3}$升粟。

术:由御米求粟,乘以50,除以21。

假设有12斗$6\frac{14}{15}$升稻,想换成粟。问:得多少?

答:换成10斗$5\frac{7}{9}$升粟。

术:由稻求粟,乘以5,除以6。

假设有19斗$2\frac{1}{7}$升粝米,想换成粺米。问:得多少?

答:换成17斗$2\frac{13}{14}$升粺米。

术:由粝米求粺米,乘以9,除以10。

假设有6斗$4\frac{3}{5}$升粝米,想换成粝饭。问:得多少?

答:换成16斗$1\frac{1}{2}$升粝饭。

术:由粝米求粝饭,乘以5,除以2。

假设有7斗$6\frac{4}{7}$升粝饭,想换成飧。问:得多少?

答:换成9斗$1\frac{31}{35}$升飧。

术:由粝饭求飧,乘以6,除以5。

假设有1斗菽,想换成熟菽。问:得多少?

答:换成2斗3升熟菽。

术:由菽求熟菽,乘以23,除以10。

假设有2斗菽,想换成豉。问:得多少?

答:换成2斗8升豉。

术:由菽求豉,乘以7,除以5。

假设有8斗$6\frac{3}{7}$升麦,想换成小䵂。问:得多少?

答:换成2斗$5\frac{13}{14}$升小䵂。

术：由麦求小䵂，乘以3，除以10。

假设有1斗麦，想换成大䵂。问：得多少？

答：换成1斗2升大䵂。

术：由麦求大䵂，乘以6，除以5。

• 注释

[1] 今有术：今天的三率法，或称三项法（rule of three）。西方学者一般认为，此法源于印度。但印度直到婆罗门笈多才通晓此法（628年），所使用的术语的意义也与《九章算术》相近。

[2] 所有数：现有物品的数量。所求率：所求物品的率。所有率：现有物品的率。今有术就是已知所有数A，所有率a和所求率b，求所求数B的公式为

$$B = Ab \div a。 \tag{2-1}$$

[3] 三之，五而一：乘以3，除以5，或说以3乘，以5除。下文同类语句与此相同。将粟率50，粝米率30退位约简为粟率a=5，粝米率b=3，将其与这一例题中的所有数A=1斗一同代入今有术（2-1）式，得到粝米

$$B = 1\text{斗} \times 3 \div 5 = \frac{3}{5}\text{斗} = 6\text{升}。$$

1斗=10升。因粟率和粝米率都是10的倍数，故只要退位就可约简，得相与之率入算，而不必用10除，这反映了十进位值制记数法的优越性。

[4] 将粟率a=50，粺米率b=27与这一例题中的所有数A=2斗1升=21升代入今有术（2-1）式，得到

$$\text{粺米}B = 21\text{升} \times 27 \div 50 = \frac{567}{50}\text{升} = 1\text{斗}1\frac{17}{50}\text{升}。$$

[5] 这是将粟率50与糳米率24以最大公约数2约简，得到相与之率：粟率a=25，糳米率b=12。将其与这一例题中的所有数A=4斗5升=45升代入今有术（2-1）式，得到

$$\text{糳米}B=45\text{升}\times 12\div 25=\frac{108}{5}\text{斗}=2\text{斗}1\frac{3}{5}\text{升}。$$

［6］将粟率 $a=50$，御米率 $b=21$ 与这一例题中的所有数 $A=7$ 斗 9升 =79 升代入今有术（2-1）式，得到

$$\text{御米}B=79\text{升}\times 21\div 50=\frac{1659}{50}\text{升}=3\text{斗}3\frac{9}{50}\text{升}。$$

［7］这是将粟率 50 与小䵂率 $13\frac{1}{2}$，以 2 通分，得到相与之率：粟率 $a=100$，小䵂率 $b=27$。将其与这一例题中的所有数 $A=1$ 斗 =10 升代入今有术（2-1）式，得到

$$\text{小䵂}B=10\text{升}\times 27\div 100=\frac{27}{10}\text{升}=2\frac{7}{10}\text{升}。$$

［8］这是将粟率 50 与大䵂率 54 以最大公约数 2 约简，得到相与之率：粟率 $a=25$，大䵂率 $b=27$。将其与这一例题中的所有数 $A=9$ 斗 8升 =98升 代入今有术（2-1）式，得到

$$\text{大䵂}B=98\text{升}\times 27\div 25=\frac{2646}{25}\text{升}=10\text{斗}5\frac{21}{25}\text{升}。$$

［9］这是将粟率 50 与粝饭率 75 以最大公约数 25 约简，得到相与之率：粟率 $a=2$，粝饭率 $b=3$。将其与这一例题中的所有数 $A=2$ 斗 3升 =23 升代入今有术（2-1）式，得到

$$\text{粝饭}B=23\text{升}\times 3\div 2=\frac{69}{2}\text{升}=3\text{斗}4\frac{1}{2}\text{升}。$$

［10］这是将粟率 50 与粺饭率 54 以最大公约数 2 约简，得到相与之率：粟率 $a=25$，粺饭率 $b=27$。将其与这一例题中的所有数 $A=3$ 斗 6升 =36 升代入今有术（2-1）式，得到

$$\text{粺饭}B=36\text{升}\times 27\div 25=\frac{972}{25}\text{升}=3\text{斗}8\frac{22}{25}\text{升}。$$

［11］这是将粟率 50 与糳饭率 48 以最大公约数 2 约简，得相与之率：粟率 $a=25$，糳饭率 $b=24$。将其与这一例题中的所有数 $A=8$斗6升 = 86升 代入今有术（2-1）式，得到

$$糳饭B=86升\times24\div25=\frac{2064}{25}升=8斗2\frac{14}{25}升。$$

［12］这是将粟率50与御饭率42以最大公约数2约简，得到相与之率：粟率a=25，御饭率b=21。将其与这一例题中的所有数A=9斗8升=98升代入今有术(2-1)式，得到

$$御饭B=98升\times21\div25=\frac{2058}{25}升=8斗2\frac{8}{25}升。$$

［13］少半：$\frac{1}{3}$。

［14］太半：$\frac{2}{3}$。

［15］这是将粟率50与菽、荅、麻、麦率45，以最大公约数5约简，得到相与之率：粟率a=10，菽、荅、麻、麦率b=9。将其与求菽的例题中的所有数$A=3斗\frac{1}{3}升=\frac{91}{3}升$代入今有术(2-1)式，得到

$$菽B=\frac{91}{3}升\times9\div10=\frac{273}{10}升=2斗7\frac{3}{10}升。$$

将其与求荅的例题中的所有数$A=4斗1\frac{2}{3}升=\frac{125}{3}升$代入今有术(2-1)式，得到

$$荅B=\frac{125}{3}升\times9\div10=\frac{375}{10}升=3斗7\frac{1}{2}升。$$

将其与求麻的例题中的所有数$A=5斗\frac{2}{3}升=\frac{152}{3}升$代入今有术(2-1)式，得到

$$麻B=\frac{152}{3}升\times9\div10=\frac{456}{10}升=4斗5\frac{3}{5}升。$$

将其与求麦的例题中的所有数$A=10斗8\frac{2}{5}升=\frac{542}{5}升$代入今有术(2-1)式，得到

$$麦B=\frac{542}{5}升\times9\div10=\frac{2439}{25}升=9斗7\frac{14}{25}升。$$

［16］将粟率50，稻率60退位约简，得到相与之率：粟率a=5，稻率

$b=6$。将其与这一例题中的所有数 $A=7$斗$5\frac{4}{7}$升$=\frac{529}{7}$升代入今有术(2-1)式，得到

$$\text{粝米}B=\frac{529}{7}\text{升}\times 6\div 5=\frac{3174}{35}\text{斗}=9\text{斗}\frac{24}{35}\text{升}。$$

［17］将粟率 $a=50$，豉率 $b=63$ 与这一例题中的所有数 $A=7$斗8升$=$78升代入今有术(2-1)式，得到

$$\text{豉}B=78\text{升}\times 63\div 50=\frac{4914}{50}\text{升}=9\text{斗}8\frac{7}{25}\text{升}。$$

［18］将粟率50，飧率90退位约简，得到相与之率：粟率 $a=5$，飧率 $b=9$。将其与这一例题中的所有数 $A=5$斗5升$=$55升代入今有术(2-1)式，得到

$$\text{飧}B=55\text{升}\times 9\div 5=99\text{升}=9\text{斗}9\text{升}。$$

［19］这是将粟率50与熟菽率 $103\frac{1}{2}$，以2通分，得到相与之率：粟率 $a=100$，熟菽率 $b=207$。将其与这一例题中的所有数 $A=4$斗$=$40升代入今有术(2-1)式，得到

$$\text{熟菽}B=40\text{升}\times 207\div 100=\frac{828}{10}\text{升}=8\text{斗}2\frac{4}{5}\text{升}。$$

［20］这是将粟率50与糵率175以最大公约数25约简，得到相与之率：粟率 $a=2$，糵率 $b=7$。将其与这一例题中的所有数 $A=2$斗代入今有术(2-1)式，得到

$$\text{糵}B=2\text{斗}\times 7\div 2=7\text{斗}。$$

［21］将粝米率30，粟率50退位约简，得到相与之率：粝米率 $a=3$，粟率 $b=5$，将其与这一例题中的所有数 $A=15$斗$5\frac{2}{5}$升$=\frac{777}{5}$升代入今有术(2-1)式，得到

$$\text{粟}B=\frac{777}{5}\text{升}\times 5\div 3=259\text{升}=25\text{斗}9\text{升}。$$

［22］将粺米率 $b=27$，粟率 $a=50$ 与这一例题中的所有数 $A=2$斗$=$20升代入今有术(2-1)式，得到

$$粟B=20升\times50\div27=\frac{1000}{27}升=3斗7\frac{1}{27}升。$$

［23］这是将糳米率24与粟率50以最大公约数2约简，得到相与之率：糳米率$a=12$，粟率$b=25$。将其与这一例题中的所有数$A=3斗\frac{1}{3}升=\frac{91}{3}升$代入今有术（2-1）式，得到

$$粟B=\frac{91}{3}升\times25\div12=\frac{2275}{36}升=6斗3\frac{7}{36}升。$$

［24］将御米率$a=21$，粟率$b=50$与这一例题中的所有数$A=14斗=140升$代入今有术（2-1）式，得到

$$粟B=140升\times50\div21=\frac{7000}{21}升=33斗3\frac{1}{3}升。$$

［25］将稻率60，粟率50退位约简，得到相与之率：稻率$a=6$，粟率$b=5$。将其与这一例题中的所有数$A=12斗6\frac{14}{15}升=\frac{1904}{15}升$代入今有术（2-1）式，得到

$$粟B=\frac{1904}{15}升\times5\div6=\frac{952}{9}升=10斗5\frac{7}{9}升。$$

［26］这是将粝米率30与粺米率27，以最大公约数3约简，得到相与之率：粝米率$a=10$，粺米率$b=9$。将其与这一例题中的所有数$A=19斗2\frac{1}{7}升=\frac{1345}{7}升$代入今有术（2-1）式，得到

$$粺米B=\frac{1345}{7}升\times9\div10=\frac{2421}{14}升=17斗2\frac{13}{14}升。$$

［27］这是将粝米率30与粝饭率75，以最大公约数15约简，得到相与之率：粝米率$a=2$，粝饭率$b=5$。将其与这一例题中的所有数$A=6斗4\frac{3}{5}升=\frac{323}{5}升$代入今有术（2-1）式，得到

$$粝饭B=\frac{323}{5}升\times5\div2=\frac{323}{2}升=16斗1\frac{1}{2}升。$$

［28］这是将粝饭率75与飧率90以最大公约数15约简，得到相与之率：粝饭率$a=5$，飧率$b=6$。将其与这一例题中的所有数$A=$

7斗$6\frac{4}{7}$升$=\frac{536}{7}$升代入今有术(2-1)式,得到

$$糲飯B=\frac{536}{7}升\times 6\div 5=\frac{3216}{35}升=9斗1\frac{31}{35}升。$$

［29］这是将菽率45与熟菽率$103\frac{1}{2}$,以2通分,得到菽率90与熟菽率207。它们又有最大公约数9,故以9约简,为相与之率:菽率$a=10$,熟菽率$b=23$。将其与这一例题中的所有数$A=1$斗$=10$升代入今有术(2-1)式,得到

$$熟菽B=10升\times 23\div 10=23升=2斗3升。$$

［30］这是将菽率45与豉率63以最大公约数9约简,得到相与之率:菽率$a=5$,豉率$b=7$。将其与这一例题中的所有数$A=2$斗$=20$升代入今有术(2-1)式,得到

$$豉B=20升\times 7\div 5=28升=2斗8升。$$

［31］这是将麦率45与小䵂率$13\frac{1}{2}$,以2通分,得到麦率90与小䵂率27。它们又有最大公约数9,故以9约简,为相与之率:麦率$a=10$,小䵂率$b=3$。将其与这一例题中的所有数$A=8$斗$6\frac{3}{7}$升$=\frac{605}{7}$升代入今有术(2-1)式,得到

$$小䵂B=\frac{605}{7}升\times 3\div 10=\frac{363}{14}升=2斗5升\frac{13}{14}。$$

［32］这是将麦率45与大䵂54,以最大公约数9约简,得到相与之率:麦率$a=5$,大䵂率$b=6$。将其与这一例题中的所有数$A=1$斗$=10$升代入今有术(2-1)式,得到

$$大䵂B=10升\times 6\div 5=12升=1斗2升。$$

二、经率术——整数除法与分数除法

(一) 整数除法

• 原文

今有出钱一百六十，买瓴甓[1]十八枚。问：枚几何？

荅曰：一枚，八钱九分钱之八。[2]

今有出钱一万三千五百，买竹二千三百五十个。问：个几何？

荅曰：一个，五钱四十七分钱之三十五。[3]

经率术[4]曰：以所买率为法，所出钱数为实，实如法得一钱。[5]

• 译文

假设出160钱，买18枚瓴甓。问：1枚瓴甓值多少钱？

答：1枚瓴甓值$8\frac{8}{9}$钱。

假设出13500钱，买2350个竹。问：1个竹值多少钱？

答：1个竹值$5\frac{35}{47}$钱。

经率术：以所买物品个数作为除数，所出钱数作为被除数。被除数除以除数，就得到所买物品的单价。

• 注释

［1］瓴甓(língpì)：长方砖，又称瓴甋(dì)。

［2］将此例题的所出钱$A=160$钱，所买率$a=18$枚代入下文的(2-2)式，得到一枚瓴甓的价钱

$$B=160钱\div 18=\frac{80}{9}钱=8\frac{8}{9}钱。$$

［3］将此例题的所出钱$A=13500$钱，所买率$a=2350$个代入下文的(2-2)式，得到一个竹值的价钱

$$B = 13500\text{钱} \div 2350 = \frac{270}{47}\text{钱} = 5\frac{35}{47}\text{钱}。$$

［4］《九章算术》有两条“经率术”。此条是整数除法法则。

［5］设所出钱、所买率、单价分别为 A, a, B，则此经率术为

$$B = A \div a。\tag{2-2}$$

（二）分数除法

• 原文

今有出钱五千七百八十五，买漆一斛六斗七升太半升。[1]欲斗率之[2]，问：斗几何？

荅曰：一斗，三百四十五钱五百三分钱之一十五。[3]

今有出钱七百二十，买缣一匹二丈一尺。[4]欲丈率之，问：丈几何？

荅曰：一丈，一百一十八钱六十一分钱之二。[5]

今有出钱二千三百七十，买布九匹二丈七尺。欲匹率之，问：匹几何？

荅曰：一匹，二百四十四钱一百二十九分钱之一百二十四。[6]

今有出钱一万三千六百七十，买丝一石二钧一十七斤。[7]欲石率之，问：石几何？

荅曰：一石，八千三百二十六钱一百九十七分钱之百七十八。[8]

经率术曰：以所求率乘钱数为实，以所买率为法，实如法得一。[9]

• 译文

假设出5785钱，买1斛6斗 $7\frac{2}{3}$ 升漆。想以斗为单位计价，问：每斗多少钱？

答：1斗值 $345\frac{15}{503}$ 钱。

假设出720钱，买1匹2丈1尺缣。想以丈为单位计价，问：每丈多少钱？

答:1丈值 $118\frac{2}{61}$ 钱。

假设出2370钱,买9匹2丈7尺布。想以匹为单位计价,问:每匹多少钱?

答:1匹值 $244\frac{124}{129}$ 钱。

假设出13670钱,买1石2钧17斤丝。想以石为单位计价,问:每石多少钱?

答:1石值 $8326\frac{178}{197}$ 钱。

经率术:以所求率乘出钱数作为被除数,以所买率作为除数,被除数除以除数。

·注释

[1] 斛:容量单位。1斛为10斗。一斛六斗七升太半升:1斛6斗 $7\frac{2}{3}$ 升 $=16$ 斗 $\frac{23}{3}$ 升 $=16\frac{23}{30}$ 斗 $=\frac{503}{30}$ 斗。

[2] 斗率之:求以斗为单位的价钱。下文同类语句与此相同。

[3] 将此例题中的钱数 $a=5785$ 钱,所求率 $d=1$ 斗,所买率 $c=1$ 斛6斗 $7\frac{2}{3}$ 升 $=\frac{503}{30}$ 斗代入下文的(2-3)式,得到

$$5785\text{钱}\times 1\text{斗}\div\frac{503}{30}\text{斗}=\frac{5785\text{钱}\times 30}{503}=\frac{173550\text{钱}}{503}=345\frac{15}{503}\text{钱}。$$

[4] 缣:双丝织成的细绢。匹:长度度量单位,1匹为4丈。一匹二丈一尺:1匹2丈1尺 $=(4\text{丈}+2\text{丈})+\frac{1}{10}\text{丈}=6\frac{1}{10}$ 丈。

[5] 将此例题中的钱数 $a=720$ 钱,所求率 $d=1$ 丈,所买率 $c=$ 1匹2丈1尺 $=6\frac{1}{10}$ 丈代入下文的(2-3)式,得到

$$720\text{钱}\times 1\text{丈}\div 6\frac{1}{10}\text{丈}=720\text{钱}\times 1\text{丈}\div\frac{61}{10}\text{丈}$$

$$=\frac{720\text{钱}\times 10}{61}=\frac{7200\text{钱}}{61}=118\frac{2}{61}\text{钱}。$$

［6］将此例题中的钱数 $a=2370$ 钱，所求率 $d=1$ 匹，所买率 $c=9$ 匹 2丈7尺 $=9$ 匹 $+\left(\frac{1}{2}\text{匹}+\frac{7}{40}\text{匹}\right)=9\frac{27}{40}$ 匹 $=\frac{387}{40}$ 匹代入下文的(2–3)式，得到

$$2370\text{钱}\times 1\text{匹}\div\frac{387}{40}\text{匹}=\frac{2370\text{钱}\times 40}{387}=\frac{94800\text{钱}}{387}=244\frac{124}{129}\text{钱。}$$

［7］石：重量单位，1石为120斤。钧：重量单位，1钧为30斤，则 1钧 $=\frac{1}{4}$ 石。

$$\begin{aligned}\text{一石二钧一十七斤}&=1\text{石}+2\times\frac{1}{4}\text{石}+\frac{17}{120}\text{石}\\&=1\text{石}+\frac{60}{120}\text{石}+\frac{17}{120}\text{石}\\&=\frac{197}{120}\text{石。}\end{aligned}$$

［8］将此例题中的钱数 $a=13670$ 钱，所求率 $d=1$ 石，所买率 $c=1$ 石 2钧17斤 $=\frac{197}{120}$ 石代入下文的(2–3)式，得到

$$13670\text{钱}\times 1\text{石}\div\frac{197}{120}\text{石}=\frac{13670\text{钱}\times 120}{197}=\frac{1640400\text{钱}}{197}=8326\frac{178}{197}\text{钱。}$$

［9］此条经率术是除数为分数的除法，与经分术类似。由(1–5)式，将被除数 $\frac{a}{b}$ 换成整数 a，便得到

$$a\div\frac{c}{d}=\frac{ad}{d}\div\frac{c}{d}=\frac{ad}{c}\text{。}\qquad(2\text{–}3)$$

三、其率术

(一)其率术

• 原文

今有出钱五百七十六,买竹七十八个。欲其大小率之,[1]问:各几何?

答曰:

其四十八个,个七钱;

其三十个,个八钱。[2]

今有出钱一千一百二十,买丝一石二钧十八斤。欲其贵贱斤率之,[3]问:各几何?

答曰:

其二钧八斤,斤五钱;

其一石一十斤,斤六钱。[4]

今有出钱一万三千九百七十,买丝一石二钧二十八斤三两五铢。[5]欲其贵贱石率之,问:各几何?

答曰:

其一钧九两一十二铢,石八千五十一钱;

其一石一钧二十七斤九两一十七铢,石八千五十二钱。[6]

今有出钱一万三千九百七十,买丝一石二钧二十八斤三两五铢。欲其贵贱钧率之,问:各几何?

曰:

其七斤一十两九铢,钧二千一十二钱;

其一石二钧二十斤八两二十铢,钧二千一十三钱。[7]

今有出钱一万三千九百七十,买丝一石二钧二十八斤三两五铢。欲其贵贱斤率之,问:各几何?

答曰：

其一石二钧七斤十两四铢，斤六十七钱；

其二十斤九两一铢，斤六十八钱。[8]

今有出钱一万三千九百七十，买丝一石二钧二十八斤三两五铢。欲其贵贱两率之，问：各几何？

答曰：

其一石一钧一十七斤一十四两一铢，两四钱；

其一钧一十斤五两四铢，两五钱。[9]

其率[10]术曰：各置所买石、钧、斤、两以为法，以所率乘钱数为实，实如法而一。[11]不满法者，反以实减法，法贱实贵。[12]其求石、钧、斤、两，以积铢各除法、实，各得其积数，余各为铢。

•译文

假设出576钱，买78个竹。想按大小计价，问：各多少钱？

答：其中48个，1个值7钱；

其中30个，1个值8钱。

假设出1120钱，买1石2钧18斤丝。想按贵贱以斤为单位计价，问：各多少钱？

答：其中2钧8斤，1斤值5钱；

其中1石10斤，1斤值6钱。

假设出13970钱，买1石2钧28斤3两5铢丝。想按贵贱以石为单位计价，问：各多少钱？

答：其中1钧9两12铢，1石值8051钱；

其中1石1钧27斤9两17铢，1石值8052钱。

假设出13970钱，买1石2钧28斤3两5铢丝。想按贵贱以钧为单位计价，问：各多少钱？

答：其中7斤10两9铢，1钧值2012钱；

其中1石2钧20斤8两20铢，1钧值2013钱。

假设出13970钱，买1石2钧28斤3两5铢丝。想按贵贱以斤为单位计价,问:各多少钱?

答:其中1石2钧7斤10两4铢,1斤值67钱;

其中20斤9两1铢,1斤值68钱。

假设出13970钱,买1石2钧28斤3两5铢丝。想按贵贱以两为单位计价,问:各多少钱?

答:其中1石1钧17斤14两1铢,1两值4钱;

其中1钧10斤5两4铢,1两值5钱。

其率术:布置所买的石、钧、斤、两的数量作为除数,以所要计价的单位乘钱数作为被除数,被除数除以除数。被除数的余数比除数小的,就反过来用被除数的余数去减除数,除数的余数就是贱的数量,实的余数就是贵的数量。如果求石、钧、斤、两的数,就用积铢数分别除除数和被除数的余数,依次得到石、钧、斤、两的数,每次余下的都是铢数。

• 注释

[1] 大小率之:按大小两种价格计算,此问实际上是按"大小个率之"。

[2] 将此例题的出钱$A=576$钱,买竹$B=78$个代入下文的其率术解法(2-4)式,则求贵物单价a,买物m,贱物单价b,买物n,要满足

$$m+n=78,$$
$$ma+nb=576,$$
$$a-b=1。$$

由(2-5),576钱 ÷ 78个 = 7钱/个 + $\frac{30}{78}$钱/个。那么30个可以增加1钱,因此30个就是贵的个数,每个8钱。78个 - 30个 = 48个就是贱的个数,每个7钱。

[3] 贵贱斤率之:以斤为单位,求物价,而贵贱差1钱。下文的"贵贱石率之""贵贱钧率之""贵贱两率之"与此相同。

[4] 将此例题的出钱$A=1120$钱,买丝$B=1$石2钧18斤$=198$斤代入下文的其率术解法(2-4)式,则求贵物单价a,买物m,贱物单价b,买物n,要满足

$$m+n=198\text{斤},$$
$$ma+nb=1120\text{钱},$$
$$a-b=1。$$

由(2–5)，1120钱 ÷ 198斤 = 5钱/斤 + $\frac{130}{198}$钱/斤。那么130斤可以增加1钱，因此130斤=1石10斤就是贵的斤数，每斤6钱。198斤 − 130斤 = 68斤就是贱的斤数，每斤5钱。

[5] 自此以下5个题目的题设完全相同，只是设问依次为石、钧、斤、两、铢“率之”，成为不同的题目。前4题钱多物少，用“其率术”求解，而“铢率之”者，将所买丝化成以铢为单位，物多钱少，用“反其率术”求解。两：重量单位，自古至20世纪50年代一直是1斤为16两，20世纪50年代改成1斤为10两。铢：重量单位。1两为24铢。因此，

$$1\text{石}=4\text{钧}=120\text{斤}=1920\text{两}=46080\text{铢},$$
$$1\text{钧}=\frac{1}{4}\text{石}=30\text{斤}=480\text{两}=11520\text{铢},$$
$$1\text{斤}=\frac{1}{120}\text{石}=\frac{1}{30}\text{钧}=16\text{两}=384\text{铢},$$
$$1\text{两}=\frac{1}{1920}\text{石}=\frac{1}{480}\text{钧}=\frac{1}{16}\text{斤}=24\text{铢},$$
$$1\text{铢}=\frac{1}{46080}\text{石}=\frac{1}{11520}\text{钧}=\frac{1}{384}\text{斤}=\frac{1}{24}\text{两}。$$

[6]1石2钧28斤3两5铢

$$=1\text{石}+\frac{1}{4}\times2\text{石}+\frac{1}{120}\times28\text{石}+\frac{1}{1920}\times3\text{石}+\frac{1}{46080}\times5\text{石}$$
$$=\frac{46080+23040+10752+72+5}{46080}=\frac{79949}{46080}\text{石}。$$

将此例题的出钱$A=13970$钱，买丝$B=\frac{79949}{46080}$石代入下文的其率术解法(2–4)式，则求贵物单价a，买物m，贱物单价b，买物n，要满足

$$m+n=\frac{79949}{46080}\text{石},$$
$$ma+nb=13970\text{钱},$$
$$a-b=1。$$

由(2-5)式,

$$13970\text{钱} \div \frac{79949}{46080}\text{石} = 8051\text{钱/石} + \frac{\frac{68201}{46080}}{\frac{79949}{46080}}\text{钱/石}。$$

那么$\frac{68201}{46080}$石可以增加1钱,因此$\frac{68201}{46080}$石=1石1钧27斤9两17铢就是贵的石数,每石8052钱。

1石2钧28斤3两5铢-1石1钧27斤9两17铢=1钧9两12铢就是贱的石数,每石8051钱。

[7] 买丝

$$\begin{aligned}&1\text{石}2\text{钧}28\text{斤}3\text{两}5\text{铢}\\&=4\text{钧}+2\text{钧}+\frac{28}{30}\text{钧}+\frac{3}{480}\text{钧}+\frac{5}{11520}\text{钧}\\&=\frac{46080+23040+10752+72+5}{11520}\text{钧}=\frac{79949}{11520}\text{钧}。\end{aligned}$$

将此例题的出钱A=13970钱,买丝$B=\frac{79949}{11520}$钧代入下文之其率术解法(2-4)式,则求贵物单价a,买物m,贱物单价b,买物n,要满足

$$m+n=\frac{79949}{11520}\text{钧},$$
$$ma+nb=13970\text{钱},$$
$$a-b=1\text{钱}。$$

由(2-5)式,

$$13970\text{钱} \div \frac{79949}{11520}\text{钧} = 2012\text{钱/钧} + \frac{\frac{77012}{11520}}{\frac{79949}{11520}}\text{钱/钧}。$$

那么$\frac{77012}{11520}$钧可以增加1钱,因此

$$\frac{77012}{11520}\text{钧}=1\text{石}2\text{钧}20\text{斤}8\text{两}20\text{铢}$$

就是贵的钧数,每钧2013钱。

1石2钧28斤3两5铢-1石2钧20斤8两20铢=7斤10两9铢

就是贱的斤数,每钧2012钱。

[8] 买丝

$$
\begin{aligned}
&1石2钧28斤3两5铢\\
&=120斤+60斤+28斤+\frac{3}{16}斤+\frac{5}{384}斤\\
&=\frac{46080+23040+10752+72+5}{384}斤=\frac{79949}{384}斤。
\end{aligned}
$$

将此例题的出钱$A=13970$钱,买丝$B=\frac{79949}{384}$斤代入下文之其率术解法(2-4)式,则求贵物单价a,买物m,贱物单价b,买物n,要满足

$$
\begin{aligned}
m+n&=\frac{79949}{384}斤,\\
ma+nb&=13970钱,\\
a-b&=1。
\end{aligned}
$$

由(2-5)式,

$$
13970钱\div\frac{79949}{384}斤=67钱/斤+\frac{\frac{7897}{384}}{\frac{79949}{384}}钱/斤。
$$

那么$\frac{7897}{384}$斤可以增加1钱,因此

$$
\frac{7897}{384}斤=20斤9两1铢
$$

就是贵的斤数,每斤68钱。

1石2钧28斤3两5铢-20斤9两1铢=1石2钧7斤10两4铢

就是贱的斤数,每斤67钱。

[9] 买丝

$$
\begin{aligned}
&1石2钧28斤3两5铢\\
&=1920两+960两+448两+3两+\frac{5}{24}两\\
&=\frac{46080+23040+10752+72+5}{24}两=\frac{79949}{24}两。
\end{aligned}
$$

将此例题的出钱$A=13970$钱,买丝$B=\frac{79949}{24}$两代入下文之其率术解

法(2–4)式，则求贵物单价 a，买物 m，贱物单价 b，买物 n，要满足

$$m+n=\frac{79949}{24}\text{两},$$
$$ma+nb=13970\text{钱},$$
$$a-b=1\text{钱}。$$

由(2–5)式，

$$13970\text{钱}\div\frac{79949}{24}\text{两}=4\text{钱/两}+\frac{\frac{15484}{24}}{\frac{79949}{24}}\text{钱/两}。$$

那么 $\frac{15484}{24}$ 两可以增加1钱，因此

$$\frac{15484}{24}\text{两}=645\text{两}4\text{铢}=1\text{钧}10\text{斤}5\text{两}4\text{铢}$$

就是贵的两数，每两5钱。

1石2钧28斤3两5铢 − 1钧10斤5两4铢 = 1石1钧17斤14两1铢

就是贱的两数，每两4钱。

[10] 其率：揣度它们的率。其：表示揣度。设钱数为 A，共买物 B，$A>B$，如果贵物单价 a，买物 m，贱物单价 b，买物 n，则其率术是求满足

$$\begin{aligned} m+n&=B\\ ma+nb&=A\\ a-b&=1 \end{aligned}\qquad(2\text{–}4)$$

的正整数解 m,n,a,b。

[11] 这是说其方法是：

$$A\div B=b+\frac{m}{B}。\qquad(2\text{–}5)$$

[12] 这是说被除数的余数比除数小的，就以被除数的余数减除数，除数中的余数就是贱的数量，被除数的余数就是贵的数量。亦即令

$$a=b+1,$$
$$n=B-m,$$

则 m,n 分别是买贵物的和买贱物的数量，a,b 分别就是贵物单价和贱物单价。

(二)反其率术

·原文

今有出钱一万三千九百七十,买丝一石二钧二十八斤三两五铢。欲其贵贱铢率之,问:各几何?

答曰:

其一钧二十斤六两十一铢,五铢一钱;

其一石一钧七斤一十二两一十八铢,六铢一钱。

今有出钱六百二十,买羽二千一百翭。[1]欲其贵贱率之,问:各几何?

答曰:

其一千一百四十翭,三翭一钱;

其九百六十翭,四翭一钱。

今有出钱九百八十,买矢簳[2]五千八百二十枚。欲其贵贱率之,问:各几何?

答曰:

其三百枚,五枚一钱;

其五千五百二十枚,六枚一钱。

反其率[3]术曰:以钱数为法,所率为实,实如法而一。[4]不满法者,反以实减法,法少实多。[5]二物各以所得多少之数乘法、实,即物数。[6]

·译文

假设出13970钱,买1石2钧28斤3两5铢丝。想按贵贱以铢为单位计价,问:各多少钱?

答:其中1钧20斤6两11铢,5铢值1钱;

其中1石1钧7斤12两18铢,6铢值1钱。

假设出620钱,买2100翭箭翎。想按贵贱计价,问:各多少钱?

答:其中1140翭,3翭值1钱;

其中960翭,4翭值1钱。

假设出980钱，买5820枚箭杆。想按贵贱计价，问：各多少钱？

答：其中300枚，5枚值1钱；

其中5520枚，6枚值1钱。

反其率术：以出的钱数作为除数，所买物品数量作为被除数，被除数除以除数。如果被除数的余数比除数小，就反过来用被除数的余数去减除数。那么除数的余数就是买的少的物品的数量，被除数的余数就是买的多的物品的数量。分别用所得到的买的多、少两种物品的数量乘被除数与除数的余数，就得到贱的与贵的物品的数量。

·注释

［1］羽：箭翎，装饰在箭杆的尾部，用以保持箭飞行的方向。猴（hóu）：羽根。

［2］簳：李籍《音义》引作"干"，云："干，茎也。一本作'簳'。"李籍所说"一本"即南宋本的母本，他自己所用的抄本"簳"作"干"。

［3］反其率：与其率相反。仍设钱数为A，共买物为B，若$A<B$，如果贵物单价a，买物m，贱物单价b，买物n，则反其率术就是求

$$m+n=B$$
$$\frac{m}{a}+\frac{n}{b}=A$$
$$a-b=1$$

的正整数解m,n,a,b。

［4］此即

$$B\div A=b+\frac{\frac{m}{a}}{A},\frac{m}{a}<A。$$

［5］如果被除数的余数比余数小，就以余实减法，除数的余数就是1钱买的少的钱数，被除数的余数就是1钱买的多的钱数。即被除数的余数$\frac{m}{a}$是1钱买$a=b+1$个的钱数。除数的余数$A-\frac{m}{a}$就是1钱买

b个的钱数。比如买羽问中，$2100\div620=3\frac{240}{620}$，被除数的余数是240，则240钱中每钱可增加1翭，为1钱4翭，就是“实多”。由除数620钱中除去1钱4翭的240钱，则$620-240=380$钱，每钱3翭，就是“法少”。

［6］两种东西分别以1钱所买的多的数乘被除数的余数，以1钱所买的少的数乘除数的余数，得m就是1钱买的多的东西的数量，$n=b\left(A-\frac{m}{a}\right)$就是1钱买的少的东西的数量。在买羽问中，240钱中每钱4翭，那么共$4\times240=960$翭。380钱中每钱3翭，共$3\times380=1140$翭。

成造木子

聚珍版擺印書籍固稱簡捷然亦數十萬散字中撿擇成章其木子大小難以畫一若逐字鏇刨又非聚多工費故製造木子之法利用棗木解板厚四分許豎裁作方條寬一寸許先架[illegible]縱齊面凡鏃取平以淨厚二分八釐為準然後橫截成木子每個約寬四分豫以硬木一塊長一尺四寸寬一寸八分中挖槽一條內寬一寸深三分底牆欲平直外牆以鐵鑲口下首兩牆挖空寸許將木子數十個仄排槽內用活閂擠緊鑲之以平

清乾隆间武英殿木活字印本《武英殿聚珍版丛书》书影。该书大部分内容是从《永乐大典》中辑出的宋元著作，用武英殿特制木活字排版，定名“聚珍版”

第三卷

衰　分

衰分是“九数”之一，郑玄引郑众“九数”作“差分”，这是衰分在先秦的名称。“衰”与“差”同义，都是由大到小按一定等级递减。衰分就是按一定的等级进行分配，即按比例分配。

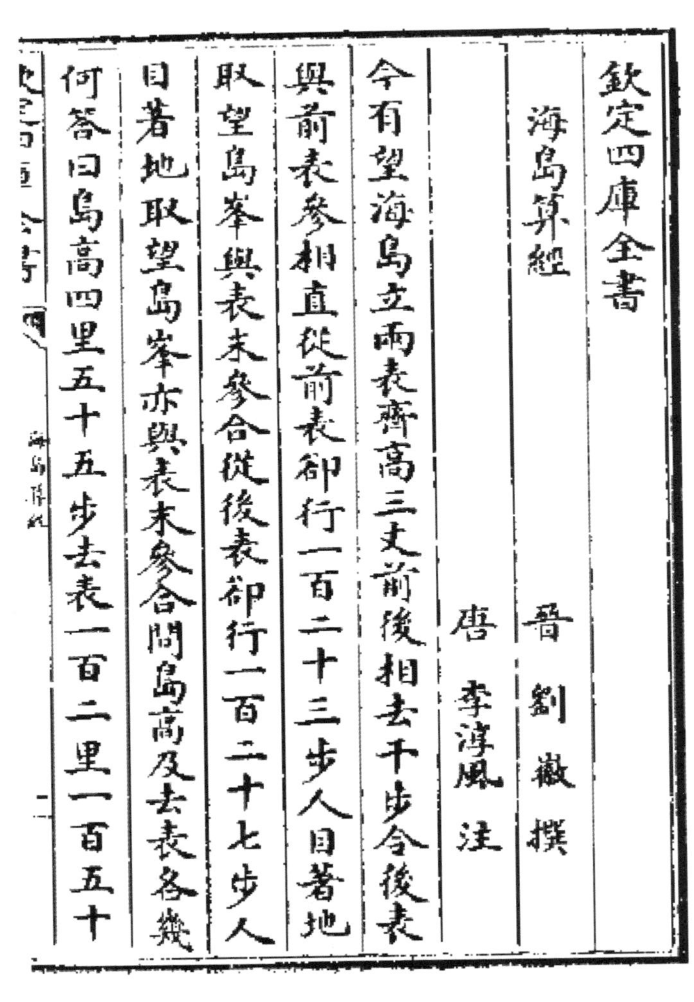

欽定四庫全書

海島算經

晉 劉徽 撰

唐 李淳風 注

今有望海島立兩表齊高三丈前後相去千步令後表與前表參相直從前表卻行一百二十三步人目著地取望島峯與表末參合從後表卻行一百二十七步人目著地取望島峯亦與表末參合問島高及去表各幾何答曰島高四里五十五步去表一百二里一百五十

《海岛算经》是刘徽所著的测量学著作，本为《九章算术注》第十卷“重差”，是勾股章内容的延续和发展。后来此卷单行，因第一个题目为测望一海岛的高、远，故取名《海岛算经》，是“算经十书”之一

一、衰分术

(一)衰分术——按比例分配算法

·原文

衰分术曰:各置列衰[1];副并为法,以所分乘未并者各自为实。[2]实如法而一。[3]不满法者,以法命之。[4]

今有大夫、不更、簪袅、上造、公士,[5]凡五人,共猎得五鹿。欲以爵次[6]分之,问:各得几何?

答曰:

大夫得一鹿三分鹿之二;

不更得一鹿三分鹿之一;

簪袅得一鹿;

上造得三分鹿之二;

公士得三分鹿之一。[7]

术曰:列置爵数,各自为衰。副并为法。以五鹿乘未并者各自为实。实如法得一鹿。[8]

今有牛、马、羊食人苗。苗主责之粟五斗。羊主曰:"我羊食半马。"马主曰:"我马食半牛。"[9]今欲衰偿之,[10]问:各出几何?

答曰:

牛主出二斗八升七分升之四,

马主出一斗四升七分升之二,

羊主出七升七分升之一。[11]

术曰:置牛四、马二、羊一,各自为列衰。副并为法。以五斗乘未并者各自为实。实如法得一斗。[12]

今有甲持钱五百六十,乙持钱三百五十,丙持钱一百八十,凡三人俱出关,关税百钱。[13]欲以钱数多少衰出之,问:各几何?

答曰:

甲出五十一钱一百九分钱之四十一,

乙出三十二钱一百九分钱之一十二,

丙出一十六钱一百九分钱之五十六。[14]

术曰:各置钱数为列衰。副并为法。以百钱乘未并者,各自为实。实如法得一钱。[15]

今有女子善织,日自倍[16]。五日织五尺,问:日织几何?

答曰:

初日织一寸三十一分寸之十九,

次日织三寸三十一分寸之七,

次日织六寸三十一分寸之十四,

次日织一尺二寸三十一分寸之二十八,

次日织二尺五寸三十一分寸之二十五。[17]

术曰:置一、二、四、八、十六为列衰。副并为法。以五尺乘未并者,各自为实。实如法得一尺。[18]

今有北乡算[19]八千七百五十八,西乡算七千二百三十六,南乡算八千三百五十六,凡三乡发徭[20]三百七十八人。欲以算数多少衰出之,问:各几何?

答曰:

北乡遣一百三十五人一万二千一百七十五分人之一万一千六百三十七,

西乡遣一百一十二人一万二千一百七十五分人之四千四,

南乡遣一百二十九人一万二千一百七十五分人之八千七百九。[21]

术曰:各置算数为列衰。副并为法。以所发徭人数乘未并者,各自为实。实如法得一人。[22]

今有禀粟,[23]大夫、不更、簪褭、上造、公士凡五人,一十五斗。今有大夫一人后来,亦当禀五斗。仓无粟,欲以衰出之,问:各几何?

答曰:

大夫出一斗四分斗之一,

不更出一斗,

簪袅出四分斗之三,

上造出四分斗之二,

公士出四分斗之一。[24]

术曰:各置所禀粟斛斗数,爵次均之,以为列衰。副并,而加后来大夫亦五斗,得二十以为法。以五斗乘未并者,各自为实。实如法得一斗。[25]

今有禀粟五斛,五人分之。欲令三人得三,二人得二,问:各几何?

答曰:

三人,人得一斛一斗五升十三分升之五,

二人,人得七斗六升十三分升之十二。[26]

术曰:置三人,人三;二人,人二,为列衰。副并为法。以五斛乘未并者各自为实。实如法得一斛。[27]

·译文

衰分术:分别布置列衰。在旁边将它们相加作为除数。以被分配的总量乘尚未相加的列衰,分别作为被除数。被除数除以除数。被除数的余数小于除数的,用除数命名一个分数。

假设大夫、不更、簪袅、上造、公士5人,共猎得5只鹿。想按爵位的等级分配,问:各得多少?

答:大夫得$1\frac{2}{3}$只鹿,

不更得$1\frac{1}{3}$只鹿,

簪袅得1只鹿,

上造得$\frac{2}{3}$只鹿,

公士得$\frac{1}{3}$只鹿。

术:列出爵位的等级,各自作为衰。在旁边将它们相加作为除数,以5只鹿乘尚未相加的列衰作为被除数,被除数除以除数,就得到每人应得的鹿数。

假设牛、马、羊啃了人家的庄稼。庄稼的主人索要5斗粟作为赔偿。羊的主人说:"我的羊啃的是马的一半。"马的主人说:"我的马啃的是牛的一半。"现在想按照比例偿还,问:各出多少粟?

答:牛的主人出粟2斗$8\frac{4}{7}$升,

马的主人出粟1斗$4\frac{2}{7}$升,

羊的主人出粟$7\frac{1}{7}$升。

术:布置牛4、马2、羊1,各自作为列衰。在旁边将它们相加作为除数。以5斗乘尚未相加的列衰各自作为被除数。被除数除以除数,得每人赔偿的粟的斗数。

假设某甲带着560钱,乙带着350钱,丙带着180钱,3人一道出关,关防征税100钱。想按照所带钱数多少分配税额,问:各出多少钱?

答:甲出$51\frac{41}{109}$钱,

乙出$32\frac{12}{109}$钱,

丙出$16\frac{56}{109}$钱。

术:分别布置所带的钱数作为列衰,在旁边将它们相加作为除数。用100钱乘尚未相加的列衰,各自作为被除数。被除数除以除数,就得到每人出的税钱。

假设一女子善于纺织,每天都增加一倍,5天共织了5尺。问:每天织多少?

答:第一天织 $1\frac{19}{31}$ 寸,

第二天织 $3\frac{7}{31}$ 寸,

第三天织 $6\frac{14}{31}$ 寸,

第四天织 1 尺 $2\frac{28}{31}$ 寸,

第五天织 2 尺 $5\frac{25}{31}$ 寸。

术:布置 1,2,4,8,16 作为列衰,在旁边将它们相加作为除数。以 5 尺乘尚未相加的列衰,各自作为被除数。被除数除以除数,就得到每天织的尺数。

假设北乡的算赋是 8758,西乡的算赋是 7236,南乡的算赋是 8356。三乡总共要派遣徭役 378 人。想按照各乡算赋数的多少分配,问:各乡派遣多少人?

答:北乡派遣 $135\frac{11637}{12175}$ 人,

西乡派遣 $112\frac{4004}{12175}$ 人,

南乡派遣 $129\frac{8709}{12175}$ 人。

术:分别布置各乡的算赋数作为列衰,在旁边将它们相加作为除数。以所要派遣的徭役人数乘尚未相加的列衰,分别作为被除数。被除数除以除数,就得到每乡派遣的徭役人数。

假设要发放粟米,大夫、不更、簪袅、上造、公士共 5 人,共发放 15 斗。如果有另一个大夫来晚了,也应当发给他 5 斗。可是粮仓中已经没有了粟米,想让各人按爵位等级拿出粟给他,问:各人出多少?

答:大夫拿出 $1\frac{1}{4}$ 斗,

不更拿出 1 斗,

簪袅拿出$\frac{3}{4}$斗，

上造拿出$\frac{2}{4}$斗，

公士拿出$\frac{1}{4}$斗。

术：分别布置所发放的粟米的斗数，以爵位等级调节之，作为列衰。在旁边将它们相加，又加晚来的大夫的5斗，得到20，作为除数。以5斗乘尚未相加的列衰，各自作为被除数。被除数除以除数，就到每人拿出的斗数。

假设发放5斛粟米，5个人分配。想使3个人每人得3份，2个人每人得2份，问：各得多少？

答：3个人，每人得1斛1斗5$\frac{5}{13}$升，

2个人，每人得7斗6$\frac{12}{13}$升。

术：布置3个人，每人得到3份；2个人，每人得到2份，作为列衰。在旁边将它们相加，作为除数。以5斛乘尚未相加的列衰，各自作为被除数。被除数除以除数，就得到每人应得的粟米数。

·注释

［1］列衰：列出等级的数量，即各物品的分配比例，设为a_i，$i=1,2,3,\cdots,n$。

［2］副并为法：在旁边将列衰相加，作为除数，即将$\sum_{j=1}^{n} a_j$作为除数。所分：被分配的总量，设为A。未并者：尚未相加的列衰。这是将尚未相加的列衰与被分配的总量的乘积a_iA分别作为被除数，$i=1,2,3,\cdots,n$。

［3］设各份是A_i，则

$$A_i = a_iA \div \sum_{j=1}^{n} a_j,\quad i=1,2,3,\cdots,n。\tag{3-1}$$

[4] 不满法者，以法命之：如果被除数有余数，便用除数命名一个分数。

[5] 大夫、不更、簪(zān)袅(niǎo)、上造、公士：官名，起自殷周；又，爵位名。据《汉书》，秦汉分爵位二十级，大夫为第五级，不更为第四级，簪袅为第三级，上造为第二级，公士为第一级。

[6] 爵次：爵位的等级。"爵"本来是商、周时期的酒器，引申为贵族的等级。

[7] 由下文的(3-2)式，求大夫的被除数是5鹿×a_1=5鹿×5=25鹿，求不更的被除数是5鹿×a_2=5鹿×4=20鹿，求簪袅的被除数是5鹿×a_3=5鹿×3=15鹿，求上造的被除数是5鹿×a_4=5鹿×2=10鹿，求公士的被除数是5鹿×a_5=5鹿×1=5鹿。所以

$$\text{大夫得：}25\text{鹿}\div 15=1\frac{2}{3}\text{鹿},$$

$$\text{不更得：}20\text{鹿}\div 15=1\frac{1}{3}\text{鹿},$$

$$\text{簪袅得：}15\text{鹿}\div 15=1\text{鹿},$$

$$\text{上造得：}10\text{鹿}\div 15=\frac{2}{3}\text{鹿},$$

$$\text{公士得：}5\text{鹿}\div 15=\frac{1}{3}\text{鹿。}$$

[8] 术文是将衰分术(3-1)式应用于此题，首先列出爵位的等级，即大夫$a_1=5$，不更$a_2=4$，簪袅$a_3=3$，上造$a_4=2$，公士$a_5=1$，为列衰。再在旁边将列衰相加，即$\sum_{j=1}^{5} a_j=5+4+3+2+1=15$作为除数。以5只鹿乘尚未相加的列衰，就是5鹿×$a_i$，$i=1,2,3,4,5$，作为实，即被除数。被除数除以除数，就得到每人的鹿数：

$$A_i=5\text{鹿}\times a_i\div 15,\quad i=1,2,3,\cdots,n。\tag{3-2}$$

[9] 这是说，羊啃的苗$=\frac{1}{2}\times$马啃的苗，马啃的苗$=\frac{1}{2}\times$牛啃的苗。

[10] 衰偿：按列衰赔偿。偿：偿还。

[11] 由下文(3-3)式，牛主赔偿的被除数是5斗×a_1=5斗×4=20斗，

马主赔偿的被除数是5斗×a_2=5斗×2=10斗，羊主赔偿的被除数是5斗×a_3=5斗×1=5斗。所以

$$牛主赔偿：20斗\div 7=2\frac{6}{7}斗=2斗8\frac{4}{7}升，$$

$$马主赔偿：10斗\div 7=1\frac{3}{7}斗=1斗4\frac{2}{7}升，$$

$$羊主赔偿：5斗\div 7=\frac{5}{7}斗=7\frac{1}{7}升。$$

[12] 术文是将衰分术(3-1)式应用于此题，先布置牛$a_1=4$，马$a_2=2$，羊$a_3=1$，各自为列衰。再在旁边将列衰相加，即$\sum\limits_{j=1}^{3}a_j=4+2+1=7$作为法，即除数。以5斗乘尚未相加的列衰，就是5斗×a_i，$i=1,2,3$，作为实，即被除数。被除数除以除数，就得到每人的鹿数：

$$A_i=5斗\times a_i\div 7,\quad i=1,2,3。\tag{3-3}$$

[13] 关：本义是门闩，引申为要塞，关口。关税：指关卡征收赋税。税：作动词，指征收或交纳赋税。

[14] 由下文的(3-4)式，甲交税的被除数是10钱×a_1=10钱×560=5600钱，乙交税的被除数是10钱×a_2=10钱×350=3500钱，丙交税的被除数是10钱×a_i=10钱×180=1800钱。所以

$$甲出：5600钱\div 109=51\frac{41}{109}钱，$$

$$乙出：3500钱\div 109=32\frac{12}{109}钱，$$

$$丙出：1800钱\div 109=16\frac{56}{109}钱。$$

[15] 术文是将衰分术(3-1)式应用于此题，先布置甲持钱$a_1=560$，乙持钱$a_2=350$，丙持钱$a_3=180$，各自为列衰。再在旁边将列衰相加，即$\sum\limits_{j=1}^{3}a_j=560+350+180=1090$作为法，即除数。以100钱乘尚未相加的列衰，就是100钱×a_i，$i=1,2,3$，作为实，即被除数。被除数除以除数，就得到每人所出税钱：

$$A_i=100钱\times a_i\div 1090=10钱\times a_i\div 109,\quad i=1,2,3。\tag{3-4}$$

［16］日自倍：第二日是第一日的2倍。若第一日织1尺，则第二日织1尺×2=2尺，第三日织2尺×2=4尺，第四日织4尺×2=8尺，第五日织8尺×2=16尺。

［17］1尺=10寸。由下文的(3-5)式，第一日所织的被除数是5尺×a_1=5尺×1=5尺，第二日所织的被除数是5尺×a_2=5尺×2=10尺，第三日所织的被除数是5尺×a_3=5尺×4=20尺，第四日所织的被除数是5尺×a_4=5尺×8=40尺，第五日所织的被除数是5尺×a_5=5尺×16=80尺。所以

第一日织得：$5\text{尺}\div 31=\frac{5}{31}\text{尺}=1\frac{19}{31}\text{寸}$，

第二日织得：$10\text{尺}\div 31=\frac{10}{31}\text{尺}=3\frac{7}{31}\text{寸}$，

第三日织得：$20\text{尺}\div 31=\frac{20}{31}\text{尺}=6\frac{14}{31}\text{寸}$，

第四日织得：$40\text{尺}\div 31=1\frac{9}{31}\text{尺}=1\text{尺}2\frac{28}{31}\text{寸}$，

第五日织得：$80\text{尺}\div 31=2\frac{18}{31}\text{尺}=2\text{尺}5\frac{25}{31}\text{寸}$。

［18］术文是将衰分术(3-1)式应用于此题，先布置第1日织a_1=1尺，第2日织a_2=2尺，第3日织a_3=4尺，第4日织a_4=8尺，第5日织a_5=16尺为列衰。再在旁边将列衰相加，即$\sum_{j=1}^{5}a_j=1+2+4+8+16=31$作为法，即除数。以5尺乘尚未相加的列衰，就是5尺×a_i，$i=1,2,3,4,5$作为实，即被除数。被除数除以除数，就得到每人所出税钱：

$$A_i=5\text{尺}\times a_i\div 31,\quad i=1,2,3,4,5。\tag{3-5}$$

［19］算：算赋，汉代的人丁税。西汉的法律规定1人出1算。1算为120钱。商人与奴婢所出的算加倍。

［20］徭：劳役。

［21］由下文的(3-6)式，北乡徭役之被除数是378人×a_1=378人×8758，西乡徭役之被除数是378人×a_2=378人×7236，南乡徭役之被除数是378人×a_3=378人×8356。所以

北乡派遣徭役：$378人 \times 8758 \div 24350 = 135\frac{11637}{12175}人$，

西乡派遣徭役：$378人 \times 7236 \div 24350 = 112\frac{4004}{12175}人$，

南乡派遣徭役：$378人 \times 8356 \div 24350 = 129\frac{8709}{12175}人$。

[22] 术文是将衰分术(3-1)式应用于此题，先布置各乡算数，北乡算数 $a_1 = 8758$，西乡算数 $a_2 = 7236$，南乡算数 $a_3 = 8356$，作为列衰。再在旁边将列衰相加，即 $\sum_{j=1}^{3} a_j = 8758 + 7236 + 8356 = 24350$ 作为法，即除数。以派遣的徭役 378 人乘尚未相加的列衰，就是 378 人 $\times a_i$，$i = 1, 2, 3$，作为实，即被除数。被除数除以除数，就得到每人所出税钱：

$$A_i = 378人 \times a_i \div 24350 = 189人 \times a_i \div 12175, \quad i = 1, 2, 3。 \tag{3-6}$$

[23] 禀(bǐng)，本特指官府赏赐谷物，引申为赐予、赋予，又引申为承受，又指下级对上级或晚辈对长辈报告。禀粟指赏赐谷物。

[24] 由下文的(3-7)式，大夫的出粟之被除数是 5 斗 $\times a_1 = 5$ 斗 $\times 5 = 25$ 斗，不更的出粟之被除数是 5 斗 $\times a_2 = 5$ 斗 $\times 4 = 20$ 斗，簪裊的出粟之被除数是 5 斗 $\times a_3 = 5$ 斗 $\times 3 = 15$ 斗，上造的出粟之被除数是 5 斗 $\times a_4 = 5$ 斗 $\times 2 = 10$ 斗，公士的出粟之被除数是 5 斗 $\times a_5 = 5$ 斗 $\times 1 = 5$ 斗。所以

大夫出粟：$25斗 \div 20 = 1\frac{1}{4}斗$，

不更出粟：$20斗 \div 20 = 1斗$，

簪裊出粟：$15斗 \div 20 = \frac{3}{4}斗$，

上造出粟：$10斗 \div 20 = \frac{2}{4}斗$，

公士出粟：$5斗 \div 20 = \frac{1}{4}斗$。

[25] 术文是将衰分术(3-1)式应用于此题，首先列出爵位的等级，即大夫 $a_1 = 5$，不更 $a_2 = 4$，簪裊 $a_3 = 3$，上造 $a_4 = 2$，公士 $a_5 = 1$，作为列衰。再在旁边将列衰相加，并加后来的大夫的 5 斗，即 $\sum_{j=1}^{5} a_j + a_1 = 5 + 4 +$

$3+2+1+5=20$ 作为法，即除数。以 5 斗乘尚未相加的列衰，就是 5 斗 $\times a_i, i=1,2,3,4,5$，作为实，即被除数。被除数除以除数，就得到每人的出粟数：

$$A_i=5\text{斗}\times a_i\div 20,\quad i=1,2,3,4,5。\tag{3-7}$$

［26］由下文之(3-8)式，三人组一人得粟之被除数为 5 斛 $\times a_1=5$ 斛 $\times 3=15$ 斛，则一人得粟：

$$15\text{斛}\div 13=1\frac{2}{13}\text{斛}=1\text{斛}1\text{斗}5\frac{5}{13}\text{升};$$

二人组一人得粟之被除数为 5 斛 $\times a_4=5$ 斛 $\times 2=10$ 斛，则一人得粟：

$$10\text{斛}\div 13=\frac{10}{13}\text{斛}=7\text{斗}6\frac{12}{13}\text{升}。$$

［27］术文是将衰分术(3-1)式应用于此题，首先列出各人分得的比例数，即三人组中每人 $a_1=a_2=a_3=3$，二组人中每人 $a_4=a_5=2$，作为列衰，即以 3,3,3,2,2 作为列衰。再在旁边将列衰相加，即 $\sum\limits_{i=1}^{5}a_i=3+3+3+2+2=13$ 作为法，即除数。以 5 斛乘尚未相加的列衰，就是 5 斛 $\times a_i, i=1,2,3,4,5$，作为实，即被除数。被除数除以除数，就得到每人的出粟数：

$$A_i=5\text{斛}\times a_i\div 13,\quad i=1,2,3,4,5。\tag{3-8}$$

(二) 返衰术——按比例的倒数分配的算法

• 原文

返衰[1]术曰：列置衰而令相乘，动者为不动者衰。[2]

今有大夫、不更、簪裊、上造、公士凡五人，共出百钱。欲令高爵出少，以次渐多，问：各几何？

荅曰：

大夫出八钱一百三十七分钱之一百四，

不更出一十钱一百三十七分钱之一百三十，

簪裊出一十四钱一百三十七分钱之八十二，

上造出二十一钱一百三十七分钱之一百二十三，

公士出四十三钱一百三十七分钱之一百九。[3]

术曰：置爵数，各自为衰，而返衰之。副并为法。以百钱乘未并者，各自为实。实如法得一钱。[4]

今有甲持粟三升，乙持粝米三升，丙持粝饭三升。欲令合而分之，问：各几何？

答曰：

甲二升一十分升之七，

乙四升一十分升之五，

丙一升一十分升之八。[5]

术曰：以粟率五十、粝米率三十、粝饭率七十五为衰，而返衰之。副并为法。以九升乘未并者，各自为实。实如法得一升。[6]

·译文

返衰术：布置列衰而使它们相乘，变动了的为不变动的进行衰分。假设大夫、不更、簪袅、上造、公士5个人，共出100钱。想使爵位高的出的少，按顺序逐渐增加，问：各出多少钱？

答：大夫出$8\frac{104}{137}$钱，

不更出$10\frac{130}{137}$钱，

簪袅出$14\frac{82}{137}$钱，

上造出$21\frac{123}{137}$钱，

公士出$43\frac{109}{137}$钱。

术：布置爵位等级数，各自作为列衰，而对之施行返衰术。在旁边将返衰相加。用100钱乘尚未相加的返衰，各自作为被除数。被除数除以除数，就得每人出的钱数。

假设甲拿来3升粟，乙拿来3升粝米，丙拿来3升粝饭。想把它们混合起来重新分配，问：各得多少？

答：甲得$2\frac{7}{10}$升，

乙得$4\frac{5}{10}$升，

丙得$1\frac{8}{10}$升。

术：以粟率50，粝米率30，粝饭率75作为列衰，而对之施行返衰术。将返衰相加作为除数，以9升乘尚未相加的返衰，各自作为被除数。被除数除以除数，就得每人分得的升数。

·注释

[1] 返衰：以列衰的倒数进行分配。

[2] 列置衰而令相乘：就是布置列衰，使分母互乘分子，即得到$a_1a_2\cdots a_{i-1}a_{i+1}\cdots a_n$，$i=1,2,\cdots,n$为列衰。根据刘徽注，《九章算术》的返衰术给出公式

$$A_i=(Aa_1a_2\cdots a_{i-1}a_{i+1}\cdots a_n)\div\sum_{i=1}^{n}Aa_1a_2\cdots a_{i-1}a_{i+1}\cdots a_n,\quad i=1,2,\cdots,n。\tag{3-9}$$

显然，在求A_i的时候，用不到以其衰a_i乘所分的A，所以说“动者为不动者衰”。

[3] 由下文的(3-10)式，

大夫出钱的被除数是

$$100\text{钱}\times\frac{1}{a_1}=100\text{钱}\times\frac{1}{5}=20\text{钱},$$

不更出钱的被除数是

$$100\text{钱}\times\frac{1}{a_2}=100\text{钱}\times\frac{1}{4}=25\text{钱},$$

簪裊出钱的被除数是

$$100\text{钱}\times\frac{1}{a_3}=100\text{钱}\times\frac{1}{3}=\frac{100}{3}\text{钱},$$

上造出钱的被除数是

$$100钱\times\frac{1}{a_4}=100钱\times\frac{1}{2}=50钱,$$

公士出钱的被除数是

$$100钱\times a_5=100钱\times 1=100钱。$$

所以大夫出钱为

$$20钱\div\frac{137}{60}=\frac{1200}{137}钱=8\frac{104}{137}钱,$$

不更出钱为

$$25钱\div\frac{137}{60}=\frac{1500}{137}钱=10\frac{130}{137}钱,$$

簪裹出钱为

$$\frac{100}{3}钱\div\frac{137}{60}=\frac{2000}{137}钱=14\frac{82}{137}钱,$$

上造出钱为

$$50钱\div\frac{137}{60}=\frac{3000}{137}钱=21\frac{123}{137}钱,$$

公士出钱为

$$100钱\div\frac{137}{60}=\frac{6000}{137}钱=43\frac{109}{137}钱。$$

[4] 术文是将(3-1)应用于此题,首先列出爵位的等级,即大夫 $a_1=5$,不更 $a_2=4$,簪裹 $a_3=3$,上造 $a_4=2$,公士 $a_5=1$,作为列衰。而对之实施返衰术,便以它们的倒数 $\frac{1}{a_1}=\frac{1}{5},\frac{1}{a_2}=\frac{1}{4},\frac{1}{a_3}=\frac{1}{3},\frac{1}{a_4}=\frac{1}{2},a_5=1$ 作为比例进行分配。在旁边将它们相加,得

$$\sum_{i=1}^{5}\frac{1}{a_i}=\frac{1}{5}+\frac{1}{4}+\frac{1}{3}+\frac{1}{2}+1=\frac{12+15+20+30+60}{60}=\frac{137}{60}$$

作为法,即除数。以 100 钱乘尚未相加的列衰,就是 100 钱 $\times\frac{1}{a_i}$, $i=1,2,3,4,5$,作为实,即被除数。被除数除以除数,就得到每人所出的钱数

$$A_i=100钱\times\frac{1}{a_i}\div\frac{137}{60},\quad i=1,2,3,4,5。\tag{3-10}$$

[5] 由下文的(3-11)式,甲所分得的被除数是9升$\times\frac{1}{a_1}$ = 9升$\times\frac{1}{50}$ = $\frac{9}{50}$升,乙所分得的被除数是9升$\times\frac{1}{a_2}$=9升$\times\frac{1}{30}$=$\frac{9}{30}$升,丙所分得的被除数是9升$\times\frac{1}{a_3}$=9升$\times\frac{1}{75}$=$\frac{9}{50}$升=$\frac{3}{25}$升。所以

$$甲分得:\frac{9}{50}升\div\frac{1}{15}=\frac{135}{50}升=2\frac{7}{10}升,$$

$$乙分得:\frac{9}{30}升\div\frac{1}{15}=\frac{135}{30}升=4\frac{5}{10}升,$$

$$丙分得:\frac{3}{25}升\div\frac{1}{15}=\frac{45}{25}升=1\frac{8}{10}升。$$

[6]术文是将(3-1)式应用于此题,首先列出粟率$a_1=50$,粝米率$a_2=30$,粝饭率$a_3=75$为列衰。而将它们返衰,便以它们的倒数$\frac{1}{a_1}=\frac{1}{50}$,$\frac{1}{a_2}=\frac{1}{30}$,$\frac{1}{a_3}=\frac{1}{75}$作为比例进行分配。在旁边将它们相加,得$\sum_{i=1}^{3}\frac{1}{a_i}=\frac{1}{50}+\frac{1}{30}+\frac{1}{75}=\frac{3+5+2}{150}=\frac{1}{15}$作为法,即除数。以9升乘尚未相加的返衰,就是9升$\times\frac{1}{a_i}$, $i=1,2,3$作为实,即被除数。被除数除以除数,就得到每人分得的升数:

$$A_i=9升\times\frac{1}{a_i}\div\frac{1}{15},\qquad i=1,2,3。\tag{3-11}$$

二、异乘同除类问题

·原文

今有丝一斤，价直二百四十。今有钱一千三百二十八，问：得丝几何？[1]

答曰：五斤八两一十二铢五分铢之四。

术曰：以一斤价数为法，以一斤乘今有钱数为实，实如法得丝数。[2]

今有丝一斤，价直三百四十五。今有丝七两一十二铢，问：得钱几何？

答曰：一百六十一钱三十二分钱之二十三。

术曰：以一斤铢数为法，以一斤价数乘七两一十二铢为实。实如法得钱数。[3]

今有缣一丈，价直一百二十八。今有缣一匹九尺五寸，问：得钱几何？

答曰：六百三十三钱五分钱之三。

术曰：以一丈寸数为法，以价钱数乘今有缣寸数为实。实如法得钱数。[4]

今有布一匹，价直一百二十五。今有布二丈七尺，问：得钱几何？

答曰：八十四钱八分钱之三。

术曰：以一匹尺数为法，今有布尺数乘价钱为实，实如法得钱数。[5]

今有素[6]一匹一丈，价直六百二十五。今有钱五百，问：得素几何？

曰：得素一匹。

术曰：以价直为法，以一匹一丈尺数乘今有钱数为实。实如法得素数。[7]

今有与人丝一十四斤，约[8]得缣一十斤。今与人丝四十五斤八两，问：

得缣几何？

荅曰：三十二斤八两。

术曰：以一十四斤两数为法，以一十斤乘今有丝两数为实。实如法得缣数。[9]

今有丝一斤，耗七两。今有丝二十三斤五两，问：耗几何？

荅曰：一百六十三两四铢半。

术曰：以一斤展十六两为法；以七两乘今有丝两数为实。实如法得耗数。[10]

今有生丝[11]三十斤，干之，耗三斤十二两。今有干丝一十二斤，问：生丝几何？

荅曰：一十三斤一十一两十铢七分铢之二。

术曰：置生丝两数，除耗数，余，以为法。三十斤乘干丝两数为实。实如法得生丝数。[12]

今有田一亩，收粟六升太半升。今有田一顷二十六亩一百五十九步，问：收粟几何？

荅曰：八斛四斗四升一十二分升之五。

术曰：以亩二百四十步为法，以六升太半升乘今有田积步为实，实如法得粟数。[13]

今有取保[14]一岁，价钱二千五百。今先取一千二百，问：当作日几何？

荅曰：一百六十九日二十五分日之二十三。

术曰：以价钱为法；以一岁三百五十四日乘先取钱数为实。实如法得日数。[15]

今有贷[16]人千钱，月息三十。今有贷人七百五十钱，九日归之，问：息几何？

荅曰：六钱四分钱之三。

术曰：以月三十日乘千钱为法；以息三十乘今所贷钱数，又以九日乘之，为实。实如法得一钱。[17]

·译文

假设有1斤丝,价值是240钱。现有1328钱,问:得到多少丝?

答:得5斤8两$12\frac{4}{5}$铢丝。

术:以1斤价钱作为除数,以1斤乘现有钱数作为被除数,被除数除以除数,就得到丝数。

假设有1斤丝,价值是345钱。现有7两12铢丝,问:得到多少钱?

答:得$161\frac{23}{32}$钱。

术:以1斤的铢数作为除数,以1斤的价钱乘7两12铢作为被除数。被除数除以除数,就得到钱数。

假设有1丈缣,价值是128钱。现有1匹9尺5寸缣,问:得到多少钱?

答:得$633\frac{3}{5}$钱。

术:以1丈的寸数作为除数,以1丈的价钱数乘现有缣的寸数作为被除数。被除数除以除数,就得到钱数。

假设有1匹布,价值是125钱。现有2丈7尺布,问:得到多少钱?

答:得$84\frac{3}{8}$钱。

术:以1匹的尺数作为除数,现有布的尺数乘价钱作为被除数。被除数除以除数,得到钱数。

假设有1匹1丈素,价钱是625钱。现有500钱,问:得多少素?

答:得1匹素。

术:以价值作为除数,以1匹1丈的尺数乘现有钱数作为被除数。被除数除以除数,就得到素数。

假设给人14斤丝,约定取得10斤缣。现给人45斤8两丝,问:得多少缣?

答:得32斤8两缣。

术:以14斤的两数作为除数,以10斤乘现有丝的两数作为被除数。被除数除以除数,就得到缣数。

假设有1斤丝，损耗7两。现有23斤5两丝，问：损耗多少？

答：损耗163两4$\frac{1}{2}$铢。

术：将1斤展开，成为16两，作为除数。以7两乘现有丝的两数作为被除数。被除数除以除数，就得损耗数。

假设30斤生丝，晒干之后，损耗3斤12两。现有干丝12斤，问：原来的生丝是多少？

答：原来的生丝是13斤11两10$\frac{2}{7}$铢。

术：布置生丝的两数，减去损耗数，以余数作为除数。30斤乘干丝的两数作为被除数。被除数除以除数，就得到生丝数。

假设1亩田收获6$\frac{2}{3}$升粟。现有1顷26亩159步田，问：收获多少粟？

答：收获8斛4斗4$\frac{5}{12}$升粟。

术：以1亩的步数240步^{2}作为除数，以6$\frac{2}{3}$升乘现有田的积步作为被除数。被除数除以除数，就得到粟数。

假设雇工，一年的价钱是2500钱。现在先领取1200钱，问：应当工作多少天？

答：应当工作169$\frac{23}{25}$天。

术：以价钱作为除数，以一年354天乘先领取的钱数作为被除数。被除数除以除数，就得到日数。

假设向别人借贷1000钱，每月的利息是30钱。现在向别人借贷了750钱，9天归还，问：利息是多少？

答：利息是6$\frac{3}{4}$钱。

术：以一月30天乘1000钱作为除数，以利息30钱乘现在所借贷的钱数，又以9天乘之，作为被除数。被除数除以除数，就得到利息的钱数。

·注释

［1］自此问起至卷末，不是衰分类问题，其体例亦与前不合，是张苍或耿寿昌增补的内容。这些问题都可以直接用今有术求解，但是与第二卷中今有术的例题不完全相同。

［2］此问的解法是：

得丝数=（丝1斤×现有钱数）÷1斤价数

=（丝1斤×1328钱）÷240钱

$=5\frac{128}{240}$斤$=5\frac{8}{15}$斤=5斤$\frac{128}{15}$两=5斤$8\frac{8}{15}$两

=5斤8两$12\frac{4}{5}$铢。

［3］此问的解法是：

得钱数=（1斤价数×现有丝数7两12铢）÷1斤铢数

=（345钱×180铢）÷384铢$=161\frac{23}{32}$钱。

像刘徽一样，李淳风等亦将其归结为今有术。

［4］缣1丈=10尺=100寸，1匹=4丈=40尺，缣1匹9尺5寸=49尺5寸=495寸。此问的解法是：

得钱数=（缣1丈价数×今有缣寸数）÷1丈寸数

=（128钱×495寸）÷100寸$=633\frac{3}{5}$钱。

李淳风等亦将其归结为今有术。

［5］此问的解法是：

得钱数=（1匹价数×今有布尺数）÷1匹尺数

=（125钱×27尺）÷40尺$=84\frac{3}{8}$钱。

李淳风等亦将其归结为今有术。

［6］素：本色的生帛。

［7］1匹1丈=5丈=50尺。此问的解法是：

得素数=（今有钱数×今有素尺数）÷价值数

$=(500钱\times50尺)\div625钱=40尺=1匹$。

李淳风等亦将其归结为今有术。

［8］约：求取。

［9］45斤8两=728两，14斤=224两。此问的解法是：

$$得缣数=(得缣斤数\times今有丝两数)\div与人丝两数$$

$$=(10斤\times728两)\div224两=32\frac{1}{2}斤=32斤8两。$$

李淳风等亦将其归结为今有术。

［10］1斤=16两，23斤5两=373两。此问的解法是：

$$得损耗数=(耗丝两数\times今有丝两数)\div1斤丝两数$$

$$=(7两\times373两)\div16两=163\frac{3}{16}两=163两4\frac{1}{2}铢。$$

李淳风等亦将其归结为今有术。

［11］生丝：用茧缫(sāo)成的丝。缫：把蚕茧浸在滚水里抽丝。

［12］30斤=480两，3斤12两=60两，12斤=192两。此问的解法是：

$$得生丝数=(生丝30斤\times今有干丝两数)\div(生丝30斤两数-损耗数)$$

$$=(30斤\times192两)\div(480两-60两)$$

$$=13\frac{5}{7}斤=13斤11\frac{3}{7}两=13斤11两10\frac{2}{7}铢。$$

［13］1亩=240步，1顷26亩159步=126亩159步=30399步。这里的步仍表示步^2。此问的解法是：

$$得收粟数=(1亩收粟升数\times今有田积步)\div1亩步数$$

$$=\left(6\frac{2}{3}升\times30399步\right)\div240步$$

$$=202660升\div240$$

$$=844\frac{2}{7}升=8斛4斗4\frac{2}{7}升。$$

李淳风等亦将其归结为今有术。

［14］保：佣工。

［15］1岁=354日。此问的解法是：

$$\text{应当工作的日数}=(1\text{岁日数}\times\text{先取钱数})\div\text{取保1岁价钱}=(354\text{日}\times1200\text{钱})\div2500\text{钱}=169\frac{23}{25}\text{日}。$$

李淳风等亦将其归结为今有术。

［16］贷：李籍云："以物假人也。"《算数书》亦有一"贷人千钱"的问题，但与此同类不同题。

［17］此问的解法是：

$$\text{利息}=[\text{月息}30\text{钱}\times(\text{今所贷钱数}\times9\text{日})]\div(30\text{日}\times\text{贷人}1000\text{钱})$$
$$=[30\text{钱}\times(750\text{钱}\times9\text{日})]\div(30\text{日}\times1000\text{钱})$$
$$=\frac{27}{4}\text{钱}=6\frac{3}{4}\text{钱}。$$

刘徽以今所贷钱×9日为所有数，1000钱×30日为所有率，月息为所求率，将其归结为今有术。

第四卷

少　广

少广："九数"之一。少广术例题中的田地都是广远小于纵，因此推断"少广"的本义是小广。少广术实际上是面积问题的逆运算。因此，便将开方术、开立方术等面积、体积的逆运算也归于此卷。

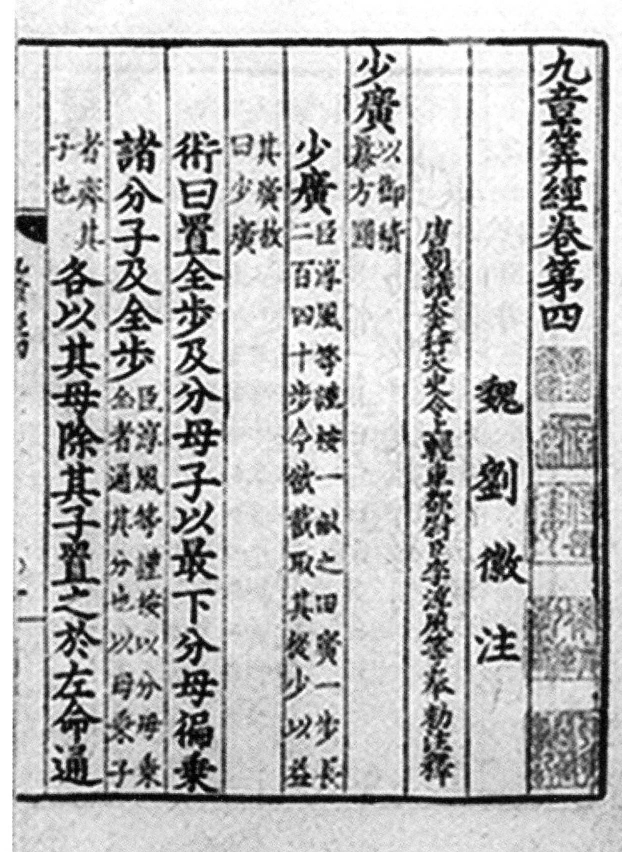

九章筭經卷第四

魏 劉徽 注

唐朝議大夫行太史令上輕車都尉臣李淳風等奉勑注釋

少廣以御積羃方圓

少廣臣淳風等謹按一畝之田廣一步長二百四十步今欲截取其從少以益其廣故曰少廣

術曰置全步及分母子以最下分母徧乘諸分子及全步臣淳風等謹按以分母乘全者通其分也以母乘子者齊其子也各以其母除其子置之於左命通

《九章算术》少广卷书影

一、少广术

·原文

少广术曰：置全步及分母子，以最下分母遍乘[1]诸分子及全步，各以其母除其子，置之于左。命通分者，又以分母遍乘诸分子及已通者，皆通而同之[2]。并之为法。[3]置所求步数，以全步积分乘之为实。[4]实如法而一，得从步。[5]

今有田广一步半。求田一亩，问：从几何？

答曰：一百六十步。

术曰：下有半，是二分之一。以一为二，半为一，并之得三，为法。置田二百四十步，亦以一为二乘之，为实。实如法得从步。[6]

今有田广一步半、三分步之一。求田一亩，问：从几何？

答曰：一百三十步一十一分步之一十。

术曰：下有三分，以一为六，半为三，三分之一为二，并之得一十一，以为法。置田二百四十步，亦以一为六乘之，为实。实如法得从步。[7]

今有田广一步半、三分步之一、四分步之一。求田一亩，问：从几何？

答曰：一百一十五步五分步之一。

术曰：下有四分，以一为一十二，半为六，三分之一为四，四分之一为三，并之得二十五，以为法。置田二百四十步，亦以一为一十二乘之，为实。实如法而一，得从步。[8]

今有田广一步半、三分步之一、四分步之一、五分步之一。求田一亩，问：从几何？

答曰：一百五步一百三十七分步之一十五。

术曰：下有五分，以一为六十，半为三十，三分之一为二十，四分之一为一十五，五分之一为一十二，并之得一百三十七，以为法。置田二百四十步，亦以一为六十乘之，为实。实如法得从步。[9]

今有田广一步半、三分步之一、四分步之一、五分步之一、六分步之一。求田一亩，问：从几何？

荅曰：九十七步四十九分步之四十七。

术曰：下有六分，以一为一百二十，半为六十，三分之一为四十，四分之一为三十，五分之一为二十四，六分之一为二十，并之得二百九十四，以为法。置田二百四十步，亦以一为一百二十乘之，为实。实如法得从步。[10]

今有田广一步半、三分步之一、四分步之一、五分步之一、六分步之一、七分步之一。求田一亩，问：从几何？

荅曰：九十二步一百二十一分步之六十八。

术曰：下有七分，以一为四百二十，半为二百一十，三分之一为一百四十，四分之一为一百五，五分之一为八十四，六分之一为七十，七分之一为六十，并之得一千八十九，以为法。置田二百四十步，亦以一为四百二十乘之，为实。实如法得从步。[11]

今有田广一步半、三分步之一、四分步之一、五分步之一、六分步之一、七分步之一、八分步之一。求田一亩，问：从几何？

荅曰：八十八步七百六十一分步之二百三十二。

术曰：下有八分，以一为八百四十，半为四百二十，三分之一为二百八十，四分之一为二百一十，五分之一为一百六十八，六分之一为一百四十，七分之一为一百二十，八分之一为一百五，并之得二千二百八十三，以为法。置田二百四十步，亦以一为八百四十乘之，为实。实如法得从步。[12]

今有田广一步半、三分步之一、四分步之一、五分步之一、六分步之一、七分步之一、八分步之一、九分步之一。求田一亩，问：从几何？

荅曰：八十四步七千一百二十九分步之五千九百六十四。

术曰：下有九分，以一为二千五百二十，半为一千二百六十，三分之一为八百四十，四分之一为六百三十，五分之一为五百四，六分之一为四百二十，七分之一为三百六十，八分之一为三百一十五，九分之一为二百八十，并之得七千一百二十九，以为法。置田二百四十步，亦以一为二千五百二十乘之，为实。实如法得从步。[13]

今有田广一步半、三分步之一、四分步之一、五分步之一、六分步之一、七分步之一、八分步之一、九分步之一、十分步之一。求田一亩，问：从几何？

答曰：八十一步七千三百八十一分步之六千九百三十九。

术曰：下有一十分，以一为二千五百二十，半为一千二百六十，三分之一为八百四十，四分之一为六百三十，五分之一为五百四，六分之一为四百二十，七分之一为三百六十，八分之一为三百一十五，九分之一为二百八十，十分之一为二百五十二，并之得七千三百八十一，以为法。置田二百四十步，亦以一为二千五百二十乘之，为实。实如法得从步。[14]

今有田广一步半、三分步之一、四分步之一、五分步之一、六分步之一、七分步之一、八分步之一、九分步之一、十分步之一、十一分步之一。求田一亩，问：从几何？

答曰：七十九步八万三千七百一十一分步之三万九千六百三十一。

术曰：下有一十一分，以一为二万七千七百二十，半为一万三千八百六十，三分之一为九千二百四十，四分之一为六千九百三十，五分之一为五千五百四十四，六分之一为四千六百二十，七分之一为三千九百六十，八分之一为三千四百六十五，九分之一为三千八十，一十分之一为二千七百七十二，一十一分之一为二千五百二十，并之得八万三千七百一十一，以为法。置田二百四十步，亦以一为二万七千七百二十乘之，为实。实如法得从步。[15]

今有田广一步半、三分步之一、四分步之一、五分步之一、六分步之一、七分步之一、八分步之一、九分步之一、十分步之一、十一分步之一、十二分步之一。求田一亩，问：从几何？

答曰：七十七步八万六千二十一分步之二万九千一百八十三。

术曰：下有一十二分，以一为八万三千一百六十，半为四万一千五百八十，三分之一为二万七千七百二十，四分之一为二万七百九十，五分之一为一万六千六百三十二，六分之一为一万三千八百六十，七分之一为一万一千八百八十，八分之一为一万三百九十五，九分之一为九千二百四十，一十分之一为八千三百一十六，十一分之一为七千五百六十，十二分之一为六千九百三十，并之得二十五万八千六十三，以为法。置田二百四十步，亦以一为八万三千一百六十乘之，为实。实如法得从步。[16]

• 译文

少广术：布置整步数及分母、分子，以最下面的分母普遍地乘各分子及整步数。分别用分母除其分子，将它们布置在左边。将它们通分，又以分母普遍地乘各分子及已经通分的数，使它们统统通过通分而使分母相同。将它们相加作为除数。布置所求的步数，以1整步的积分乘之，作为被除数。被除数除以除数，得到长的步数。

假设田的宽是1步半。如果田的面积是1亩，问：长是多少？

答：长是160步。

术：下方有半，是$\frac{1}{2}$。将1化为2，半化为1。相加得到3，作为除数。布置1亩田为240步，也将1化为2，乘之，作为被除数。被除数除以除数，得长的步数。

假设田的宽是1步半与$\frac{1}{3}$步。如果田的面积是1亩，问：长是多少？

答：长是$130\frac{10}{11}$步。

术：下方有 3 分，将 1 化为 6，半化为 3，$\frac{1}{3}$化为 2。相加得到 11，作为除数。布置 1 亩田为 240 步，也将 1 化为 6，乘之，作为被除数。被除数除以除数，得长的步数。

假设田的宽是 1 步半与$\frac{1}{3}$步，$\frac{1}{4}$步。如果田的面积是 1 亩，问：长是多少？

答：长是 $115\frac{1}{5}$步。

术：下方有 4 分，将 1 化为 12，半化为 6，$\frac{1}{3}$化为 4，$\frac{1}{4}$化为 3。相加得到 25，作为除数。布置 1 亩田为 240 步，也将 1 化为 12，乘之，作为被除数。被除数除以除数，得长的步数。

假设田的宽是 1 步半与$\frac{1}{3}$步，$\frac{1}{4}$步，$\frac{1}{5}$步。如果田的面积是 1 亩，问：长是多少？

答：长是 $105\frac{15}{137}$步。

术：下方有 5 分，将 1 化为 60，半化为 30，$\frac{1}{3}$化为 20，$\frac{1}{4}$化为 15，$\frac{1}{5}$化为 12。相加得到 137，作为除数。布置 1 亩田为 240 步，也将 1 化为 60，乘之，作为被除数。被除数除以除数，得长的步数。

假设田的宽是 1 步半与$\frac{1}{3}$步，$\frac{1}{4}$步，$\frac{1}{5}$步，$\frac{1}{6}$步。如果田的面积是 1 亩，问：长是多少？

答：长是 $97\frac{47}{49}$步。

术：下方有 6 分，将 1 化为 120，半化为 60，$\frac{1}{3}$化为 40，$\frac{1}{4}$化为 30，$\frac{1}{5}$化为 24，$\frac{1}{6}$化为 20。相加得到 294，作为除数。布置 1 亩田为 240 步，也将 1 化为 120，乘之，作为被除数。被除数除以除数，得长的步数。

假设田的宽是1步半与$\frac{1}{3}$步,$\frac{1}{4}$步,$\frac{1}{5}$步,$\frac{1}{6}$步,$\frac{1}{7}$步。如果田的面积是1亩,问:长是多少?

答:长是$92\frac{68}{121}$步。

术:下方有7分,将1化为420,半化为210,$\frac{1}{3}$化为140,$\frac{1}{4}$化为105,$\frac{1}{5}$化为84,$\frac{1}{6}$化为70,$\frac{1}{7}$化为60。相加得到1089,作为除数。布置1亩田为240步,也将1化为420,乘之,作为被除数。被除数除以除数,得长的步数。

假设田的宽是1步半与$\frac{1}{3}$步,$\frac{1}{4}$步,$\frac{1}{5}$步,$\frac{1}{6}$步,$\frac{1}{7}$步,$\frac{1}{8}$步。如果田的面积是1亩,问:长是多少?

答:长是$88\frac{232}{761}$步。

术:下方有8分,将1化为840,半化为420,$\frac{1}{3}$化为280,$\frac{1}{4}$化为210,$\frac{1}{5}$化为168,$\frac{1}{6}$化为140,$\frac{1}{7}$化为120,$\frac{1}{8}$化为105。相加得到2283,作为除数。布置1亩田为240步,也将1化为840,乘之,作为被除数。被除数除以除数,得长的步数。

假设田的宽是1步半与$\frac{1}{3}$步,$\frac{1}{4}$步,$\frac{1}{5}$步,$\frac{1}{6}$步,$\frac{1}{7}$步,$\frac{1}{8}$步,$\frac{1}{9}$步。如果田的面积是1亩,问:长是多少?

答:长是$84\frac{5964}{7129}$步。

术:下方有9分,将1化为2520,半化为1260,$\frac{1}{3}$化为840,$\frac{1}{4}$化为630,$\frac{1}{5}$化为504,$\frac{1}{6}$化为420,$\frac{1}{7}$化为360,$\frac{1}{8}$化为315,$\frac{1}{9}$化为280。相加得到7129,作为除数。布置1亩田为240步,也将1化为2520,乘之,作为被除数。被除数除以除数,得长的步数。

假设田的宽是1步半与$\frac{1}{3}$步，$\frac{1}{4}$步，$\frac{1}{5}$步，$\frac{1}{6}$步，$\frac{1}{7}$步，$\frac{1}{8}$步，$\frac{1}{9}$步，$\frac{1}{10}$步。如果田的面积是1亩，问：长是多少？

答：长是$81\frac{6939}{7381}$步。

术：下方有10分，将1化为2520，半化为1260，$\frac{1}{3}$化为840，$\frac{1}{4}$化为630，$\frac{1}{5}$化为504，$\frac{1}{6}$化为420，$\frac{1}{7}$化为360，$\frac{1}{8}$化为315，$\frac{1}{9}$化为280，$\frac{1}{10}$化为252。相加得到7381，作为除数。布置1亩田为240步，也将1化为2520，乘之，作为被除数。被除数除以除数，得长的步数。

假设田的宽是1步半与$\frac{1}{3}$步，$\frac{1}{4}$步，$\frac{1}{5}$步，$\frac{1}{6}$步，$\frac{1}{7}$步，$\frac{1}{8}$步，$\frac{1}{9}$步，$\frac{1}{10}$步，$\frac{1}{11}$步。如果田的面积是1亩，问：长是多少？

答：长是$79\frac{39631}{83711}$步。

术：下方有11分，将1化为27720，半化为13860，$\frac{1}{3}$化为9240，$\frac{1}{4}$化为6930，$\frac{1}{5}$化为5544，$\frac{1}{6}$化为4620，$\frac{1}{7}$化为3960，$\frac{1}{8}$化为3465，$\frac{1}{9}$化为3080，$\frac{1}{10}$化为2772，$\frac{1}{11}$化为2520。相加得到83711，作为除数。布置1亩田为240步，也将1化为27720，乘之，作为被除数。被除数除以除数，得长的步数。

假设田的宽是1步半与$\frac{1}{3}$步，$\frac{1}{4}$步，$\frac{1}{5}$步，$\frac{1}{6}$步，$\frac{1}{7}$步，$\frac{1}{8}$步，$\frac{1}{9}$步，$\frac{1}{10}$步，$\frac{1}{11}$步，$\frac{1}{12}$步。如果田的面积是1亩，问：长是多少？

答：长是$77\frac{29183}{86021}$步。

术：下方有12分，将1化为83160，半化为41580，$\frac{1}{3}$化为27720，$\frac{1}{4}$化为20790，$\frac{1}{5}$化为16632，$\frac{1}{6}$化为13860，$\frac{1}{7}$化为11880，$\frac{1}{8}$化为

10395，$\frac{1}{9}$化为 9240，$\frac{1}{10}$化为 8316，$\frac{1}{11}$化为 7560，$\frac{1}{12}$化为 6930。相加得到 258063，作为除数。布置 1 亩田为 240 步，也将 1 化为 83160，乘之，作为被除数。被除数除以除数，得长的步数。

• 注释

[1] 遍乘：普遍地乘。通常指以某数整个地乘一行的情形。方程章方程术"以右行上禾遍乘中行"，亦此义。

[2] 通而同之：依次对各个分数通分，即"通"，再使分母相同，即"同"。

[3] 根据少广术的例题，都是已知田的面积为 1 亩，宽为 $1+\frac{1}{2}+\frac{1}{3}+\cdots+\frac{1}{n-1}+\frac{1}{n}$，$n=2,3,\cdots,12$，求其长。术文求其法即除数的计算程序如下：将 $1,\frac{1}{2},\frac{1}{3},\cdots,\frac{1}{n-1},\frac{1}{n}$ 自上而下排列。如左第 1 列，以最下分母 n 乘第 1 列各数，成为第 2 列；再以最下分母 $n-1$ 乘第 2 列各数，成为第 3 列；如此继续下去，直到某列所有的数都成为整数为止，即

$$
\begin{array}{cccccc}
1 & n & n(n-1) & \cdots & n(n-1)\cdots\times4\times3 & n(n-1)\cdots\times4\times3\times2 \\
\frac{1}{2} & \frac{n}{2} & \frac{n(n-1)}{2} & \cdots & \frac{n(n-1)\times4\times3}{2} & n(n-1)\cdots\times4\times3 \\
\frac{1}{3} & \frac{n}{3} & \frac{n(n-1)}{3} & \cdots & n(n-1)\cdots\times5\times4 & n(n-1)\cdots\times4\times2 \\
\vdots & \vdots & \vdots & & \vdots & \vdots \\
\frac{1}{n-1} & \frac{n}{n-1} & n & \cdots & n(n-2)(n-3)\cdots\times4\times3 & n(n-2)(n-3)\cdots\times3\times2 \\
\frac{1}{n} & 1 & n-1 & \cdots & (n-1)(n-2)\cdots\times4\times3 & (n-1)(n-2)\cdots\times3\times2
\end{array}
$$

因其中有"各以其母除其子"的程序，有时实际上用不到用所有的分母相乘，就可以将某列全部化成整数。将成为整数的这列所有的数相加，作为法，即除数。同时，该列最上的这个数，就是第 1 列每个数所

扩大的倍数,也就是1步的积分。将它作为同。由于没有"可约者约之"的规定,它还不能称为求最小公倍数的完整程序。实际上,当$n=6,12$时,《九章算术》没有求出最小公倍数。但是,没有规定"可约者约之",并不是说不可以"约之",实际上,在$n=5,7,8,9,10,11$时,都做了约简,使用了诸分母的最小公倍数。

［4］这是以同,即1步的积分乘1亩的步数,作为实,即被除数。"积分"就是分之积,"全步积分"是将1步化成分数后的积数。

［5］这是说被除数除以除数,就得到长的步数。

［6］布置宽的数值,以2遍乘,便可全部化为整数

$$\begin{array}{cc} 1 & 2 \\ \frac{1}{2} & 1 \end{array}$$

由右列求出法,即除数:$2+1=3$。同是2。因此

$$长=240步\times2\div3=160步。$$

［7］布置宽的数值,先后以3,2遍乘,便可全部化为整数:

$$\begin{array}{ccc} 1 & 3 & 3\times2 \\ \frac{1}{2} & \frac{3}{2} & 3 \\ \frac{1}{3} & 1 & 2 \end{array}$$

由右列求出法,即除数:$6+3+2=11$。同是6。因此

$$长=240步\times6\div11=130\frac{10}{11}步。$$

［8］布置宽的数值,先后以4,3遍乘,便可全部化为整数:

$$\begin{array}{ccc} 1 & 4 & 4\times3 \\ \frac{1}{2} & 2 & 2\times3 \\ \frac{1}{3} & \frac{4}{3} & 4 \\ \frac{1}{4} & 1 & 3 \end{array}$$

由右列求出法，即除数：12+6+4+3=25。同是12。因此

$$长=240步\times12\div25=115\frac{1}{5}步。$$

此问中的同12是分母2,3,4的最小公倍数。

［9］布置宽的数值，先后以5,4,3遍乘，便可全部化为整数：

1	5	5×4	5×4×3
$\frac{1}{2}$	$\frac{5}{2}$	5×2	5×2×3
$\frac{1}{3}$	$\frac{5}{3}$	$\frac{5\times4}{3}$	5×4
$\frac{1}{4}$	$\frac{5}{4}$	5	5×3
$\frac{1}{5}$	1	4	4×3

由右列求出法，即除数：60+30+20+15+12=137。同是60。因此

$$长=240步\times60\div137=105\frac{15}{137}步。$$

此问中的同60是分母2,3,4,5的最小公倍数。

［10］布置宽的数值，先后以6,5,4遍乘，便可全部化为整数：

1	6	6×5	6×5×4
$\frac{1}{2}$	3	3×5	3×5×4
$\frac{1}{3}$	2	2×5	2×5×4
$\frac{1}{4}$	$\frac{6}{4}$	$\frac{6\times5}{4}$	6×5
$\frac{1}{5}$	$\frac{6}{5}$	6	6×4
$\frac{1}{6}$	1	5	5×4

由右列求出法，即除数：120+60+40+30+24+20=294。同是120。因此

$$长=240步\times120\div294=97\frac{47}{49}步。$$

此问中的同120不是分母2,3,4,5,6的最小公倍数,因为运算中没有将$\frac{6}{4}$约简。如果将$\frac{6}{4}$约简,即得最小公倍数60作为同。其程序是:布置宽的数值,先后以6,5,2遍乘,便可全部化为整数:

$\frac{1}{2}$	6	6×5	$6\times5\times2$
$\frac{1}{2}$	3	3×5	$3\times5\times2$
$\frac{1}{3}$	2	2×5	$2\times5\times2$
$\frac{1}{4}$	$\frac{6}{4}$	$\frac{3\times5}{2}$	3×5
$\frac{1}{5}$	$\frac{6}{5}$	6	6×2
$\frac{1}{6}$	1	5	5×2

由右列求出法,即除数:$60+30+20+15+12+10=147$。同是60。因此

$$长=240步\times60\div147=97\frac{47}{49}步。$$

[11] 布置宽的数值,先后以7,6,5,2遍乘,便可全部化为整数:

1	7	7×6	$7\times6\times5$	$7\times6\times5\times2$
$\frac{1}{2}$	$\frac{7}{2}$	7×3	$7\times3\times5$	$7\times3\times5\times2$
$\frac{1}{3}$	$\frac{7}{3}$	7×2	$7\times2\times5$	$7\times2\times5\times2$
$\frac{1}{4}$	$\frac{7}{4}$	$\frac{7\times3}{2}$	$\frac{7\times3\times5}{2}$	$7\times3\times5$
$\frac{1}{5}$	$\frac{7}{5}$	$\frac{7\times6}{5}$	7×6	$7\times6\times2$
$\frac{1}{6}$	$\frac{7}{6}$	7	7×5	$7\times5\times2$
$\frac{1}{7}$	1	6	6×5	$6\times5\times2$

由右列求出法，即除数：$420+210+140+105+84+70+60=1089$。同是420。因此

$$长=240步\times420\div1089=92\frac{68}{121}步。$$

此问中的同420是分母2,3,4,5,6,7的最小公倍数。因为运算中将$\frac{7\times6}{4}$约简成$\frac{7\times3}{2}$。

［12］布置宽的数值，先后以8,7,3,5遍乘，便可全部化为整数：

1	8	8×7	$8\times7\times3$	$8\times7\times3\times5$
$\frac{1}{2}$	4	4×7	$4\times7\times3$	$4\times7\times3\times5$
$\frac{1}{3}$	$\frac{8}{3}$	$\frac{8\times7}{3}$	8×7	$8\times7\times5$
$\frac{1}{4}$	2	2×7	$2\times7\times3$	$2\times7\times3\times5$
$\frac{1}{5}$	$\frac{8}{5}$	$\frac{8\times7}{5}$	$\frac{8\times7\times3}{5}$	$8\times7\times3$
$\frac{1}{6}$	$\frac{8}{6}$	$\frac{4\times7}{3}$	4×7	$4\times7\times5$
$\frac{1}{7}$	$\frac{8}{7}$	8	8×3	$8\times3\times5$
$\frac{1}{8}$	1	7	7×3	$7\times3\times5$

由右列求出法，即除数：$840+420+280+210+168+140+120+105=2283$。同是840。因此

$$长=240步\times840\div2283=88\frac{232}{761}步。$$

此问中的同840是分母2,3,4,5,6,7,8的最小公倍数。因为运算中将$\frac{8}{6}$约简成$\frac{4}{3}$。

［13］布置宽的数值，先后以9，8，7，5遍乘，便可全部化为整数：

1	9	9×8	$9\times8\times7$	$9\times8\times7\times5$
$\frac{1}{2}$	$\frac{9}{2}$	9×4	$9\times4\times7$	$9\times4\times7\times5$
$\frac{1}{3}$	3	3×8	$3\times8\times7$	$3\times8\times7\times5$
$\frac{1}{4}$	$\frac{9}{4}$	9×2	$9\times2\times7$	$9\times2\times7\times5$
$\frac{1}{5}$	$\frac{9}{5}$	$\frac{9\times8}{5}$	$\frac{9\times8\times7}{5}$	$9\times8\times7$
$\frac{1}{6}$	$\frac{9}{6}$	3×4	$3\times4\times7$	$3\times4\times7\times5$
$\frac{1}{7}$	$\frac{9}{7}$	$\frac{9\times8}{7}$	9×8	$9\times8\times5$
$\frac{1}{8}$	$\frac{9}{8}$	9	9×7	$9\times7\times5$
$\frac{1}{9}$	1	8	8×7	$8\times7\times5$

由右列求出法，即除数：$2520+1260+840+630+504+420+360+315+280=7129$。同是2520。因此

$$长=240\text{步}\times2520\div7129=84\frac{5964}{7129}\text{步}。$$

此问中的同2520是分母2，3，4，5，6，7，8，9的最小公倍数。因为运算中将$\frac{9}{6}$约简成$\frac{3}{2}$。

［14］布置宽的数值，先后以10，9，4，7遍乘，便可全部化为整数：

1	10	10×9	$10\times9\times4$	$10\times9\times4\times7$
$\frac{1}{2}$	5	5×9	$5\times9\times4$	$5\times9\times4\times7$
$\frac{1}{3}$	$\frac{10}{3}$	10×3	$10\times3\times4$	$10\times3\times4\times7$
$\frac{1}{4}$	$\frac{10}{4}$	$\frac{5\times9}{2}$	$5\times9\times2$	$5\times9\times2\times7$
$\frac{1}{5}$	2	2×9	$2\times9\times4$	$2\times9\times4\times7$
$\frac{1}{6}$	$\frac{10}{6}$	$\frac{5\times9}{3}$	$5\times3\times4$	$5\times3\times4\times7$
$\frac{1}{7}$	$\frac{10}{7}$	$\frac{10\times9}{7}$	$\frac{10\times9\times4}{7}$	$10\times9\times4$
$\frac{1}{8}$	$\frac{10}{8}$	$\frac{5\times9}{4}$	5×9	$5\times9\times7$
$\frac{1}{9}$	$\frac{10}{9}$	10	10×4	$10\times4\times7$
$\frac{1}{10}$	1	9	9×4	$9\times4\times7$

由右列求出法，即除数：$2520+1260+840+630+504+420+360+315+280+252=7381$。同是 2520。因此

$$长=240 步\times2520\div7381=81\frac{6939}{7381}步。$$

此问中的同 2520 是分母 2，3，4，5，6，7，8，9，10 的最小公倍数。因为运算中将 $\frac{10}{8}$，$\frac{10}{6}$，$\frac{10}{4}$ 分别约简成 $\frac{5}{4}$，$\frac{5}{3}$，$\frac{5}{2}$。

［15］布置宽的数值，先后以 11，10，9，4，7 遍乘，便可全部化为整数：

1	11	11×10	$11\times10\times9$	$11\times10\times9\times4$	$11\times10\times9\times4\times7$
$\frac{1}{2}$	$\frac{11}{2}$	11×5	$11\times5\times9$	$11\times5\times9\times4$	$11\times5\times9\times4\times7$
$\frac{1}{3}$	$\frac{11}{3}$	$\frac{11\times10}{3}$	$11\times10\times3$	$11\times10\times3\times4$	$11\times10\times3\times4\times7$

$\frac{1}{4}$	$\frac{11}{4}$	$\frac{11\times10}{4}$	$\frac{11\times5\times9}{2}$	$11\times5\times9\times2$	$11\times5\times9\times2\times7$
$\frac{1}{5}$	$\frac{11}{5}$	$\frac{11\times10}{5}$	$11\times2\times9$	$11\times2\times9\times4$	$11\times2\times9\times4\times7$
$\frac{1}{6}$	$\frac{11}{6}$	$\frac{11\times10}{6}$	$11\times5\times3$	$11\times5\times3\times4$	$11\times5\times3\times4\times7$
$\frac{1}{7}$	$\frac{11}{7}$	$\frac{11\times10}{7}$	$\frac{11\times10\times9}{7}$	$\frac{11\times10\times9\times4}{7}$	$11\times10\times9\times4$
$\frac{1}{8}$	$\frac{11}{8}$	$\frac{11\times10}{8}$	$\frac{11\times5\times9}{4}$	$11\times5\times9$	$11\times5\times9\times7$
$\frac{1}{9}$	$\frac{11}{9}$	$\frac{11\times10}{9}$	11×10	$11\times10\times4$	$11\times10\times4\times7$
$\frac{1}{10}$	$\frac{11}{10}$	11	11×9	$11\times9\times4$	$11\times9\times4\times7$
$\frac{1}{11}$	1	10	10×9	$10\times9\times4$	$10\times9\times4\times7$

由右列求出法，即除数：$27720+13860+9240+6930+5544+4620+3960+3465+3080+2772+2520=83711$。同是27720。因此

$$长=240步\times27720\div83711=79\frac{39631}{83711}步。$$

此问中的同27720是分母2,3,4,5,6,7,8,9,10,11的最小公倍数。因为运算中将$\frac{10}{8}$,$\frac{10}{4}$分别约简成$\frac{5}{4}$,$\frac{5}{2}$。

[16] 布置宽的数值，先后以12,11,10,9, 7遍乘，便可全部化为整数：

1	12	12×11	$12\times11\times10$	$12\times11\times10\times9$	$12\times11\times10\times9\times7$
$\frac{1}{2}$	$\frac{12}{2}$	6×11	$6\times11\times10$	$6\times11\times10\times9$	$6\times11\times10\times9\times7$
$\frac{1}{3}$	$\frac{12}{3}$	4×11	$4\times11\times10$	$4\times11\times10\times9$	$4\times11\times10\times9\times7$
$\frac{1}{4}$	$\frac{12}{4}$	3×11	$3\times11\times10$	$3\times11\times10\times9$	$3\times11\times10\times9\times7$
$\frac{1}{5}$	$\frac{12}{5}$	$\frac{12\times11}{5}$	$12\times11\times2$	$12\times11\times2\times9$	$12\times11\times2\times9\times7$

$\frac{1}{6}$	$\frac{12}{6}$	2×11	$2\times11\times10$	$2\times11\times10\times9$	$2\times11\times10\times9\times7$
$\frac{1}{7}$	$\frac{12}{7}$	$\frac{12\times11}{7}$	$\frac{12\times11\times10}{7}$	$\frac{12\times11\times10\times9}{7}$	$12\times11\times10\times9$
$\frac{1}{8}$	$\frac{12}{8}$	$\frac{12\times11}{8}$	$3\times11\times5$	$3\times11\times5\times9$	$3\times11\times5\times9\times7$
$\frac{1}{9}$	$\frac{12}{9}$	$\frac{12\times11}{9}$	$\frac{12\times11\times10}{9}$	$12\times11\times10$	$12\times11\times10\times7$
$\frac{1}{10}$	$\frac{12}{10}$	$\frac{12\times11}{10}$	12×11	$12\times11\times9$	$12\times11\times9\times7$
$\frac{1}{11}$	$\frac{12}{11}$	12	12×10	$12\times10\times9$	$12\times10\times9\times7$
$\frac{1}{12}$	1	11	11×10	$11\times10\times9$	$11\times10\times9\times7$

由右列求出法,即除数:$83160+41580+27720+20790+16632+13860+11880+10395+9240+8316+7560+6930=258063$。同是83160。因此

$$长=240步\times83160\div258063=77\frac{29183}{86021}步。$$

此问中的同83160不是分母2,3,4,5,6,7,8,9,10,11,12的最小公倍数。因为运算中没有将$\frac{12}{8}$,$\frac{12}{9}$,$\frac{12}{10}$约简。

二、开平方法

(一)开方术

·原文

今有积五万五千二百二十五步。问:为方[1]几何?

答曰:二百三十五步。[2]

又有积二万五千二百八十一步。问:为方几何?

答曰:一百五十九步。[3]

又有积七万一千八百二十四步。问:为方几何?

答曰:二百六十八步。[4]

又有积五十六万四千七百五十二步四分步之一。问:为方几何?

答曰:七百五十一步半。[5]

又有积三十九亿七千二百一十五万六百二十五步。问:为方几何?

答曰:六万三千二十五步。[6]

开方[7]术曰:置积为实。[8]借一算,步之,超一等。[9]议所得,以一乘所借一算为法,而以除。[10]除已,倍法为定法。[11]其复除,折法而下。[12]复置借算,步之如初,以复议一乘之,所得副以加定法,以除。[13]以所得副从定法。[14]复除,折下如前。[15]若开之不尽者,为不可开[16],当以面命之[17]。若实有分者,通分内子为定实,乃开之。[18]讫,开其母,报除。[19]若母不可开者,又以母乘定实,乃开之。讫,令如母而一。[20]

·译文

假设有面积55225步²。问:变成正方形,边长是多少?

答:235步。

假设又有面积25281步²。问:变成正方形,边长是多少?

答:159步。

假设又有面积71824步^2。问:变成正方形,边长是多少?

答:268步。

假设又有面积$564752\frac{1}{4}$步^2。问:变成正方形,边长是多少?

答:$751\frac{1}{2}$步。

假设又有面积3972150625步^2。问:变成正方形,边长是多少?

答:63025步。

开方术:布置面积作为被开方数。借一枚算筹,布置在其个位的下方。将它向左移动,每隔一位移动一步。商议所得的数,用它的一次方乘所借的一枚算筹,作为法,即除数,而用来作除法。作完除法,将除数加倍,作为确定的除数。若要作第二次除法,应当缩小除数,因此将它退位。再布置所借一枚算筹,向左移动,像开头做的那样。用第二次商议的得数的一次方乘所借的一枚算筹。将第二位得数在旁边加入确定的除数,用来作除法。将第二位得数在旁边纳入确定的除数。如果再作除法,就像前面那样缩小退位。如果是开方不尽的,称为不可开方,应当用"面"来命名这个数。如果被开方数中有分数,就通分,纳入分子,作为确定的被开方数,才对之开方。开方完毕,再对它的分母开方,然后作除法。如果分母不是完全平方数,就用分母乘确定的被开方数,再对它开方。开方完毕,除以分母。

·注释

[1] 方:一边,一面。此处指将给定的面积变成正方形后的边。

[2] 这是说边长$=\sqrt{55225步^2}=235$步。

[3] 这是说边长$=\sqrt{25281步^2}=159$步。

[4] 这是说边长$=\sqrt{71824步^2}=268$步。

［5］这是说边长$=\sqrt{564752\frac{1}{4}步^2}=751\frac{1}{2}$步。

［6］这是说边长$=\sqrt{3972150625步^2}=63025$步。

［7］开方：设A是正数，《九章算术》的开方指求$\sqrt{A}$的正根，即今天的开平方。开方术：开方程序。《周髀算经》记载公元前5世纪时陈子答荣方问中就使用了开方，但未给出开方程序，说明开方术已是当时数学界的常识。《九章算术》的开方术是世界上现存最早的多位数开方程序。它后来不断改进，发展为中国古代最为发达的数学分支。

［8］这是说布置面积作为被除数，即被开方数。开方术是从除法转化而来的，除法中的"实"即被除数自然转化为被开方数。

［9］这是说，借一枚算筹，将它从被开方数的末位自右向左每隔一位移一步。算筹是明初以前中国数学的主要计算工具。借一算：又称借算，即借一枚算筹，表示未知数二次项的系数1。既是"借"，完成运算后需要"还"。本来问题中只给出了面积，设为A，通过"借一算"，变成开方式

实	A
法	
借算	1

它表示二项方程$x^2=A$。设被开方数为$A=10^{n-1}b_n+10^{n-2}b_{n-1}+\cdots+10b_2+b_1$，开方式为

实	b_n	b_{n-1}	$\cdots$	b_2	b_1
法					
借算					1

步之，超一等：将借算由右向左隔一位移动一步，直到不能再移为止。由此确定开方得数（即根）的位数。开方式变成（设n为奇数）

实	b_n	b_{n-1}	$\cdots$	b_2	b_1
法					
借算	1				

这相当于作变换 $x=10^{\frac{n-1}{2}}x_1$，方程变成 $10^{n-1}x_1^2=A$。步的本义是行走，这里引申为移动。超：隔一位。等：位。

[10] 这是说：商议所得的数，用它的一次方乘所借一算，作为法，即除数，而用来作除法。议所得：商议得到根的第一位得数，记为 a_1。一乘：一次方。这是说以借算 1 乘 a_1，得 $10^{n-1}a_1$ 作为除数。这里“法”的意义与除法“实如法而一”中的“法”完全相同，即除数。以除：以法 a_1 除实 A，即以除数 a_1 除被开方数 A。此处的“除”指除法，而不是“减”。显然，a_1 的确定，须使 $10^{n-1}a_1$ 除实，其商的整数部分恰好是 a_1。“借算”在乘 a_1 后，自动消失。

[11] 这是说，作完除法，将法即除数加倍，作为定法即确定的除数。

[12] 这是说，若要作第二次除法，应当缩小法，即除数，因此将它退位。复除：第二次除法。折法：通过退位将除数缩小。折：减损，也就是将 a_1 缩小。

[13] 这是说，再布置所借一算，像开头做的那样，向左移动。再商议根的第二位得数，以它的一次方 a_2 乘所借一算，得 a_2，在旁边将它加到确定的除数 $2a_1$ 上，得到 $2a_1+a_2$，作为法，即除数。以除数除被开方数的余数，其商的整数部分恰好是 a_2。议：议第二位得数，记为 a_2。乘：以议得的第二位得数乘。复：复置借算。步：将借算自右向左移动。副：相对于主位而言的副位，在旁边。

[14] 在旁边再将第二位得数 a_2 加到确定的除数 $2a_1+a_2$ 上，得到 $2a_1+2a_2=2(a_1+a_2)$。

[15] 如果被开方数中还有余数，就要再作除法，那么就应像前面那样缩小退位。

[16] 不可开：指开方不尽。

[17] 以面命之：以“面”命名一个数。这里有无理数概念的萌芽，

但不宜说有无理数的概念。面,即$\sqrt{A}$。

[18] 如果被开方数有分数,设整数部分为A,分数部分为$\frac{B}{C}$。求出确定的被开方数再开方,即$\sqrt{AC+B}$。

[19] 开其母,报除:如果C是完全平方数,设$\sqrt{C}=c$,则

$$\sqrt{A\frac{B}{C}}=\frac{\sqrt{AC+B}}{\sqrt{C}}=\frac{\sqrt{AC+B}}{c}。$$

[20] 如果C不是完全平方数,《九章算术》的方法是

$$\sqrt{A\frac{B}{C}}=\sqrt{\frac{AC+B}{C}}=\sqrt{\frac{(AC+B)C}{C^2}}=\frac{\sqrt{(AC+B)C}}{C}。$$

(二)开圆术

•原文

今有积一千五百一十八步四分步之三。问:为圆周几何?

荅曰:一百三十五步。[1]

又有积三百步。问:为圆周几何?

荅曰:六十步。[2]

开圆术曰:置积步数,以十二乘之,以开方除之,即得周。[3]

•译文

假设有面积$1518\frac{3}{4}$步^2。问:变成圆,其周长是多少?

答:135步。

假设又有面积300步^2。问:变成圆,其周长是多少?

答:60步。

开圆术:布置面积的步数,乘以12,对所得数作开方除法,就得到圆周长。

·注释

[1] 由下文的(4–1)式，

$$L=\sqrt{12S}=\sqrt{12\times1518\frac{3}{4}\text{步}^2}=\sqrt{18225\text{步}^2}=135\text{步}。$$

[2] 由下文的(4–1)式，

$$L=\sqrt{12S}=\sqrt{12\times300\text{步}^2}=\sqrt{3600\text{步}^2}=60\text{步}。$$

[3] 此即《九章算术》的开圆术：

$$L=\sqrt{12S}。\tag{4-1}$$

它是第一卷圆面积第四个公式(1–14)的逆运算。

三、开立方法

(一)开立方术

原文

今有积一百八十六万八百六十七尺。[1]问:为立方几何?[2]

答曰:一百二十三尺。[3]

又有积一千九百五十三尺八分尺之一。问:为立方几何?

答曰:一十二尺半。[4]

又有积六万三千四百一尺五百一十二分尺之四百四十七。问:为立方几何?

答曰:三十九尺八分尺之七。[5]

又有积一百九十三万七千五百四十一尺二十七分尺之一十七。问:为立方几何?

答曰:一百二十四尺太半尺。[6]

开立方术[7]曰:置积为实。借一算,步之,超二等。[8]议所得,以再乘所借一算为法,而除之。[9]除已,三之为定法。[10]复除,折而下。[11]以三乘所得数,置中行。[12]复借一算,置下行。[13]步之,中超一,下超二等。[14]复置议,以一乘中,再乘下,皆副以加定法。[15]以定除。[16]除已,倍下、并中,从定法。[17]复除,折下如前。[18]开之不尽者,亦为不可开。若积有分者,通分内子为定实。定实乃开之。[19]讫,开其母以报除。[20]若母不可开者,又以母再乘定实,乃开之。讫,令如母而一。[21]

译文

假设有体积1860867尺^3。问:变成正方体,它的边长是多少?

答:123尺。

假设又有体积$1953\frac{1}{8}$尺^3。问:变成正方体,它的边长是多少?

答:$12\frac{1}{2}$尺。

假设又有体积$63401\frac{447}{512}$尺^3。问:变成正方体,它的边长是多少?

答:$39\frac{7}{8}$尺。

假设又有体积$1937541\frac{17}{27}$尺^3。问:变成正方体,它的边长是多少?

答:$124\frac{2}{3}$尺。

开立方术:布置体积,作为被开方数。借一算,布置在末位之下,将它向左移动,每隔二位移一步。商议所得的数,以它的二次方乘所借一算,作为法即除数,而以除数除被开方数。作完除法,以3乘除数,作为确定的除数。若要继续作除法,就将确定的除数缩小而退位。以3乘商议所得到的数,布置在中行。又借一算,布置于下行的个位上。将它们向左移动,中行隔一位移一步,下行隔二位移一步。布置第二次商议所得的数,以它的一次方乘中行,以它的二次方乘下行,以确定的除数除被开方数的余数。完成除法后,将下行加倍,加中行,都加入确定的除数。如果继续作除法,就像前面那样缩小、退位。如果是开方不尽的,也称为不可开。如果已给的体积中有分数,就通分,纳入分子,作为确定的被开方数,对确定的被开方数开立方。完了,对它的分母开立方,再以它作除法。如果分母不是完全立方数,就以分母的二次方乘确定的被开方数,再对它开立方。开方完毕,除以分母。

·注释

[1] 这里的积是体积,“一百八十六万八百六十七尺”就是1860867尺^3。

[2] 这是说,将1860867尺^{3}的体积变成正方体,求其边长是多少。

[3] 这是说$\sqrt[3]{1860867尺^3}=123$尺。

[4] 这是说 $\sqrt[3]{1953\frac{1}{8}\text{尺}^3}=12\frac{1}{2}$ 尺。

[5] 这是说 $\sqrt[3]{63401\frac{447}{512}\text{尺}^3}=\sqrt[3]{\frac{32461759}{512}\text{尺}^3}=39\frac{7}{8}$ 尺。

[6] 这是说 $\sqrt[3]{1937541\frac{17}{27}\text{尺}^3}=\sqrt[3]{\frac{52313624}{27}\text{尺}^3}=124\frac{2}{3}$ 尺。

[7] 开立方术就是开立方法。

[8] 这是说，布置体积，作为被除数，即被开方数。借一枚算筹，将它布置在被开方数之下，自右向左每隔两位移一步。借一算：借一枚算筹，表示未知数三次项的系数1。本来问题只给出一个体积，设体积为 A，通过借一算，就将其变成一个开方式 $x^3=A$。步之，超二等：就是将借算从末位自右向左隔两位移一步，到不能移为止。

[9] 这是说，商议所得的数，以它的二次方乘所借一枚算筹，作为除数，而以除数除被开方数。记议得即根的第一位得数为 a_1。再乘：乘两次，相当于二次方，即根的第一位得数的平方即 a_1^2。以再乘所借一算为法：以 $a_1^2\times 1$ 作为除数。这里的“法”也是除法中的“法”。“除”仍是“除法”。做完除法后，所借的一枚算筹自动消失。

[10] 这是说，做完除法，以3乘 a_1^2，得 $3a_1^2$ 作为定法，即确定的除数。

[11] 这是说，若要继续作除法，就将法缩小而退一位。

[12] 这是说，以3乘商议所得到的数 a_1，得 $3a_1$，布置在中行。

[13] 这是说，又借一枚算筹，布置在下行。

[14] 这是说，将借算自右向左，中行隔一位移一步，下行是隔两位移一步。

[15] 这是说，议得根的第二位得数 a_2，以其一次方乘中行，得 $3a_1a_2$。以第二位得数的平方 a_2^2 乘下行，仍为 a_2^2。将乘得的中行 $3a_1a_2$ 和下行 a_2^2 都加到确定的除数上，得 $3a_1^2+3a_1a_2+a_2^2$。仍称其为定法，即确定的除数，这也体现出位值制的思想。

[16] 这是说，以确定的除数除被开方数的余数，其商的整数部分恰好为 a_2。

[17] 这是说，完成除法之后，将下行加倍即 $2a_2^2$，加到中行，得 $3a_1a_2+3a_2^2$。再加到确定的除数上，得 $3a_1^2+6a_1a_2+3a_2^2$。

[18] 这是说，如果继续作开方除法，应当如同前面那样将法退一位。

[19] 这是说，如果被开方数有分数，则将整数部分通分，纳入分子，作为确定的被开方数，对确定的被开方数开方。设被开方数的整数部分为 A，分数部分为 $\frac{B}{C}$，则以 $\sqrt[3]{AC+B}$ 为确定的被开方数。

[20] 这是说，如果 C 是完全立方数，设 $\sqrt[3]{C}=c$，则

$$\sqrt[3]{A\frac{B}{C}}=\frac{\sqrt[3]{AC+B}}{\sqrt[3]{C}}=\frac{\sqrt[3]{AC+B}}{c}。$$

[21] 这是说，如果 C 不是完全立方数，则

$$\sqrt[3]{A\frac{B}{C}}=\sqrt[3]{\frac{AC+B}{C}}=\sqrt[3]{\frac{(AC+B)C^2}{C^3}}=\frac{\sqrt[3]{(AC+B)C^2}}{C}。$$

（二）开立圆术

• 原文

今有积四千五百尺。问：为立圆[1]径几何？

荅曰：二十尺。[2]

又有积一万六千四百四十八亿六千六百四十三万七千五百尺。问：为立圆径几何？

荅曰：一万四千三百尺。[3]

开立圆术曰：置积尺数，以十六乘之，九而一。所得，开立方除之，即立圆径。[4]

• 译文

假设有体积4500尺^3，问：变成球，它的直径是多少？

答：20尺。

假设又有体积1644866437500尺³，问：变成球，它的直径是多少？

答：14300尺。

开立圆术：布置体积的尺数，乘以16，除以9。对所得的数作开立方除法，就得到球的直径。

• 注释

［1］立圆：球。在《九章算术》时代，将今天的球称为“立圆”。

［2］设球的直径、体积分别为d和V，将$V=4500$尺³代入下文的（4-2）式，则球径$d=\sqrt[3]{\frac{16}{9}\times 4500\text{尺}^3}=\sqrt[3]{8000\text{尺}^3}=20$尺。

［3］将$V=1644866437500$尺³代入下文的（4-2）式，则球径

$$d=\sqrt[3]{\frac{16}{9}\times 1644866437500\text{尺}^3}=\sqrt[3]{2924207000000\text{尺}^3}=14300\text{尺}。$$

以汉代1尺=0.231米计算，此球的直径为3303.3米。除太阳、月亮等可望而不可即的天体外，地球上不可能有这么大的球体。可见，《九章算术》尽管密切联系人们生产、生活的实际，但许多题目是编纂者为术文而设计的例题，甚至是趣味题。

［4］《九章算术》求球直径的公式是

$$d=\sqrt[3]{\frac{16}{9}V}。\qquad (4\text{-}2)$$

刘徽证明这个公式是错误的。

古希腊数学家欧几里得及其著作《几何原本》的最早传世抄本、中译本。我国数学家吴文俊曾指出:“从对数学的贡献的角度来衡量,刘徽应该与欧几里得、阿基米德相提并论。”

第五卷

商　功

商功："九数"之一，其本义是商量土方工程量的分配。要计算工程量，首先要计算土方的体积，因此提出了若干多面体和圆体的体积公式。今天人们更重视后者。由此派生出来求粟类的容积问题也成为本章的重要内容，后来归于《永乐大典》的委粟类。

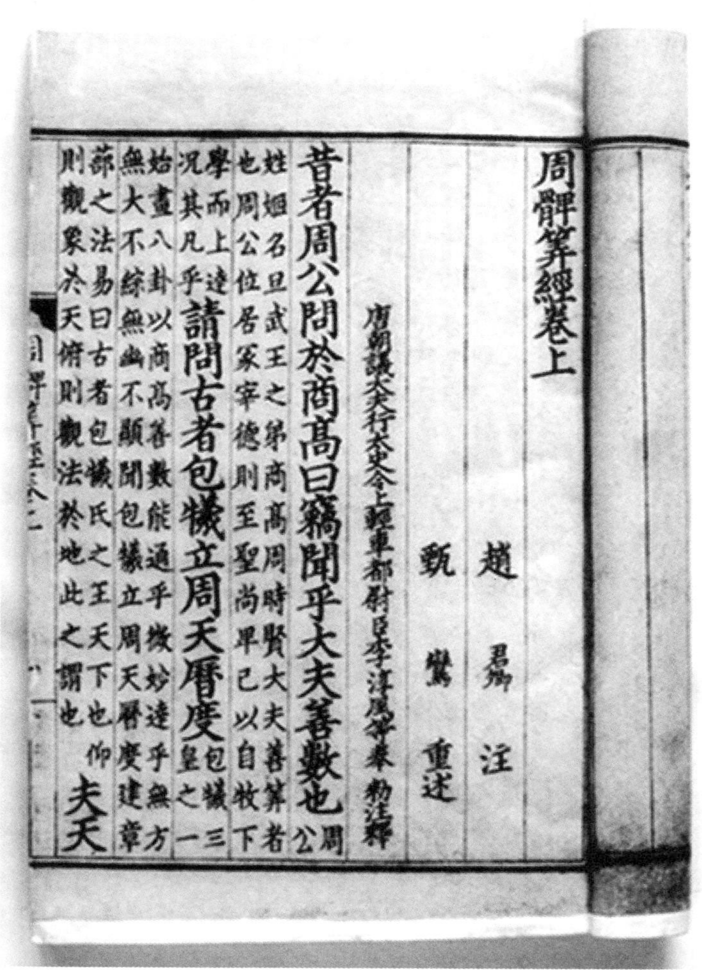
周髀筭經卷上

趙君卿注

甄鸞重述

唐朝議大夫行太史令上輕車都尉臣李淳風等奉勅注釋

昔者周公問於商高曰竊聞乎大夫善數也周公姓姬名旦武王之弟商高周時賢大夫善筭者也周公位居冢宰德則至聖尚卑己以自牧下學而上達況其凡乎請問古者包犧立周天曆度包犧三皇之一始畫八卦以商高善數能通乎微妙達乎無方無大不綜無幽不顯聞包犧立周天曆度建章蔀之法易曰古者包犧氏之王天下也仰則觀象於天俯則觀法於地此之謂也夫天

《周髀算经》书影。《周髀算经》原名《周髀》，是长期积累编纂而成的数理天文学著作，和《九章算术》一样也是“算经十书”之一

一、土壤互换

•原文

今有穿地，积一万尺。[1]问：为坚、壤各几何？[2]

荅曰：

为坚七千五百尺；

为壤一万二千五百尺。[3]

术曰：穿地四为壤五，为坚三，为墟四。[4]以穿地求壤，五之；求坚，三之；皆四而一。[5]以壤求穿，四之；求坚，三之；皆五而一。[6]以坚求穿，四之；求壤，五之；皆三而一。[7]

•译文

假设挖出的泥土，其体积为10000尺^3。问：变成坚土、壤土各是多少？

答：

变成坚土7500尺^3；

变成壤土12500尺^3。

术：挖出的土是4，变成壤土是5，变成坚土是3，变成墟土是4。由挖出的土求壤土，乘以5，求坚土，乘以3，都除以4。由壤土求挖出的土，乘以4，求坚土，乘以3，都除以5。由坚土求挖出的土，乘以4，求壤土，乘以5，都除以3。

•注释

[1] 穿地：挖地。穿：开凿，挖掘。这里的尺表示尺^3。答案中的两个“尺”字亦同义。

[2] 坚：坚土，夯实的泥土。壤：松散的泥土。

[3] 将穿地10000尺^{3}代入下文(5-1)的后式，得到

$$坚土=\frac{3}{4}\times穿土=\frac{3}{4}\times10000尺^3=7500尺^3;$$

代入(5-1)的前式,得到

$$壤土=\frac{5}{4}\times穿土=\frac{5}{4}\times10000尺^3=12500尺^3$$

[4] 这是说,穿土:壤土=4:5。穿土:坚土=4:3。穿土:墟土=4:4。

[5] 此即 $$壤土=\frac{5}{4}\times穿土,坚土=\frac{3}{4}\times穿土。\quad(5-1)$$

[6] 此即 $$穿土=\frac{4}{5}\times壤土,坚土=\frac{3}{5}\times壤土。\quad(5-2)$$

[7] 此即 $$穿土=\frac{4}{3}\times坚土,壤土=\frac{5}{3}\times坚土。\quad(5-3)$$

二、体积问题

(一)城、垣、堤、沟、堑、渠体积公式及其程功问题

原文

城、垣、堤、沟、堑、渠皆同术。[1]

术曰:并上、下广而半之,以高若深乘之,又以袤乘之,即积尺。[2]

今有城,下广四丈,上广二丈,高五丈,袤一百二十六丈五尺。问:积几何?

答曰:一百八十九万七千五百尺。[3]

今有垣,下广三尺,上广二尺,高一丈二尺,袤二十二丈五尺八寸。问:积几何?

答曰:六千七百七十四尺。[4]

今有堤,下广二丈,上广八尺,高四尺,袤一十二丈七尺。问:积几何?

答曰:七千一百一十二尺。[5]

冬程人功四百四十四尺。[6]问:用徒[7]几何?

答曰:一十六人一百一十一分人之二。[8]

术曰:以积尺为实,程功尺数为法。实如法而一,即用徒人数。[9]

今有沟,上广一丈五尺,下广一丈,深五尺,袤七丈。问:积几何?

答曰:四千三百七十五尺。[10]

春程人功七百六十六尺,并出土功五分之一,定功六百一十二尺五分尺之四。[11]问:用徒几何?

答曰:七人三千六十四分人之四百二十七。[12]

术曰:置本人功,去其五分之一,余为法。以沟积尺为实。实如法而一,得用徒人数。[13]

今有堑，上广一丈六尺三寸，下广一丈，深六尺三寸，袤一十三丈二尺一寸。问：积几何？

答曰：一万九百四十三尺八寸。[14]

夏程人功八百七十一尺，并出土功五分之一，沙砾水石之功作太半，定功二百三十二尺一十五分尺之四。[15]**问：用徒几何？**

答曰：四十七人三千四百八十四分人之四百九。[16]

术曰：置本人功，去其出土功五分之一，又去沙砾水石之功太半，余为法。以堑积尺为实。实如法而一，即用徒人数。[17]

今有穿渠，上广一丈八尺，下广三尺六寸，深一丈八尺，袤五万一千八百二十四尺。问：积几何？

答曰：一千七万四千五百八十五尺六寸。[18]

秋程人功三百尺。[19]**问：用徒几何？**

答曰：三万三千五百八十二人，功内少一十四尺四寸。[20]

一千人先到，问：当受袤几何？

答曰：一百五十四丈三尺二寸八十一分寸之八。[21]

术曰：以一人功尺数乘先到人数为实。并渠上、下广而半之，以深乘之为法。实如法得袤尺。[22]

• 译文

城、垣、堤、沟、堑、渠都使用同一术文。

术：将上宽、下宽相加，取其一半。以高或深乘之，又以长乘之，就是体积的尺数。

假设一堵城墙，下底宽是4丈，上顶宽是2丈，高是5丈，长是126丈5尺。问：它的体积是多少？

答：1897500尺^3。

假设一堵垣，下底宽是3尺，上顶宽是2尺，高是1丈2尺，长是22丈5尺8寸。问：它的体积是多少？

答：6774尺^3。

假设一段堤，下底宽是2丈，上顶宽是8尺，高是4尺，长是12丈7尺。

问:它的体积是多少?

答:7112尺^3。

假设冬季每人的标准工作量是444尺^3,问:用工多少?

答:$16\frac{2}{111}$人。

术:以体积的尺数作为被除数,每人的标准工作量作为除数。被除数除以除数,就是用工人数。

假设有一条沟,上宽是1丈5尺,下底宽是1丈,深是5尺,长是7丈。问:它的容积是多少?

答:4375尺^3。

假设春季每个劳动力的标准工作量是766尺^3,其中包括出土的工作量$\frac{1}{5}$。确定的工作量是$612\frac{4}{5}$尺^3。问:用工多少?

答:$7\frac{427}{3064}$人。

术:布置一人本来的标准工作量,除去它的$\frac{1}{5}$,余数作为除数。以沟的容积尺数作为被除数。被除数除以除数,就是用工人数。

假设有一道堑,上宽是1丈6尺3寸,下底宽是1丈,深是6尺3寸,长是13丈2尺1寸。问:它的容积是多少?

答:10943尺^{3}800寸^3。

假设夏季每个劳动力的标准工作量是871尺^3,其中包括出土的工作量$\frac{1}{5}$,沙砾水石的工作量$\frac{2}{3}$。确定的工作量是$232\frac{4}{15}$尺^3。问:用工多少?

答:$47\frac{409}{3484}$人。

术:布置一个人本来的标准工作量,除去出土的工作量即它的$\frac{1}{5}$,又除去沙砾水石的工作量即它的$\frac{2}{3}$,余数作为除数。以堑的容积

尺数作为被除数。被除数除以除数，就是用工人数。

假设挖一条水渠，上宽是1丈8尺，下底宽是3尺6寸，深是1丈8尺，长是51824尺。问：挖出的土方体积是多少？

答：10074585尺^{3}600寸^3。

假设秋季每个劳动力的标准工作量是300尺^3，问：用工多少？

答：33582人，而总工作量中少了14尺^{3}400寸^3。

如果1000人先到，问：应当领受多长的渠？

答：154丈3尺$2\frac{8}{81}$寸。

术：以一个劳动力秋季的标准工作量的容积尺数乘先到人数，作为被除数。将水渠的上宽、下宽相加，取其一半，以深乘之，作为除数。被除数除以除数，就得到长度尺数。

• 注释

[1] 城：指都邑四周用以防守的墙垣。垣：墙，矮墙。堤：堤防，沿江河湖海用土石修筑的挡水工程。沟：田间水道。堑：坑、壕沟、护城河，比沟长。渠：人工开的壕沟、水道，比堑长。城、垣、堤是地面上的土石工程，沟、堑、渠是地面下的水土工程，然而在数学上它们的形状完全相同：上、下两底是互相平行的长方形，它们的长相等而宽不等，两侧为相等的长方形，两端为垂直于地面的全等的等腰梯形，如图5-1所示。因而《九章算术》说它们“同术”，即有同一求积公式。

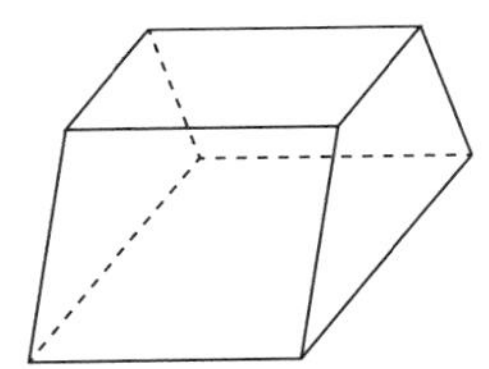

图5-1　城、垣、堤、沟、堑、渠

[2] 若：或。袤：长。记城、垣、堤、沟、堑、渠的上宽和下宽分别是a_1，a_2，长是b，高或深是h，则其体积

$$V=\frac{1}{2}\left(a_1+a_2\right)bh。\qquad (5-4)$$

［3］将城的上宽 $a_1=2$ 丈 $=20$ 尺，下宽 $a_2=4$ 丈 $=40$ 尺，长 $b=126$ 丈 5 尺 $=1265$ 尺，高 $h=5$ 丈 $=50$ 尺代入其体积公式（5-4），得到城的体积

$$V=\frac{1}{2}\left(a_1+a_2\right)bh=\frac{1}{2}\left(20\text{尺}+40\text{尺}\right)\times 1265\text{尺}\times 50\text{尺}=1897500\text{尺}^3。$$

［4］将垣的上宽 $a_1=2$ 尺，下宽 $a_2=3$ 尺，长 $b=225$ 尺 8 寸 $=225\frac{4}{5}$ 尺，高 $h=12$ 尺代入其体积公式（5-4），得到垣的体积

$$V=\frac{1}{2}\left(a_1+a_2\right)bh=\frac{1}{2}\left(2\text{尺}+3\text{尺}\right)\times 225\frac{4}{5}\text{尺}\times 12\text{尺}=6774\text{尺}^3。$$

［5］将堤的上宽 $a_1=8$ 尺，下宽 $a_2=2$ 丈 $=20$ 尺，长 $b=12$ 丈 7 尺 $=127$ 尺，高 $h=4$ 尺代入其体积公式（5-2），得到堤的体积

$$V=\frac{1}{2}\left(a_1+a_2\right)bh=\frac{1}{2}\left(8\text{尺}+20\text{尺}\right)\times 127\text{尺}\times 4\text{尺}=7112\text{尺}^3。$$

［6］冬程人功：就是一个人在冬季的标准工作量。程功就是标准的工作量。冬程人功四百四十四尺：一个人在冬季的标准工作量是 444 尺^3。

［7］徒：服徭役的人。

［8］将堤的积尺数 7112 尺^{3}和冬程人功 444 尺^3/人代入下文求用徒人数的公式，得到

$$\text{用徒人数}=\text{堤积尺}\div\text{冬程人功}=7112\text{尺}^3\div 444\text{尺}^3/\!/\text{人}=16\frac{2}{111}\text{人}。$$

［9］这是说，用徒人数 = 堤积尺 ÷ 冬程人功。

［10］将沟的上宽 $a_1=1$ 丈 5 尺 $=15$ 尺，下宽 $a_2=1$ 丈 $=10$ 尺，长 $b=7$ 丈 $=70$ 尺，深 $h=5$ 尺代入其容积公式（5-2），得到沟的容积

$$\begin{aligned}V&=\frac{1}{2}\left(a_1+a_2\right)bh\\&=\frac{1}{2}\left(15\text{尺}+10\text{尺}\right)\times 70\text{尺}\times 5\text{尺}\\&=4375\text{尺}^3。\end{aligned}$$

[11] 春程人功：就是一个人在春季的标准工作量。春程人功七百六十六尺：一个人在春季的标准工作量是766尺^3。并：合并，吞并，兼。这里是说兼有，其中合并了出土功。定功：确定的工作量。春季每个人的标准工作量是766尺^3，但挖沟时需要自己出土，占工作量的$\frac{1}{5}$，因此确定的工作量是

$$766\text{尺}^3/\text{人}\times\left(1-\frac{1}{5}\right)=612\frac{4}{5}\text{尺}^3/\text{人}。$$

[12] 将沟的积尺数4375尺^{3}和春季确定的工作量$612\frac{4}{5}$尺^3/人代入下文求用徒人数的公式，得到

$$\text{用徒人数}=\text{沟积尺}\div\text{春程定功}=4375\text{尺}^3\div612\frac{4}{5}\text{尺}^3/\text{人}=7\frac{427}{3064}\text{人}。$$

[13] 这是说，

$$\text{用徒人数}=\text{沟积尺}\div\text{春程定功}=\text{沟积尺}\div\left[\text{春程人功}\times\left(1-\frac{1}{5}\right)\right]。$$

[14] 将堑的上宽a_1=1丈6尺3寸=163寸，下宽a_2=1丈=100寸，长b=13丈2尺1寸=1321寸，深h=6尺3寸=63寸代入其容积公式(5-2)，得到堑的容积

$$\begin{aligned}V&=\frac{1}{2}\left(a_1+a_2\right)bh\\&=\frac{1}{2}\left(163\text{寸}+100\text{寸}\right)\times1321\text{寸}\times63\text{寸}\\&=10943824\frac{1}{2}\text{寸}^3=10943\text{尺}^3 824\frac{1}{2}\text{寸}^3。\end{aligned}$$

八寸：8尺^{2}寸=800寸^3。“八寸”实际上是表示长、宽各1尺，高8寸的长方体的容积。这一容积中还有余数为方尺中二分四厘五毫即2尺^{2}分4尺^{2}厘5尺^{2}毫，相当于长、宽各1尺，深2分4厘5毫的长方体的容积，即$24\frac{1}{2}$寸^3。将其舍去，以10943尺^{3}800寸^{3}作为堑的容积。

[15] 夏程人功：就是一个人在夏季的标准工作量。夏程人功八百七十一尺：一个人在夏季的标准工作量是871尺^3。夏程人功中兼有

出土功$\frac{1}{5}$,沙砾水石功$\frac{2}{3}$。那么

$$夏程定功为871尺^3\times\left(1-\frac{1}{5}\right)\left(1-\frac{2}{3}\right)=232\frac{4}{15}尺^3/人。$$

砾:李籍引《释名》曰:"小石曰砾。"

[16] 将堑的积尺数10943尺^{3}800寸^{3}和夏程定功232$\frac{4}{15}$尺^3/人代入下文用徒人数的公式,得到

$$\begin{aligned}用徒人数&=堑积尺\div夏程定功\\&=10943尺^3800寸^3\div232\frac{4}{15}尺^3/人\\&=47\frac{409}{3484}人。\end{aligned}$$

[17]《九章算术》的算法是:

$$\begin{aligned}用徒人数&=堑积尺\div夏程定功\\&=堑积尺\div\left[夏程人功\times\left(1-\frac{1}{5}\right)\left(1-\frac{2}{3}\right)\right]。\end{aligned}$$

[18] 将穿渠的上宽$a_1=1$丈8尺=18尺,下宽$a_2=3$尺6寸$=3\frac{3}{5}$尺,长$b=51824$尺,深$h=1$丈8尺=18尺代入其容积公式(5-4),得到穿渠的容积

$$\begin{aligned}V&=\frac{1}{2}\left(a_1+a_2\right)bh\\&=\frac{1}{2}\left(18尺+3\frac{3}{5}尺\right)\times51824尺\times18尺\\&=10074585尺^3600寸^3。\end{aligned}$$

[19] 一个人在秋季的标准工作量是300尺^3。

[20] 用徒人数=穿渠积尺÷秋程人功

$$=10074585尺^3600寸^3\div300尺^3/人,$$

接近33582人,若将穿渠的土方体积加14尺^{3}400寸^3,则

$$(10074585尺^3600寸^3+14尺^3400寸^3)\div300尺^3/人=33582人。$$

所以说功内少14尺^{3}400寸^3。

[21] 将先到1000人,秋程人功300尺^3/人,穿渠的上宽$a_1=18$尺,下宽$a_2=3\frac{3}{5}$尺与深$h=18$尺代入下文求应当领受渠长尺数的公式,得到

$$\begin{aligned}\text{应当领受渠长尺数}&=(\text{以一人功尺数}\times\text{先到人数})\div\frac{1}{2}(a_1+a_2)h\\&=(300\text{尺}^3/\text{人}\times1000\text{人})\div\frac{1}{2}\left(18\text{尺}+3\frac{3}{5}\text{尺}\right)\times18\text{尺}\\&=300000\text{尺}^3\div\frac{972}{5}\text{尺}^2\\&=1543\text{尺}2\frac{8}{81}\text{寸}\\&=154\text{丈}3\text{尺}2\frac{8}{81}\text{寸}。\end{aligned}$$

[22] 这是说,

$$\text{应当领受渠长尺数}=(\text{以一人功尺数}\times\text{先到人数})\div\frac{1}{2}(a_1+a_2)h。$$

这实际上是穿渠积公式(5–4)的逆运算。

(二) 方柱与圆柱、方亭与圆亭、方锥与圆锥

1. 方柱与圆柱

• 原文

今有方堢壔[1],方一丈六尺,高一丈五尺。问:积几何?

荅曰:三千八百四十尺。[2]

术曰:方自乘,以高乘之,即积尺。[3]

• 译文

假设有一方堢壔,它的底是边长为1丈6尺的正方形,高是1丈5尺。问:其体积是多少?

答:3840尺^3。

术:底面边长自乘,以高乘之,就是体积。

• 注释

[1] 方堢壔(bǎodǎo):今天的正方柱体,如图5–2所示。壔,土堡。

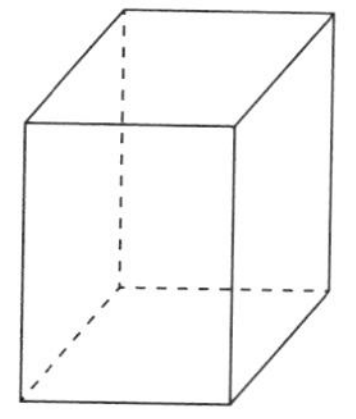

图 5-2 方垛壔

[2] 将此例题中的方垛壔的每边长 $a=1$ 丈 6 尺 $=16$ 尺、高 $h=1$ 丈 5 尺 $=15$ 尺代入下文的(5-5)式,得到方垛壔的体积为

$$V=a^2h=(16\text{尺})^2\times 15\text{尺}=3840\text{尺}^3。$$

[3] 设方垛壔每边长为 a,高 h,则其体积

$$V=a^2h。\tag{5-5}$$

·原文

今有圆垛壔[1],周四丈八尺,高一丈一尺。问:积几何?

答曰:二千一百一十二尺。[2]

术曰:周自相乘,以高乘之,十二而一。[3]

·译文

假设有一圆垛壔,底面圆周长是 4 丈 8 尺,高是 1 丈 1 尺。问:其体积是多少?

答:2112 尺^3。

术:底面圆周长自乘,以高乘之,除以 12。

·注释

[1] 圆垛壔:今天的圆柱体,如图 5-3 所示。

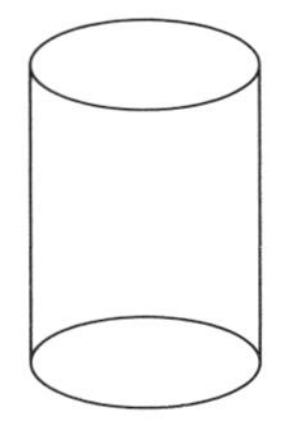

图 5-3 圆垛壔

[2] 将此例题中的圆垛壔的周长 L=4丈8尺=48尺、高 h=1丈1尺=11尺代入下文的(5-6)式,得到圆垛壔的体积为

$$V=\frac{1}{12}L^2h=\frac{1}{12}\times(48\text{尺})^2\times11\text{尺}=2112\text{尺}^3。$$

[3] 设圆垛壔的底周长为 L,高 h,则其体积

$$V=\frac{1}{12}L^2h。\tag{5-6}$$

2.方亭与圆亭

原文

今有方亭[1],下方五丈,上方四丈,高五丈。问:积几何?

荅曰:一十万一千六百六十六尺太半尺。[2]

术曰:上、下方相乘,又各自乘,并之,以高乘之,三而一。[3]

译文

假设有一个方亭,下底面是边长为5丈的正方形,上底面是边长为4丈的正方形,高是5丈。问:其体积是多少?

答:$101666\frac{2}{3}$尺^3。

术:上、下底面的边长相乘,又各自乘,将它们相加,以高乘之,除以3。

注释

[1] 方亭:今天的正四锥台,或方台,如图5-4所示。亭是古代设在路旁供行人休息、食宿的处所。

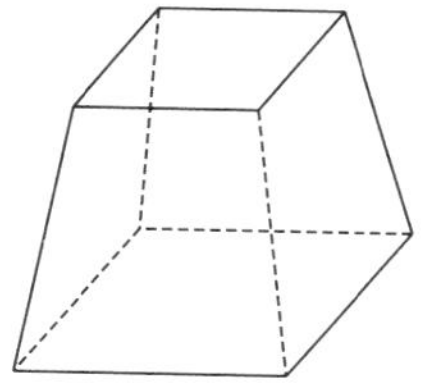

图5-4　方亭

[2] 将此例题中的方亭的上底边长 $a_1=4$ 丈 $=40$ 尺，下底边长 $a_2=5$ 丈 $=50$ 尺，高 $h=5$ 丈 $=50$ 尺代入下文的方亭体积公式(5-7)，得到方亭的体积

$$V=\frac{1}{3}\left(a_1a_2+a_1^2+a_2^2\right)h$$
$$=\frac{1}{3}\left[\left(40\text{尺}\times 50\text{尺}\right)+\left(40\text{尺}\right)^2+\left(50\text{尺}\right)^2\right]\times 50\text{尺}$$
$$=101666\frac{2}{3}\text{尺}^3。$$

[3] 设方亭的上底边长为 a_1，下底边长为 a_2，高 h，则其体积公式为

$$V=\frac{1}{3}\left(a_1a_2+a_1^2+a_2^2\right)h。\qquad (5-7)$$

• 原文

今有圆亭[1]，下周三丈，上周二丈，高一丈。问：积几何？

荅曰：五百二十七尺九分尺之七。[2]

术曰：上、下周相乘，又各自乘，并之，以高乘之，三十六而一。[3]

• 译文

假设有一个圆亭，下底周长是3丈，上底周长是2丈，高是1丈。问：其体积是多少？

答：$527\frac{7}{9}$ 尺^3。

术：上、下底周长相乘，又各自乘，将它们相加，以高乘之，除以36。

注释

[1] 圆亭:今天的圆台,如图5-5所示。

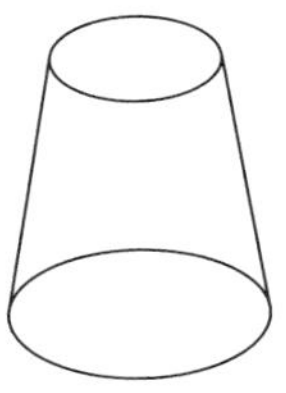

图5-5 圆亭

[2] 将此例题中的圆亭的上周长 $a_1=2$ 丈 $=20$ 尺,下周长 $a_2=3$ 丈 $=30$ 尺,高 $h=1$ 丈 $=10$ 尺代入下文的圆亭体积公式(5-8),得到圆亭的体积

$$V=\frac{1}{36}\left(L_1L_2+L_1^2+L_2^2\right)h$$
$$=\frac{1}{36}\left[\left(20\text{尺}\times 30\text{尺}\right)+\left(20\text{尺}\right)^2+\left(30\text{尺}\right)^2\right]\times 10\text{尺}$$
$$=527\frac{7}{9}\text{尺}^3。$$

[3] 设圆亭的上底边长为 L_1,下底边长为 L_2,高 h,则其体积公式为

$$V=\frac{1}{36}\left(L_1L_2+L_1^2+L_2^2\right)h。\tag{5-8}$$

3.方锥与圆锥

原文

今有方锥[1],下方二丈七尺,高二丈九尺。问:积几何?

荅曰:七千四十七尺。[2]

术曰:下方自乘,以高乘之,三而一。[3]

译文

假设有一个方锥,下底是边长为2丈7尺的正方形,高是2丈9尺。问:其体积是多少?

答:7047尺 ^{3}。

术:下底边长自乘,以高乘之,除以3。

注释

[1] 方锥：如图5-6所示。

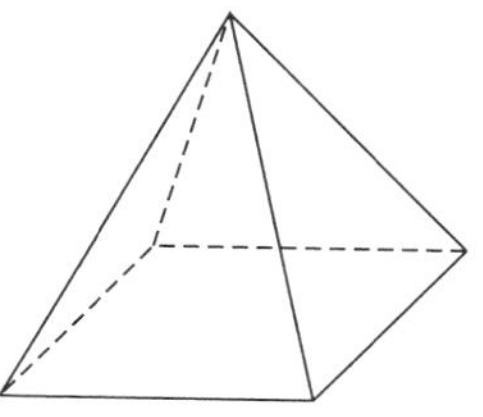

图5-6　方锥

[2] 将此例题中的方锥的下底边长$a=2$丈7尺$=27$尺，高$h=2$丈9尺$=29$尺代入下文的(5-9)式，得到方锥的体积

$$V=\frac{1}{3}a^2h=\frac{1}{3}\times(27\text{尺})^2\times 29\text{尺}=7047\text{尺}^3。$$

[3] 设方锥的下底边长为a，高为h，则其体积为

$$V=\frac{1}{3}a^2h。\tag{5-9}$$

原文

今有圆锥[1]，下周三丈五尺，高五丈一尺。问：积几何？

答曰：一千七百三十五尺一十二分尺之五。[2]

术曰：下周自乘，以高乘之，三十六而一。[3]

译文

假设有一个圆锥，下底周长为3丈5尺，高是5丈1尺。问：其体积是多少？

答：$1735\frac{5}{12}$尺^3。

术：下底周长自乘，以高乘之，除以36。

·注释

［1］圆锥：如图 5-7 所示。

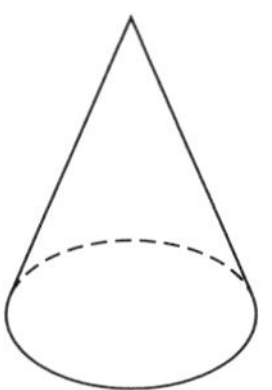

图 5-7　圆锥

［2］将此例题中的圆锥的下底周长 $L=3$ 丈 5 尺 $=35$ 尺，高 $h=5$ 丈 1 尺 $=51$ 尺代入下文的（5-10）式，得到圆锥的体积

$$V=\frac{1}{36}L^2h=\frac{1}{36}\times(35\text{尺})^2\times 51\text{尺}=1735\frac{5}{12}\text{尺}^3。$$

［3］设圆锥的下底周长为 L，高为 h，则其体积为

$$V=\frac{1}{36}L^2h。\tag{5-10}$$

（三）堑堵、阳马与鳖臑

1. 堑堵

·原文

今有堑堵[1]，下广二丈，袤一十八丈六尺，高二丈五尺。问：积几何？

荅曰：四万六千五百尺。[2]

术曰：广、袤相乘，以高乘之，二而一。[3]

·译文

假设有一道堑堵，下底的宽是 2 丈，长是 18 丈 6 尺，高是 2 丈 5 尺。问：其体积是多少？

答：46500 尺^3。

术：下底宽与长相乘，以高乘之，除以 2。

• 注释

[1] 堑堵:如图 5-8 所示的楔形体。

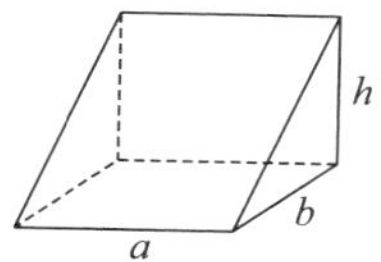

图 5-8 堑堵

[2] 将此例题中的堑堵的下底宽 a=2 丈=20 尺,长 b=18 丈 6 尺=186 尺,高 h=2 丈 5 尺=25 尺代入下文的堑堵体积公式(5-11),则其体积为

$$V=\frac{1}{2}abh=\frac{1}{2}\times 20\text{ 尺}\times 186\text{ 尺}\times 25\text{ 尺}=46500\text{ 尺}^3。$$

[3] 设堑堵的下底宽、下底长、高分别为 a,b,h,则其体积公式为

$$V=\frac{1}{2}abh。\tag{5-11}$$

2.阳马

• 原文

今有阳马[1],广五尺,袤七尺,高八尺。问:积几何?

荅曰:九十三尺少半尺。[2]

术曰:广、袤相乘,以高乘之,三而一。[3]

• 译文

假设有一个阳马,下底宽是 5 尺,长是 7 尺,高是 8 尺。问:其体积是多少?

答:$93\frac{1}{3}$ 尺^3。

术:下底宽与长相乘,以高乘之,除以 3。

• 注释

[1] 阳马:本来是房屋四角承短椽的长桁条,其顶端刻有马形,所以命名为阳马。它实际上是一棱垂直于底面,且垂足在底面一角的直角四棱锥,如图 5-9 所示。

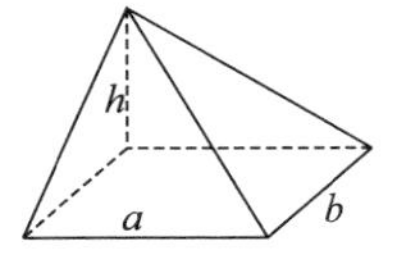

图 5-9　阳马

［2］将此例题中阳马的下底宽 $a=5$ 尺，下底长 $b=7$ 尺，高 $h=8$ 尺代入下文的阳马体积公式(5-12)，得到其体积

$$V=\frac{1}{3}abh=\frac{1}{3}\times 5\text{尺}\times 7\text{尺}\times 8\text{尺}=93\frac{1}{3}\text{尺}^3。$$

［3］设阳马的下底宽、长、高分别为 a,b,h，则其体积为

$$V=\frac{1}{3}abh。\tag{5-12}$$

3. 鳖臑

• 原文

今有鳖臑[1]，下广五尺，无袤；上袤四尺，无广；高七尺。问：积几何？

答曰：二十三尺少半尺。[2]

术曰：广、袤相乘，以高乘之，六而一。[3]

• 译文

假设有一个鳖臑，下宽是5尺，没有长，上长是4尺，没有宽，高是7尺。问：其体积是多少？

答：$23\frac{1}{3}$尺^3。

术：下宽与上长相乘，以高乘之，除以6。

• 注释

［1］鳖臑(nào)是有下宽而无下长，有上长而无上宽，有高的四面体，实际上它的四面都是勾股形，其形状如图5-10所示。它没有实际应用，是立体分割的产物。臑：臂骨。

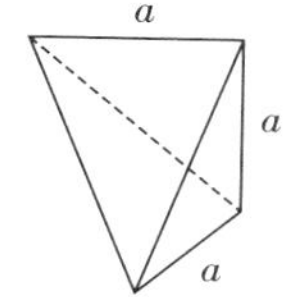

图 5-10 鳖臑

［2］将此例题中的鳖臑的下宽 $a=5$ 尺，上长 $b=4$ 尺，高 $h=7$ 尺代入下文的鳖臑体积公式(5-13)，得到其体积

$$V=\frac{1}{6}abh=\frac{1}{6}\times 5\text{尺}\times 4\text{尺}\times 7\text{尺}=23\frac{1}{3}\text{尺}^3。$$

［3］记鳖臑的下宽、上长、高分别为 a,b,h，则其体积公式为

$$V=\frac{1}{6}abh。\qquad (5-13)$$

(四) 羡除、刍甍与刍童、曲池、盘池、冥谷及其程功问题

1. 羡除

• 原文

今有羡除[1]，下广六尺，上广一丈，深三尺；末广八尺，无深；袤七尺。问：积几何？

荅曰：八十四尺。[2]

术曰：并三广，以深乘之，又以袤乘之，六而一。[3]

• 译文

假设有一条羡除，一端下宽是6尺，上宽是1丈，深是3尺；末端宽是8尺，没有深；长是7尺。问：其容积是多少？

答：84尺^3。

术：将三个宽相加，以深乘之，又以长乘之，除以6。

• 注释

［1］羡(yán)除：一种楔形体，有五个面，其中三个面是等腰梯形，两个侧面是三角形，其长所在的平面与深所在的平面垂直，如图5-11所示。这是三个宽不相等的情形。也有两个宽相等的情形，此时只有

两个面是等腰梯形，另一个面是长方形。羡，通延，墓道。除是道。羡除就是隧道。

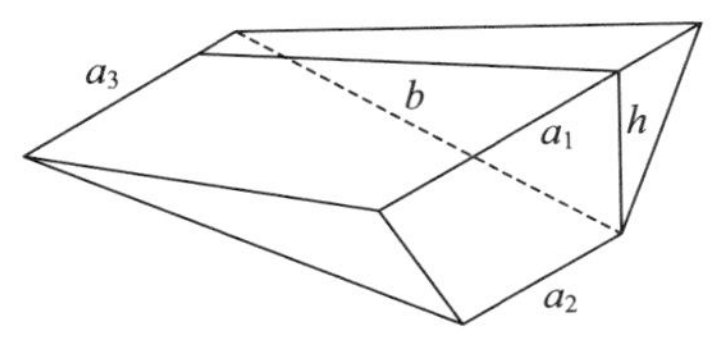

图5-11　羡除

［2］将此例题中羡除的上宽 $a_1=1$ 丈 $=10$ 尺，下宽 $a_2=6$ 尺，末端宽 $a_3=8$ 尺，长 $b=7$ 尺，深 $h=3$ 尺代入下文的羡除容积公式(5-14)，得到其容积

$$V=\frac{1}{6}\left(a_1+a_2+a_3\right)bh=\frac{1}{6}\left(10\text{尺}+6\text{尺}+8\text{尺}\right)\times 7\text{尺}\times 3\text{尺}=84\text{尺}^3。$$

［3］记羡除的上宽、下宽、末端宽、长、深分别为 a_1,a_2,a_3,b,h，则其容积为

$$V=\frac{1}{6}\left(a_1+a_2+a_3\right)bh。\tag{5-14}$$

2. 刍甍

• 原文

今有刍甍[1]，下广三丈，袤四丈；上袤二丈，无广；高一丈。问：积几何？

荅曰：五千尺。[2]

术曰：倍下袤，上袤从之，以广乘之，又以高乘之，六而一。[3]

• 译文

假设有一座刍甍，下底宽是3丈，长是4丈；上长是2丈，没有宽；高是1丈。问：其体积是多少？

答：5000尺^3。

术：将下长加倍，加上长，以下底宽乘之，又以高乘之，除以6。

• 注释

［1］刍甍(chúméng)：其本义是形如屋脊的草垛，是一种底面为长

方形而上方只有长，没有宽，上长短于下长的楔形体，如图5-12所示。刍指喂牲口的草。甍是屋脊。

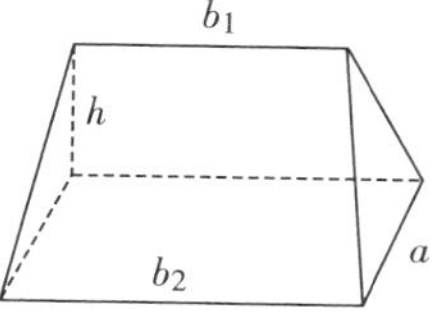

图5-12 刍甍

［2］将此例题中刍甍的下底宽为$a=3$丈$=30$尺，上长$b_1=2$丈$=20$尺，下底长$b_2=4$丈$=40$尺，高$h=1$丈$=10$尺代入下文的刍甍体积公式(5-15)，得到其体积

$$\begin{aligned}V&=\frac{1}{6}\left(2b_2+b_1\right)ah\\&=\frac{1}{6}\left(2\times 40\text{尺}+20\text{尺}\right)\times 30\text{尺}\times 10\text{尺}=5000\text{尺}^3。\end{aligned}$$

［3］记刍甍的下底宽为a，上长为b_1，下底长为b_2，高为h，则其体积公式为

$$V=\frac{1}{6}\left(2b_2+b_1\right)ah。\tag{5-15}$$

3. 刍童、曲池、盘池、冥谷及其程功问题

• 原文

刍童、曲池、盘池、冥谷皆同术。[1]

术曰：倍上袤，下袤从之；亦倍下袤，上袤从之；各以其广乘之；并，以高若深乘之，皆六而一。[2]其曲池者，并上中、外周而半之，以为上袤；亦并下中、外周而半之，以为下袤。[3]

今有刍童，下广二丈，袤三丈；上广三丈，袤四丈；高三丈。问：积几何？

答曰：二万六千五百尺。[4]

今有曲池，上中周二丈，外周四丈，广一丈；下中周一丈四尺，外周二丈四尺，广五尺；深一丈。问：积几何？

答曰:一千八百八十三尺三寸少半寸。[5]

今有盘池,上广六丈,袤八丈;下广四丈,袤六丈;深二丈。问:积几何?

答曰:七万六百六十六尺太半尺。[6]

负土往来七十步,其二十步上下棚、除,棚、除二当平道五,踟蹰之间十加一,载输之间三十步,定一返一百四十步。[7]土笼积一尺六寸。[8]秋程人功行五十九里半。[9]问:人到积尺[10]及用徒各几何?

答曰:

人到二百四尺。

用徒三百四十六人一百五十三分人之六十二。[11]

术曰:以一笼积尺乘程行步数,为实。往来上下棚、除二当平道五。置定往来步数,十加一,及载输之间三十步以为法。除之,所得即一人所到尺。[12]以所到约积尺,即用徒人数。[13]

今有冥谷,上广二丈,袤七丈;下广八尺,袤四丈;深六丈五尺。问:积几何?

答曰:五万二千尺。[14]

载土往来二百步,载输之间一里,程行五十八里。六人共车,车载三十四尺七寸。[15]问:人到积尺及用徒各几何?

答曰:

人到二百一尺五十分尺之十三,

用徒二百五十八人一万六十三分人之三千七百四十六。[16]

术曰:以一车积尺乘程行步数,为实。置今往来步数,加载输之间一里,以车六人乘之,为法。除之,所得即一人所到尺。[17]以所到约积尺,即用徒人数。[18]

• 译文

刍童、曲池、盘池、冥谷都用同一术。

术:将上长加倍,加下长,又将下长加倍,加上长,分别以各自的宽乘之。将它们相加,以高或深乘之,除以6。如果是曲池,就将上

中、外周相加，取其一半，作为上长；又将下中、外周相加，取其一半，作为下长。

假设有一刍童，下底宽是2丈，长是3丈；上底宽是3丈，长是4丈；高是3丈。问：其体积是多少？

答：26500尺^3。

假设有一曲池，上中周是2丈，外周是4丈，宽是1丈；下中周是1丈4尺，外周是2丈4尺，宽是5尺；深是1丈。问：其容积是多少？

答：1883尺^3$3\frac{1}{3}$寸^3。

假设有一盘池，上宽是6丈，长是8丈；下底宽是4丈，长是6丈；深是2丈。问：其容积是多少？

答：$70666\frac{2}{3}$尺^3。

如果背负土筐一个往返是70步。其中有20步是上下的棚、除。在棚、除上行走2步相当于在平地行走5步，徘徊的时间是10加1，装卸的时间相当于30步。因此，一个往返确定走140步。土筐的容积是1尺^{3}600寸^3。秋天一人每天标准运送$59\frac{1}{2}$里。问：一人一天运到的土方尺数及用工人数各多少？

答：

一人运到土方204尺^3，

用工$346\frac{62}{153}$人。

术：以一土筐容积尺数乘一人每天的标准运送步数，作为被除数。往来上下要走棚、除，2相当于平地5。布置运送一个往返确定走的步数，每10加1，再加装卸时间的30步，作为除数。被除数除以除数，所得就是1个劳动力每天所运到的土方尺数。以一个劳动力每天所运到的土方尺数除盘池容积尺数，就是用工人数。

假设有一冥谷，上宽是2丈，长是7丈；下底宽是8尺，长是4丈；深是6丈5尺。问：其容积是多少？

答：52000尺^3。

如果装运土石一个往返是200步，装卸的时间相当于1里。一辆车每天标准运送58里。6个人共一辆车，每辆车装载34尺^{3}700寸^3。问：一人一天运到的土方尺数及用工人数各多少？

答：

一人运到土方$201\frac{13}{50}$尺^3。

用工$258\frac{3746}{10063}$人。

术：以一辆车装载尺数乘一辆车每天的标准运送里数，作为被除数。布置运送一个往返的步数，加装卸时间所相当的1里，以每辆车的6人乘之，作为除数。被除数除以除数，所得就是1人每天所运到的土方尺数。以一人每天所运到的土方尺数除冥谷容积尺数，就是用工人数。

·注释

[1] 刍童：本义是平顶草垛，如图5-13(1)所示。也是地面上的土方工程，西汉帝王陵皆为刍童形。然而《九章算术》和秦汉数学简牍关于刍童的例题皆是上大下小，农村的草垛确是如此。曲池：曲折回绕的水池，实际上是曲面体。此处曲池的上下底皆为圆环，如图5-13(2)所示，显然是规范的曲池。盘池：是盘状的水池，地下的水土工程。其形状在数学上与刍童相同。冥谷：墓穴，地下的土方工程。其形状在数学上亦与刍童相同。

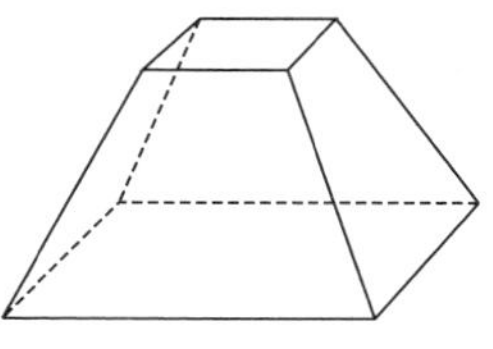

(1) 刍童、盘池、冥谷

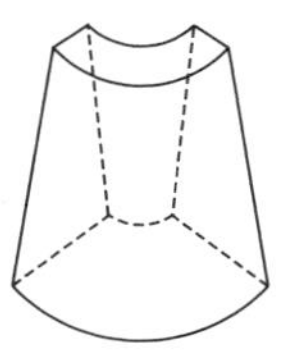

(2) 曲池

图5-13　刍童、盘池、冥谷、曲池

［2］若：或。记刍童、盘池、冥谷的上底宽、长分别为 a_1,b_1，下底宽、长分别为 a_2,b_2，高为 h，则其体积（或容积）公式为

$$V=\frac{1}{6}\left[\left(2b_1+b_2\right)a_1+\left(2b_2+b_1\right)a_2\right]h。\qquad (5-16)$$

［3］记曲池的上底中周长、外周长分别为 l_1,L_1，下底中周长、外周长为 l_2,L_2，则令 $b_1=\frac{1}{2}\left(l_1+L_1\right),b_2=\frac{1}{2}\left(l_2+L_2\right)$，便可利用刍童、盘池、冥谷体积（或容积）公式（5-16）求其容积。

［4］将此例题中刍童的上底宽 $a_1=3$ 丈 $=30$ 尺，长 $b_1=4$ 丈 $=40$ 尺，下底宽 $a_2=2$ 丈 $=20$ 尺，长 $b_2=3$ 丈 $=30$ 尺，高 $h=3$ 丈 $=30$ 尺代入刍童体积公式（5-16），得到其体积

$$\begin{aligned}V&=\frac{1}{6}\left[\left(2b_1+b_2\right)a_1+\left(2b_2+b_1\right)a_2\right]h\\&=\frac{1}{6}\left[\left(2\times40\text{尺}+30\text{尺}\right)\times30\text{尺}+\left(2\times30\text{尺}+40\text{尺}\right)\times20\text{尺}\right]\times30\text{尺}\\&=26500\text{尺}^3。\end{aligned}$$

［5］此例题中的曲池上底中周长 $l_1=2$ 丈 $=20$ 尺，外周长 $L_1=4$ 丈 $=40$ 尺，下底中周长 $l_2=1$ 丈 4 尺 $=14$ 尺，外周长 $L_2=2$ 丈 4 尺 $=24$ 尺，则令 $b_1=\frac{1}{2}\left(l_1+L_1\right)=\frac{1}{2}\left(20\text{尺}+40\text{尺}\right)=30$ 尺，$b_2=\frac{1}{2}\left(l_2+L_2\right)=\frac{1}{2}\left(14\text{尺}+24\text{尺}\right)=19$ 尺，b_1 相当于刍童的上底长，b_2 相当于其下底长。将此曲池的上底宽 $a_1=1$ 丈 $=10$ 尺，长 $b_1=30$ 尺，下底宽 $a_2=5$ 尺，长 $b_2=19$ 尺，深 $h=1$ 丈 $=10$ 尺代入其体积公式（5-16），得到其容积

$$\begin{aligned}V&=\frac{1}{6}\left[\left(2b_1+b_2\right)a_1+\left(2b_2+b_1\right)a_2\right]h\\&=\frac{1}{6}\left[\left(2\times30\text{尺}+19\text{尺}\right)\times10\text{尺}+\left(2\times19\text{尺}+30\text{尺}\right)\times5\text{尺}\right]\times10\text{尺}\\&=1883\text{尺}^3\,3\frac{1}{3}\text{寸}^3。\end{aligned}$$

［6］将此例题中盘池的上宽 $a_1=6$ 丈 $=60$ 尺，长 $b_1=8$ 丈 $=80$ 尺，下底宽 $a_2=4$ 丈 $=40$ 尺，长 $b_2=6$ 丈 $=60$ 尺，深 $h=2$ 丈 $=20$ 尺代入盘池容积

公式(5-16),得到其容积

$$V=\frac{1}{6}\left[\left(2b_1+b_2\right)a_1+\left(2b_2+b_1\right)a_2\right]h$$

$$=\frac{1}{6}\left[\left(2\times80\text{尺}+60\text{尺}\right)\times60\text{尺}+\left(2\times60\text{尺}+80\text{尺}\right)\times40\text{尺}\right]\times20\text{尺}$$

$$=70666\frac{2}{3}\text{尺}^3。$$

[7] 这是附属于盘池问的程功问题:背负土筐一个往返70步,其中有20步是上下的棚、除。在棚、除上行走2步相当于在平地行走5步,徘徊的时间是10加1,装卸的时间相当于30步。因此,一个往返走

$$100\text{步}+\left[\left(70\text{步}-20\text{步}\right)+20\text{步}\times\frac{5}{2}\right]\times\frac{1}{10}+30\text{步}=140\text{步}。$$

负土:背土。棚:就是阁。阁就是楼阁,也作栈道。除:台阶,阶梯。上下棚、除二当平道五:在上下棚、除上行走2步,相当于在平道上行走5步。那么行走20步就相当于行走20步$\times\frac{5}{2}$=50步。行走的路程相当于

$$\left(70\text{步}-20\text{步}\right)+20\text{步}\times\frac{5}{2}=50\text{步}+50\text{步}=100\text{步}。$$

踟蹰(chíchú):徘徊。十加一:行走10步加1步,则行走的路程相当于100步+100步$\times\frac{1}{10}$=110步。载输:装卸。装卸的时间相当于走了30步。那么确定一返为110步+30步=140步。

[8] 笼:盛土器,土筐。积一尺六寸:其容积是1尺^{3}600寸^3。

[9] 秋程人功:秋季1个劳动力的标准工作量。此句是说秋季1个劳动力的标准工作量为一天背负容积为1尺^{3}600寸^{3}的土筐走$59\frac{1}{2}$里。

[10] 人到积尺:每人每天运到的土方尺数。

[11] 将土筐积尺1尺^{3}600寸^{3}和秋程人功程行步数$59\frac{1}{2}$里代入下文的求人到积尺的公式,得到

$$人到积尺=(土筐积尺\times秋程人功程行步数)\div定往返步数$$
$$=\left(1尺^3 600寸^3\times59\frac{1}{2}里\right)\div140步$$
$$=204尺^3。$$

将盘池积尺 $70666\frac{2}{3}尺^3$ 和人到积尺 $204尺^3$ 代入下文的求用徒人数的公式,得到

$$用徒人数=盘池积尺\div人到积尺$$
$$=70666\frac{2}{3}尺^3\div204尺^3/人$$
$$=346\frac{62}{153}人。$$

[12] 求人到积尺的方法是

人到积尺 =(土筐积尺 × 秋程人功程行步数)÷ 定往返步数。

[13] 求用徒人数的方法是

用徒人数=盘池积尺÷人到积尺。

[14] 将此例题中冥谷的上宽 $a_1=2$ 丈 $=20$ 尺,长 $b_1=7$ 丈 $=70$ 尺,下宽 $a_2=8$ 尺,长 $b_2=4$ 丈 $=40$ 尺,深 $h=6$ 丈 5 尺 $=65$ 尺代入冥谷容积公式(5-14),得到其容积

$$V=\frac{1}{6}\left[\left(2b_1+b_2\right)a_1+\left(2b_2+b_1\right)a_2\right]h$$
$$=\frac{1}{6}\left[\left(2\times70尺+40尺\right)\times20尺+\left(2\times40尺+70尺\right)\times8尺\right]\times65尺$$
$$=52000尺^3。$$

[15] 这是附属于冥谷问的程功问题。如果装运土石一个往返是 200 步,装卸的时间相当于走了 1 里路,那么装运所用步数为 200 步 + 300 步 =500 步。一辆车每天标准运送 58 里。6 个人共推一辆车,每辆车装载 34 尺^{3}700 寸^3。载土:用车辆运输土石。

[16] 将一车积尺 34 尺^{3}700 寸^3,程行步数 58 里,装运所用步数 500 步,共车人数 6 人代入下文之求人到积尺的方法,得到

$$\text{人到积尺}=(\text{一车积尺}\times\text{程行步数})\div\left[(\text{往来步数}+1\text{里})\times 6\right]$$
$$=(34\text{尺}^3 700\text{寸}^3\times 58\text{里})\div\left[(200\text{步}+300\text{步})\times 6\text{人}\right]$$
$$=201\frac{13}{50}\text{尺}^3/\text{人}。$$

将冥谷积尺 52000 尺^3，人到积尺 $201\frac{13}{50}$ 尺^3/人代入下文之求用徒人数的公式，得到

$$\text{用徒人数}=\text{冥谷积尺}\div\text{人到积尺}$$
$$=52000\text{尺}^3\div 201\frac{13}{50}\text{尺}^3/\text{人}$$
$$=258\frac{3746}{10063}\text{人}。$$

[17] 求人到积尺的方法是

$$\text{人到积尺}=(\text{一车积尺}\times\text{程行步数})\div\left[(\text{往来步数}+1\text{里})\times 6\right]。$$

[18] 求用徒人数的方法是

$$\text{用徒人数}=\text{冥谷积尺}\div\text{人到积尺}。$$

三、委粟问题

· 原文

今有委粟平地，[1]下周一十二丈，高二丈。问：积及为粟几何？

答曰：

积八千尺。

为粟二千九百六十二斛二十七分斛之二十六。[2]

今有委菽依垣[3]，下周三丈，高七尺。问：积及为菽各几何？

答曰：

积三百五十尺。

为菽一百四十四斛二百四十三分斛之八。[4]

今有委米依垣内角，[5]下周八尺，高五尺。问：积及为米各几何？

答曰：

积三十五尺九分尺之五。

为米二十一斛七百二十九分斛之六百九十一。[6]

委粟术曰：下周自乘，以高乘之，三十六而一。[7]其依垣者，十八而一。[8]其依垣内角者，九而一。[9]程粟一斛积二尺七寸，其米一斛积一尺六寸五分寸之一，其菽、荅、麻、麦一斛皆二尺四寸十分寸之三。[10]

· 译文

假设在平地上堆积粟，下底周长是12丈，高是2丈。问：其容积及粟的数量各是多少？

答：

容积是8000尺^3。

粟是 $2962\frac{26}{27}$ 斛。

假设靠墙一侧堆积菽，下底周长是3丈，高是7尺。问：其容积及菽的数量各是多少？

答：

容积是350尺^3。

菽是 $144\frac{8}{243}$ 斛。

假设靠墙内角堆积米，下底周长是8尺，高是5尺。问：其容积及米的数量各是多少？

答：

容积是 $35\frac{5}{9}$ 尺^3。

米是 $21\frac{691}{729}$ 斛。

委粟术：下底周长自乘，以高乘之，除以36。如果是靠墙一侧，除以18。如果是靠墙的内角，除以9。一斛标准粟的容积是2尺^{3}700寸^3，一斛标准米的容积是1尺^3 $6\frac{1}{5}$ 尺^{2}寸，一斛标准菽、荅、麻、麦的容积是2尺^3 $4\frac{3}{10}$ 尺^{2}寸。

• 注释

[1] 委(wèi)粟：堆放谷物。委：累积，堆积。委粟平地，得圆锥形，如图5-7所示。

[2] 将委粟形成的圆锥的下底周长 L = 12丈 = 120尺，高 h = 2丈 = 20尺代入圆锥体积公式(5-10)，得到委粟平地形成的圆锥容积

$$V=\frac{1}{36}L^2h=\frac{1}{36}\times(120\text{尺})^2\times20\text{尺}=8000\text{尺}^3。$$

1斛标准粟的容积是2尺^{3}700寸^3，即 $2\frac{7}{10}$ 尺^3，因此

$$\text{为粟}\ 8000\text{尺}^3\div2\frac{7}{10}\text{尺}^3=2962\frac{26}{27}\text{斛}。$$

[3] 委菽依垣:得半圆锥形,其底周是圆锥底周的$\frac{1}{2}$,如图5–14所示。

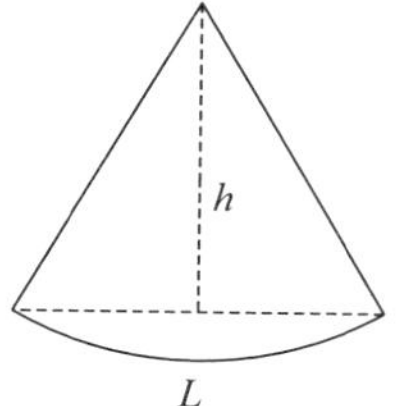

图5–14　委菽依垣

[4] 将委菽依垣形成的半圆锥的下底周长$L=3$丈$=30$尺,高$h=7$尺代入其容积公式(5–18),得到容积

$$V=\frac{1}{18}L^2h=\frac{1}{18}\times(30\text{尺})^2\times7\text{尺}=350\text{尺}^3。$$

1斛标准菽的容积是2尺^{3}4$\frac{3}{10}$尺^{2}寸,或2430寸^3,即$2\frac{43}{100}$尺^3,因此

$$为菽\ 350\text{尺}^3\div2\frac{43}{100}\text{尺}^3=144\frac{8}{243}\text{斛}。$$

[5] 委米依垣内角:得圆锥的$\frac{1}{4}$,其底周是圆锥底周的$\frac{1}{4}$,如图5–15所示。

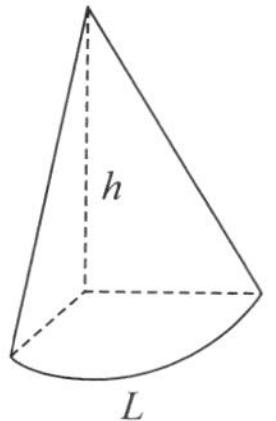

图5–15　委米依垣内角

[6] 将委米依垣内角形成的$\frac{1}{4}$圆锥的下底周长$L=8$尺,高$h=5$尺代入其容积公式(5–19),得到其容积

$$V=\frac{1}{9}L^2h=\frac{1}{9}\times(8\text{尺})^2\times5\text{尺}=35\frac{5}{9}\text{尺}^3。$$

1斛标准米的容积是1尺^{3}6$\frac{1}{5}$尺^{2}寸，因此

$$\text{为米}\ 35\frac{5}{9}\text{尺}^3 \div 1\frac{31}{50}\text{尺}^3 = 21\frac{691}{729}\text{斛}。$$

［7］委粟平地所形成的圆锥的容积公式同（5–10）式，即

$$V=\frac{1}{36}L^2h。\tag{5–17}$$

［8］委菽依垣所形成的半圆锥的底周L是圆周的$\frac{1}{2}$，其容积公式为

$$V=\frac{1}{18}L^2h。\tag{5–18}$$

［9］委米依垣内角所形成的$\frac{1}{4}$圆锥的底周L是圆周的$\frac{1}{9}$，其容积公式为

$$V=\frac{1}{9}L^2h。\tag{5–19}$$

［10］程粟一斛积二尺七寸：1斛标准粟的容积是2尺^{3}7尺^{2}寸，即2尺^{3}700寸^3，或2700寸^3，或2$\frac{7}{10}$尺^3。米一斛积一尺六寸五分寸之一：1斛标准米的容积是1尺^{3}6$\frac{1}{5}$尺^{2}寸，或1620寸^3，或1$\frac{31}{50}$尺^3。菽、荅、麻、麦一斛皆二尺四寸十分寸之三：1斛标准菽、荅、麻、麦的容积是2尺^{3}4$\frac{3}{10}$尺^{2}寸，或2430寸^3，或2$\frac{43}{100}$尺^3。

四、其他体积问题

1. 穿地求广

•原文

今有穿地，袤一丈六尺，深一丈，上广六尺，为垣积五百七十六尺。问：穿地下广几何？[1]

荅曰：三尺五分尺之三。[2]

术曰：置垣积尺，四之为实。以深、袤相乘，又以三之为法。所得，倍之。减上广，余即下广。[3]

•译文

假设挖一个坑，长是1丈6尺，深1丈，上宽6尺，筑成垣，其体积是576尺^3。问：所挖的坑的下底宽是多少？

答：$3\frac{3}{5}$尺。

术：布置垣的体积尺数，乘以4，作为被除数。以挖的坑的深、长相乘，又乘以3，作为除数。被除数除以除数，将所得的结果加倍，减去上宽，余数就是下底宽。

•注释

[1] 记$V_{穿}$，$V_{垣}$分别是穿地与垣的体积。这实际上是已知穿地的体积(5-4)及长、深、上底宽而求下底宽的逆运算。

[2] 将此例题的穿积$V_{穿}=768$尺^{3}及上底宽$a_1=6$尺，长$b=1$丈6尺$=16$尺，深$h=1$丈$=10$尺代入下文的(5-20)式，得到下底宽

$$a_2=\frac{2V_{穿}}{bh}-a_1=\frac{2\times768尺^3}{16尺\times10尺}-6尺=3\frac{3}{5}尺。$$

[3]“四之为实”“又以三之为法”中“四”“三”的出处为：穿地即穿

土,垣即坚土,由(5-3)式,

$$V_{穿}=\frac{4}{3}V_{垣}=\frac{4}{3}\times 576尺^3=768尺^3。$$

已知穿地的上宽 a_1,长 b,深 h,体积 $V_{穿}$,由(5-4)式,下宽 a_2 为

$$a_2=\frac{2V_{穿}}{bh}-a_1。 \tag{5-20}$$

2. 方仓求高

• 原文

今有仓,广三丈,袤四丈五尺,[1]容粟一万斛。问:高几何?

答曰:二丈。

术曰:置粟一万斛积尺为实,[2]广、袤相乘为法,实如法而一,得高尺。[3]

• 译文

假设有一座长方体粮仓,宽是3丈,长是4丈5尺,容积是10000斛粟。问:其高是多少?

答:2丈。

术曰:布置10000斛粟的积尺数作为被除数。粮仓的宽、长相乘作为除数。被除数除以除数,便得到高的尺数。

• 注释

[1] 按题意,这是一座长方体的仓,已知其宽、长及容积而求其高。

[2] 一万斛积尺:由委粟术,"程粟一斛积二尺七寸",即一斛标准粟的容积是2700寸³,1万斛的积尺为27000尺³。将此例题中仓的积尺27000尺³及宽 $a=3$ 丈 $=30$ 尺,长 $b=4$ 丈 5 尺 $=45$ 尺代入下文的(5-21)式,得到其高

$$h=\frac{V}{ab}=\frac{27000尺^3}{30尺\times 45尺}=20尺=2丈。$$

[3] 这是已知长方体体积 V,宽 a,长 b,求其高

$$h=\frac{V}{ab}。 \tag{5-21}$$

显然它是长方体体积公式

$$V=abh \tag{5-22}$$

的逆运算。方垛壔体积公式(5–5)是(5–22)式中 $b=a$ 的情形。

3. 圆仓求周

• 原文

今有圆囷,高一丈三尺三寸少半寸,容米二千斛。[1]问:周几何?

荅曰:五丈四尺。[2]

术曰:置米积尺,以十二乘之,令高而一,所得,开方除之,即周。[3]

• 译文

假设有一座圆囷,高是1丈3尺 $3\frac{1}{3}$ 寸,容积是2000斛米。问:其圆周长是多少?

答:5丈4尺。

术:布置米的容积尺数,乘以12,除以高,对所得到的结果作开平方除法,就是圆囷的周长。

• 注释

[1] 圆囷(qūn):圆柱体,亦即《九章算术》的圆垛壔,其体积公式为(5–6)。容米二千斛:由委粟术,"米一斛积一尺六寸五分寸之一",即一斛标准米的容积是1620寸³,2000斛米的积尺为3240尺³。

[2] 将此例题中圆囷的容积 $V=3240$ 尺³,高 $h=1$ 丈3尺 $3\frac{1}{3}$ 寸 $=13\frac{1}{3}$ 尺代入下文的(5-23)式,得到下周

$$L=\sqrt{\frac{12V}{h}}=\sqrt{\frac{12\times3240\text{尺}^3}{13\frac{1}{3}\text{尺}}}=\sqrt{2916\text{尺}^2}=54\text{尺}=5\text{丈}4\text{尺}。$$

[3] 此即已知圆囷的容积V,高h,求其底周

$$L=\sqrt{\frac{12V}{h}}。\tag{5-23}$$

它显然是(5-6)式的逆运算。

第六卷

均　输

均输：中国古代处理合理负担的重要数学方法，“九数”之一。唐朝李籍说：“均是均平。输是委随输送。以均平其输委，所以叫作均输。”均输法源于何时，尚不能确定。《周礼·地官》说的“均人”的职责就是使人们的负担合理，实际上就是均输问题。因此，“九数”中的均输类起源于先秦是无疑的。不过，《九章算术》的均输章28个问题中，只有前4个问题是典型的均输问题，后24个问题是各种算术难题。

大司农平斛，东汉光武帝(前5—后57)颁发的标准量器。1953年发现于甘肃古浪黑松驿陈家河台子。青铜制。圆筒形，腹左右有对称短柄，铭文作“大司农平斛建武十一年正月造”。容积为19.6升。现藏中国国家博物馆

一、均输问题

• 原文

今有均输粟：[1]甲县一万户，行道八日；乙县九千五百户，行道十日；丙县一万二千三百五十户，行道十三日；丁县一万二千二百户，行道二十日，各到输所。凡四县赋当输二十五万斛，用车一万乘[2]。欲以道里远近、户数多少衰出之。[3]问：粟、车各几何？

答曰：

甲县粟八万三千一百斛，车三千三百二十四乘。

乙县粟六万三千一百七十五斛，车二千五百二十七乘。

丙县粟六万三千一百七十五斛，车二千五百二十七乘。

丁县粟四万五百五十斛，车一千六百二十二乘。[4]

术曰：令县户数各如其本行道日数而一，以为衰。[5]甲衰一百二十五，乙、丙衰各九十五，丁衰六十一，副并为法。[6]以赋粟车数乘未并者，各自为实，实如法得一车。[7]有分者，上下辈之。[8]以二十五斛乘车数，即粟数。[9]

• 译文

假设要均等地输送粟：甲县有10000户，需在路上走8日；乙县有9500户，需在路上走10日；丙县有12350户，需在路上走13日；丁县有12200户，需在路上走20日，各县才能分别将粟输送到输所。四县的赋税应当输送粟250000斛，用10000乘车。欲根据各县距离输所的远近、户数的多少按比例出粟与车。问：各县所输送的粟、所用的车各是多少？

答：

甲县输粟83100斛，用车3324乘。

乙县输粟63175斛,用车2527乘。

丙县输粟63175斛,用车2527乘。

丁县输粟40550斛,用车1622乘。

术:布置各县的户数,分别除以它们各自需在路上走的日数,作为衰。甲县的衰是125,乙、丙县的衰各是95,丁县的衰是61,在旁边将它们相加,作为除数。以输送作为赋税的粟所共用的车数分别乘未相加的衰,各自作为被除数。被除数除以除数,得到各县所应出的车数。如果出现分数,就将它们上下搭配。以25斛乘以各自出的车数,就得到各县所输送的粟数。

• 注释

[1] 此问是向各县征调粟米时徭役的均等负担问题。

[2] 乘(shèng):车辆,或指四马一车,也指配有一定数量士兵的兵车。

[3] 要求各县按距离远近和户数多少确定的比例出粟和车。

[4] 将各县户数 b_i,行道日数 a_i,四县共输车数 $A=10000$ 乘代入下文的(6-1)式,则各县出车数分别是

$$甲县出车A_1=\left(10000乘\times125\right)\div376=3324\frac{22}{47}乘。$$

$$乙县出车A_2=\left(10000乘\times95\right)\div376=2526\frac{28}{47}乘。$$

丙县出车与乙县相同。

$$丁县出车A_4=\left(10000乘\times61\right)\div376=1622\frac{16}{47}乘。$$

将甲、丁县的奇零部分并入乙、丙二县,那么甲县出车3324乘,乙、丙二县出车2527乘,丁县出车1622乘。以25乘以各县出车数,得 $A_i\times25$ 斛/乘,即得各县出粟数

甲县出粟 = 3324乘 × 25斛/乘 = 83100斛,

乙、丙二县出粟 = 2527乘 × 25斛/乘 = 63175斛,

丁县出粟 = 1622乘 × 25斛/乘 = 40550斛。

［5］$\frac{b_i}{a_i}$，$i=1,2,3,4$，就是各县出车的列衰。

［6］这是说，

$$甲衰\ \frac{b_1}{a_1}=\frac{10000}{8}=1250,$$

$$乙衰\ \frac{b_2}{a_2}=\frac{9500}{10}=950,$$

$$丙衰\ \frac{b_3}{a_3}=\frac{12350}{13}=950,$$

$$丁衰\ \frac{b_4}{a_4}=\frac{12200}{20}=610。$$

它们有公约数10，故分别以10约简，得125，95，95，61为甲、乙、丙、丁之列衰。在旁边将它们相加，得$\sum_{i=1}^{4}\frac{b_i}{a_i}=125+95+95+61=376$作为除数。

［7］这是说以赋粟车数乘以未相加的列衰即$A\times\frac{b_i}{a_i}$各自作为被除数，$i=1,2,3,4$。记各县出车数为A_i，$i=1,2,3,4$，则

$$A_i=\left(A\times\frac{b_i}{a_i}\right)\div\sum_{j=1}^{4}\frac{b_j}{a_j},\ i=1,\ 2,\ 3,\ 4。\tag{6-1}$$

［8］均输诸术中的车、牛、人数不可以是分数，必须搭配成整数，其原则是将小的并到大的。这与前文出现过的人数可以是分数不同，既反映了两者的编纂时代不同，也反映了均输诸术的实用性更强。辈：搭配。

［9］250000斛，用车10000乘，则

$$1乘车运送=250000斛\div10000乘=25斛/乘。$$

所以用25乘以各县出车的数量，得到$A_i\times25$斛/乘，就是各县出粟的数量。

• 原文

今有均输卒：[1]甲县一千二百人，薄塞[2]；乙县一千五百五十人，行道一日；丙县一千二百八十人，行道二日；丁县九百九十人，行道三日；戊县一千七百五十人，行道五日。凡五县，赋输卒一月一千二百人。欲以远近、人数多少衰出之。问：县各几何？

答曰：

甲县二百二十九人，

乙县二百八十六人，

丙县二百二十八人，

丁县一百七十一人，

戊县二百八十六人。[3]

术曰：令县卒各如其居所及行道日数而一，以为衰。[4]甲衰四，乙衰五，丙衰四，丁衰三，戊衰五，副并为法。[5]以人数乘未并者各自为实，实如法而一。[6]有分者，上下辈之。[7]

• 译文

假设要均等地输送兵卒：甲县有兵卒1200人，逼近边塞；乙县有兵卒1550人，需在路上走1日；丙县有1280人，需在路上走2日；丁县有990人，需在路上走3日；戊县有兵卒1750人，需在路上走5日。五县共应派出1200人，戍边一个月作为兵赋。欲根据道路的远近、兵卒的多少按比例派出。问：各县应派出多少兵卒？

答：

甲县229人，

乙县286人，

丙县228人，

丁县171人，

戊县286人。

术：布置各县的兵卒数，分别除以在居所及需在路上走的日数，作为列衰。甲县的衰是4，乙县的衰是5，丙县的衰是4，丁县的衰是

3,戊县的衰是5,在旁边将它们相加作为除数。以总的兵卒数乘未相加的衰,各自作为被除数。被除数除以除数,就是各县派出的兵卒数。如果算出的兵卒数有分数,就将它们上下搭配。

• 注释

[1] 此问是向各县征调兵役的均等负担问题。

[2] 薄塞:接近边境。薄:接近,迫近。塞:边塞。

[3] 将各县人数、行道日数及五县赋输卒数代入下文(6-2)式,得到各县出卒数:

$$\text{甲县出卒}A_1=\left(A\times\frac{b_1}{30+a_1}\right)\div\sum_{j=1}^{5}\frac{b_j}{30+a_j}$$

$$=\left(1200\text{人}\times 4\right)\div 21=228\frac{4}{7}\text{人},$$

$$\text{乙县出卒}A_2=\left(A\times\frac{b_2}{30+a_2}\right)\div\sum_{j=1}^{5}\frac{b_j}{30+a_j}$$

$$=\left(1200\text{人}\times 5\right)\div 21=285\frac{5}{7}\text{人},$$

丙县与甲县同,

$$\text{丁县出卒}A_4=\left(A\times\frac{b_4}{30+a_4}\right)\div\sum_{j=1}^{5}\frac{b_j}{30+a_j}$$

$$=\left(1200\text{人}\times 3\right)\div 21=171\frac{3}{7}\text{人},$$

戊县与乙县同。

[4] 记各县行道日数为a_i,人数为b_i,则$\frac{b_i}{30+a_i}$,$i=1,2,3,4,5$,就是各县出卒的列衰。其中30为一个月的日数。

[5] 甲县衰 $\frac{b_1}{30+a_1}=\frac{1200}{30}=40$,

乙县衰 $\frac{b_2}{30+a_2}=\frac{1550}{30+1}=50$,

丙县衰 $\frac{b_3}{30+a_3}=\frac{1280}{30+2}=40$,

丁县衰 $\frac{b_4}{30+a_4}=\frac{990}{30+3}=30$,

戊县衰 $\frac{b_5}{30+a_5}=\frac{1750}{30+5}=50$。

它们有公约数10,故分别以10约简,得4,5,4,3,5为甲、乙、丙、丁、戊县之衰。在旁边将列衰相加,得

$$\sum_{i=1}^{5}\frac{b_i}{30+a_i}=4+5+4+3+5=21$$

作为除数。

[6] 以人数乘未相加的列衰,得 $A\times\frac{b_i}{30+a_i}$ 各自作为被除数。记各县出卒数为 A_i, $i=1,2,3,4,5$,则

$$A_i=\left(A\times\frac{b_i}{30+a_i}\right)\div\sum_{j=1}^{5}\frac{b_j}{30+a_j},\quad i=1,2,3,4,5。\qquad(6\text{-}2)$$

[7] 这是说,为了使出卒数都是整数,需要将答案进行搭配,除了上一问的以少从多外,还有以下从上、舍远就近的原则。甲、乙、丙、丁、戊五县出卒的奇零部分依次是 $\frac{4}{7},\frac{5}{7},\frac{4}{7},\frac{3}{7},\frac{5}{7}$。丁县的奇零部分最少,就近加到戊县上,而不先加到较远的乙县上。戊县加 $\frac{3}{7}$,得到1人之后余 $\frac{1}{7}$,加到乙县上。其次是甲、丙县最少,根据以下从上的原则,将丙县的 $\frac{4}{7}$ 加到乙县上,得到1人之后余 $\frac{3}{7}$,加到甲县上,刚好构成整数。于是各县出卒人数依次是甲县229人,乙县286人,丙县228人,

丁县171人,戊县286人。

•原文

今有均赋粟:[1]甲县二万五百二十户,粟一斛二十钱,自输其县;乙县一万二千三百一十二户,粟一斛一十钱,至输所二百里;丙县七千一百八十二户,粟一斛一十二钱,至输所一百五十里;丁县一万三千三百三十八户,粟一斛一十七钱,至输所二百五十里;戊县五千一百三十户,粟一斛一十三钱,至输所一百五十里。凡五县赋输粟一万斛。一车载二十五斛,与僦[2]一里一钱。欲以县户赋粟,令费劳等。问:县各粟几何?

荅曰:

甲县三千五百七十一斛二千八百七十三分斛之五百一十七,

乙县二千三百八十斛二千八百七十三分斛之二千二百六十,

丙县一千三百八十八斛二千八百七十三分斛之二千二百七十六,

丁县一千七百一十九斛二千八百七十三分斛之一千三百一十三,

戊县九百三十九斛二千八百七十三分斛之二千二百五十三。[3]

术曰:以一里僦价乘至输所里,以一车二十五斛除之,加以斛粟价,则致一斛之费。[4]各以约其户数,为衰。[5]甲衰一千二十六,乙衰六百八十四,丙衰三百九十九,丁衰四百九十四,戊衰二百七十,副并为法。[6]所赋粟乘未并者,各自为实。实如法得一。[7]

•译文

假设要均等地缴纳粟作为赋税:甲县有20520户,1斛粟值20钱,自己输送到本县;乙县有12312户,1斛粟值10钱,至输所200里;丙县有7182户,1斛粟值12钱,至输所150里;丁县有13338户,1斛粟值17

钱，至输所250里；戊县有5130户，1斛粟值13钱，至输所150里。五县共输送10000斛粟作为赋税。1辆车装载25斛，给的租赁价是1里1钱。欲根据各县的户数缴纳粟作为赋，使它们的费劳均等。问：各县缴纳的粟是多少？

答：

甲县缴纳$3571\frac{517}{2873}$斛，

乙县缴纳$2380\frac{2260}{2873}$斛，

丙县缴纳$1388\frac{2276}{2873}$斛，

丁县缴纳$1719\frac{1313}{2873}$斛，

戊县缴纳$939\frac{2253}{2873}$斛。

术：以1里的租赁价分别乘各县至输所的里数，除以1辆车装载的25斛，加上各县1斛粟的价钱，就是各县运送1斛粟的费用。分别以它们除各县的户数，作为列衰。甲县的衰是1026，乙县的衰是684，丙县的衰是399，丁县的衰是494，戊县的衰是270，在旁边将它们相加，作为除数。以作为赋税的总粟数分别乘未相加的列衰，各自作为被除数。被除数除以除数，便得到各县缴纳的粟数。

• 注释

[1] 此问是向各县征收粟作为赋税的均等负担问题。

[2] 僦(jiù)：租赁，雇。

[3] 将各县户数，致1斛之费及五县赋输粟数10000斛代入下文(6-3)式，得到各县出卒数：

$$\text{甲县出粟}A_1=\left(A\times\frac{b_1}{a_1}\right)\div\sum_{j=1}^{5}\frac{b_j}{a_j}$$

$$=\left(10000\text{斛}\times1026\right)\div2873=3571\frac{517}{2873}\text{斛。}$$

$$乙县出粟A_2=\left(A\times\frac{b_2}{a_2}\right)\div\sum_{j=1}^{5}\frac{b_j}{a_j}$$

$$=\left(10000斛\times684\right)\div2873=2380\frac{2260}{2873}斛。$$

$$丙县出粟A_3=\left(A\times\frac{b_3}{a_3}\right)\div\sum_{j=1}^{5}\frac{b_j}{a_j}$$

$$=\left(10000斛\times399\right)\div2873=1388\frac{2276}{2873}斛。$$

$$丁县出粟A_4=\left(A\times\frac{b_4}{a_4}\right)\div\sum_{j=1}^{5}\frac{b_j}{a_j}$$

$$=\left(10000斛\times494\right)\div2873=1719\frac{1313}{2873}斛。$$

$$戊县出粟A_5=\left(A\times\frac{b_5}{a_5}\right)\div\sum_{j=1}^{5}\frac{b_j}{a_j}$$

$$=\left(10000斛\times270\right)\div2873=939\frac{2253}{2873}斛。$$

[4] 这是说,致1斛之费=(1里僦价×里数)÷1车斛数+1斛粟价。

[5] 记各县致1斛之费为 a_i,户数为 b_i,则 $\frac{b_i}{a_i}$,$i=1,2,3,4,5$,就是各县出粟的列衰。

[6] 甲衰 $\frac{b_1}{a_1}=\frac{20520}{20}=1026$,

乙衰 $\frac{b_2}{a_2}=\frac{12312}{18}=684$,

丙衰 $\frac{b_3}{a_3}=\frac{7182}{18}=399$,

丁衰 $\frac{b_4}{a_4}=\frac{13338}{27}=494$,

戊县衰 $\frac{b_5}{a_5}=\frac{5130}{19}=270$。

故分别以1026,684,399,494,270为甲、乙、丙、丁、戊县之衰。在旁边

将列衰相加,得

$$\sum_{i=1}^{5}\frac{b_i}{a_i}=1026+684+399+494+270=2873$$

作为除数。

[7] 以所赋粟乘未并者,各自作为被除数:$A\times\frac{b_i}{a_i}$,$i=1,2,3,4,5$,分别为各县的被除数。记各县出粟数为A_i,则

$$A_i=\left(A\times\frac{b_i}{a_i}\right)\div\sum_{j=1}^{5}\frac{b_j}{a_j},\ i=1,\ 2,\ 3,\ 4,\ 5。\qquad(6\text{-}3)$$

·原文

今有均赋粟:[1]甲县四万二千算,粟一斛二十,自输其县;乙县三万四千二百七十二算,粟一斛一十八,佣价一日一十钱,到输所七十里;丙县一万九千三百二十八算,粟一斛一十六,佣价一日五钱,到输所一百四十里;丁县一万七千七百算,粟一斛一十四,佣价一日五钱,到输所一百七十五里;戊县二万三千四十算,粟一斛一十二,佣价一日五钱,到输所二百一十里;己县一万九千一百三十六算,粟一斛一十,佣价一日五钱,到输所二百八十里。凡六县赋粟六万斛,皆输甲县。六人共车,车载二十五斛,重车日行五十里,空车日行七十里,载输之间各一日。粟有贵贱,佣各别价,以算出钱,令费劳等。问:县各粟几何?

答曰:

甲县一万八千九百四十七斛一百三十三分斛之四十九,

乙县一万八百二十七斛一百三十三分斛之九,

丙县七千二百一十八斛一百三十三分斛之六,

丁县六千七百六十六斛一百三十三分斛之一百二十二,

戊县九千二十二斛一百三十三分斛之七十四,

己县七千二百一十八斛一百三十三分斛之六。[2]

术曰：以车程行空、重相乘为法，并空、重，以乘道里，各自为实，实如法得一日。[3]加载输各一日，而以六人乘之，又以佣价乘之，以二十五斛除之，加一斛粟价，则致一斛之费。[4]各以约其算数为衰。副并为法。以所赋粟乘未并者，各自为实，实如法得一斛。[5]

·译文

假设要均等地缴纳粟作为赋税：甲县42000算，一斛粟值20钱，输送到本县；乙县34272算，一斛粟值18钱，佣价1日10钱，到输所70里；丙县19328算，一斛粟值16钱，佣价一日5钱，到输所140里；丁县17700算，一斛粟值14钱，佣价一日5钱，到输所175里；戊县23040算，一斛粟值12钱，佣价一日5钱，到输所210里；己县19136算，一斛粟值10钱，佣价一日5钱，到输所280里。六个县共缴纳60000斛粟作为赋税，都输送到甲县。6个人共同驾一辆车，每辆车载重25斛，载重的车每日行50里，放空的车每日行70里，装卸的时间各1日。粟有贵有贱，雇工各有不同的价钱，按算的多少缴纳钱，使他们的费劳均等。问：各县缴纳的粟是多少？

答：

甲县出粟$18947\frac{49}{133}$斛，

乙县出粟$10827\frac{9}{133}$斛，

丙县出粟$7218\frac{6}{133}$斛，

丁县出粟$6766\frac{122}{133}$斛，

戊县出粟$9022\frac{74}{133}$斛，

己县出粟$7218\frac{6}{133}$斛。

术：以放空的车与载重的车每日行的标准里数相乘，作为除数。

两者相加，以乘各县到输所的里数，各自作为被除数。被除数除以除数，得各县到输所的日数。加装卸的时间各1日，而以6人乘之，又以各县的佣价分别乘之，除以25斛，加1斛粟的价钱，就是输送1斛到输所的费用。各以它们除该县的算数作为列衰，在旁边将它们相加，作为除数。以作为赋税缴纳的总粟数乘尚未相加的，各自作为被除数。被除数除以除数，得到各县所应缴纳的粟的斛数。

• 注释

[1] 此问亦是向各县征收粟作为算赋的均等负担问题。不过此问征收的对象是算，还考虑了空车返回的因素。

[2] 求出各县的列衰是：

$$甲县衰\frac{b_1}{a_1}=42000\div 20=2100,$$

$$乙县衰\frac{b_2}{a_2}=34272\div\frac{714}{25}=1200,$$

$$丙县衰\frac{b_3}{a_3}=19328\div\frac{604}{25}=800,$$

$$丁县衰\frac{b_4}{a_4}=17700\div\frac{590}{25}=750,$$

$$戊县衰\frac{b_5}{a_5}=23040\div\frac{576}{25}=1000,$$

$$己县衰\frac{b_6}{a_6}=19136\div\frac{598}{25}=800。$$

上述列衰有等数50，约去，列衰变成：甲县衰42，乙县衰24，丙县衰16，丁县衰15，戊县衰20，己县衰16。将列衰在旁边相加，得

$$\sum_{i=1}^{6}\frac{b_i}{a_i}=42+24+16+15+20+16=133$$

作为除数。以六县所赋粟乘未相加的列衰，得 $A\times\frac{b_i}{a_i}$，各自作为被除数。由下文(6-4)式，

$$甲县出粟A_1=\left(A\times\frac{b_1}{a_1}\right)\div\sum_{j=1}^{6}\frac{b_j}{a_j}$$

$$=\left(60000斛\times 42\right)\div 133=2520000斛\div 133$$

$$=18947\frac{49}{133}斛,$$

$$乙县出粟A_2=\left(A\times\frac{b_2}{a_2}\right)\div\sum_{j=1}^{6}\frac{b_j}{a_j}$$

$$=\left(60000斛\times 24\right)\div 133=1440000斛\div 133$$

$$=10827\frac{9}{133}斛,$$

$$丙县出粟A_3=\left(A\times\frac{b_3}{a_3}\right)\div\sum_{j=1}^{6}\frac{b_j}{a_j}$$

$$=\left(60000斛\times 16\right)\div 133=960000斛\div 133$$

$$=7218\frac{6}{133}斛,$$

$$丁县出粟A_4=\left(A\times\frac{b_4}{a_4}\right)\div\sum_{j=1}^{6}\frac{b_j}{a_j}$$

$$=\left(60000斛\times 15\right)\div 133=900000斛\div 133$$

$$=6766\frac{122}{133}斛,$$

$$戊县出粟A_5=\left(A\times\frac{b_5}{a_5}\right)\div\sum_{j=1}^{6}\frac{b_j}{a_j}$$

$$=\left(60000斛\times 20\right)\div 133=1200000斛\div 133$$

$$=9022\frac{74}{133}斛,$$

$$己县出粟A_6=\left(A\times\frac{b_6}{a_6}\right)\div\sum_{j=1}^{6}\frac{b_j}{a_j}$$

$$=\left(60000斛\times 16\right)\div 133=960000斛\div 133$$

$$=7218\frac{6}{133}斛。$$

[3] 记空、重行里数分别为 m_1, m_2,则除数为 m_1m_2。记各县到输所的道里为 l_i,则 $\left(m_1+m_2\right)l_i, i=1,2,3,4,5,6$,作为被除数。记各县到输所所用日数为 t_i,则 $t_i=\left(m_1+m_2\right)l_i \div m_1m_2,\ i=1,2,3,4,5,6$。得到甲、乙、丙、丁、戊、己六县到输所所用日数,分别为0日,$2\frac{2}{5}$日,$4\frac{4}{5}$日,6日,$7\frac{1}{5}$日,$9\frac{3}{5}$日。

[4] 加"载输各一日",即2日,则各县到输所总日数为 t_i+2 日。记某县1人1日的佣价为 p_i钱,由于6人一辆车,所以运送1车所用人数乘佣价,得 $\left(t_i+2\right)\times 6p_i$钱,$i=1,2,3,4,5,6$,就是缴纳1车到输所的佣价。其中 $p_2=10$钱,$p_3=5$钱,$p_4=5$钱,$p_5=5$钱,$p_6=5$钱。除以25,得 $\frac{1}{25}\left(t_i+2\right)\times 6p_i$,就是缴纳1斛到输所的佣价。记某县1斛粟价为 q_i钱,则 $q_1=20$钱,$q_2=18$钱,$q_3=16$钱,$q_4=14$钱,$q_5=12$钱,$q_6=10$钱。进而某县缴纳1斛到输所的佣价加该县1斛粟价为

$$a_i=\frac{1}{25}\left(t_i+2\right)\times 6p_i+q_i,\quad i=1,\ 2,\ 3,\ 4,\ 5,\ 6。$$

这也就是该县缴纳1斛的费用:

$$\text{甲县}\,a_1=\frac{1}{25}\left(t_1+2\right)\times 6p_1+q_1=20\text{钱},$$

$$\text{乙县}\,a_2=\frac{1}{25}\left(t_2+2\right)\times 6p_2+q_2=\frac{714}{25}\text{钱},$$

$$\text{丙县}\,a_3=\frac{1}{25}\left(t_3+2\right)\times 6p_3+q_3=\frac{604}{25}\text{钱},$$

$$\text{丁县}\,a_4=\frac{1}{25}\left(t_4+2\right)\times 6p_4+q_4=\frac{590}{25}\text{钱},$$

$$\text{戊县}\,a_5=\frac{1}{25}\left(t_5+2\right)\times 6p_5+q_5=\frac{576}{25}\text{钱},$$

$$\text{己县}\,a_6=\frac{1}{25}\left(t_6+2\right)\times 6p_6+q_6=\frac{598}{25}\text{钱}。$$

[5] 记各县算数为 $b_i, i=1,2,3,4,5,6$,$b_1=42000$算,$b_2=34272$算,$b_3=19328$算,$b_4=17700$算,$b_5=23040$算,$b_6=19136$算。以各县缴纳1斛

的费用除该县算数，得 $\frac{b_i}{a_i}$，就是各县的列衰。将它们相加，得 $\sum_{i=1}^{6}\frac{b_i}{a_i}$ 作为除数。以六县所赋粟乘尚未相加的列衰，得 $A\times\frac{b_i}{a_i}$，各自作为被除数。记各县出粟数为 A_i，则

$$A_i=\left(A\times\frac{b_i}{a_i}\right)\div\sum_{j=1}^{6}\frac{b_j}{a_j},\quad i=1,2,3,4,5,6。\tag{6-4}$$

二、算术难题

(一)衰分问题

• 原文

今有粟七斗,三人分舂[1]之,一人为粝米,一人为粺米,一人为糳米,令米数等。问:取粟、为米各几何?

荅曰:

粝米取粟二斗一百二十一分斗之一十,

粺米取粟二斗一百二十一分斗之三十八,

糳米取粟二斗一百二十一分斗之七十三。

为米各一斗六百五分斗之一百五十一。

术曰:列置粝米三十,粺米二十七,糳米二十四,而返衰之。[2]副并为法。[3]以七斗乘未并者,各自为取粟实。实如法得一斗。[4]若求米等者,以本率各乘定所取粟为实,以粟率五十为法,实如法得一斗。[5]

• 译文

假设有粟7斗,由3人分别舂之:一人舂成粝米,一人舂成粺米,一人舂成糳米,使舂出的米数相等。问:各人所取的粟、舂成的米是多少?

答:

舂粝米者取粟$2\frac{10}{121}$斗,

舂粺米者取粟$2\frac{38}{121}$斗,

舂糳米者取粟$2\frac{73}{121}$斗;

各舂出米$1\frac{151}{605}$斗。

术：布列粝米30，粺米27，糳米24，而对之使用返衰术。在旁边将列衰相加作为除数。以7斗乘尚未相加者，各自作为所取粟的被除数。被除数除以除数，得到各人所取粟的斗数。如果求相等的米数，以各自的本率分别乘已经确定的所取的粟数，作为被除数，以粟率50作为除数，被除数除以除数，就得到米的斗数。

·注释

[1] 舂(chōng)：把东西放在石臼或乳钵里捣，去其皮壳或使之破碎。

[2] 据第二卷粟米之法，粝米率为30，粺米率为27，糳米率为24，约简为粝米率10，粺米率9，糳米率8。刘徽说，想使所取的粟舂出的米相等，那么所取的粟应分别为：粝米$\frac{1}{10}$，粺米$\frac{1}{9}$，糳米$\frac{1}{8}$。所以需要施用返衰术，分别以$\frac{1}{10}$，$\frac{1}{9}$，$\frac{1}{8}$为列衰。这需要将列衰应用齐同术，化成$\frac{36}{360}$，$\frac{40}{360}$，$\frac{45}{360}$。

[3] 副并为法：在旁边将返衰相加作为除数，即以$\frac{36}{360}+\frac{40}{360}+\frac{45}{360}=\frac{121}{360}$作为除数。

[4] 先用返衰术求出粝米、粺米、糳米的取粟数：

$$舂粝米者取粟=\left(7斗\times\frac{1}{10}\right)\div\frac{121}{360}=2\frac{10}{121}斗，$$

$$舂粺米者取粟=\left(7斗\times\frac{1}{9}\right)\div\frac{121}{360}=2\frac{38}{121}斗，$$

$$舂糳米者取粟=\left(7斗\times\frac{1}{8}\right)\div\frac{121}{360}=2\frac{73}{121}斗。$$

[5] 再求舂出的米数

$$为米=舂粝米取粟\times\frac{3}{5}=1\frac{151}{605}斗。$$

• 原文

今有人当禀粟二斛。仓无粟,欲与米一、菽二,以当所禀粟。问:各几何?

答曰:

米五斗一升七分升之三。

菽一斛二升七分升之六。

术曰:置米一、菽二,求为粟之数。并之,得三、九分之八,以为法。亦置米一、菽二,而以粟二斛乘之,各自为实。实如法得一斛。[1]

• 译文

假设应当赐给人2斛粟。但是粮仓里没有粟了,想给他1份米、2份菽,当作赐给他的粟。问:给他的米、菽各多少?

答:

给米5斗$1\frac{3}{7}$升,

给菽1斛$2\frac{6}{7}$升。

术:布置米1、菽2,求出它们变成粟的数量。将它们相加,得到$3\frac{8}{9}$,作为除数。又布置米1、菽2,而以2斛粟乘之,各自作为被除数。被除数除以除数,就得米、菽的斛数。

• 注释

[1] 这里的方法实际上是衰分术的推广:列衰是1,2,但法不是列衰相加1+2,而是米1化为粟的$1\frac{2}{3}$与菽2化为粟的$2\frac{2}{9}$之和:$1\frac{2}{3}+2\frac{2}{9}=3\frac{8}{9}$。因此

$$米数=\left(20斗\times 1\right)\div 3\frac{8}{9}=5\frac{1}{7}斗=5斗1\frac{3}{7}升,$$

$$菽数=\left(20斗\times 2\right)\div 3\frac{8}{9}=10\frac{2}{7}斗=1斛2\frac{6}{7}升。$$

(二)程行问题

• 原文

今有取佣,负盐二斛,行一百里,与钱四十。今负盐一斛七斗三升少半升,行八十里。问:与钱几何?

答曰:二十七钱一十五分钱之一十一。

术曰:置盐二斛升数,以一百里乘之为法。以四十钱乘今负盐升数,又以八十里乘之,为实。实如法得一钱。[1]

• 译文

假设雇工,背负2斛盐,走100里,付给40钱。现在背负1斛7斗$3\frac{1}{3}$升盐,走80里。问:付给多少钱?

答:$27\frac{11}{15}$钱。

术:布置2斛盐的升数,以100里乘之,作为除数。以40钱乘现在所背负的盐的升数,又以80里乘之,作为被除数。被除数除以除数,就得到所付给的钱数。

• 注释

[1] 这是说,

$$\begin{aligned}\text{与钱} &= \left(40\text{钱}\times\text{今负盐升数}\times 80\text{里}\right)\div\left(2\text{斛升数}\times 100\text{里}\right)\\ &= \left(40\text{钱}\times 173\frac{1}{3}\text{升}\times 80\text{里}\right)\div\left(200\text{升}\times 100\text{里}\right)\\ &= 27\frac{11}{15}\text{钱。}\end{aligned}$$

• 原文

今有负笼,重一石行百步,五十返。今负笼重一石一十七斤,行七十六步。问:返几何?

答曰:五十七返二千六百三分返之一千六百二十九。

术曰:以今所行步数乘今笼重斤数为法。故笼重斤数乘故步,又以返数乘之,为实。实如法得一返。[1]

· 译文

假设有人背负着竹筐,重1石走100步,50次往返。现在背负的竹筐重1石17斤,走76步。问:往返多少次?

答:$57\frac{1629}{2603}$返。

术:以现在所走的步数乘现在的竹筐重的斤数,作为除数。以原来的竹筐重的斤数乘原来走的步数,又以往返的次数乘之,作为被除数。被除数除以除数,就得到现在往返的次数。

· 注释

[1]这是说,

返数 =(故筐重斤数 × 故行步数 × 返数)÷(今行步数 × 今筐重斤数)

=(1石 × 100步 × 50返)÷(76步 × 1石17斤)

=(120斤 × 100步 × 50返)÷(76步 × 137斤)

$= 57\frac{1629}{2603}$返。

· 原文

今有乘传委输,[1]空车日行七十里,重车日行五十里。今载太仓粟输上林,[2]五日三返。问:太仓去上林几何?

答曰:四十八里一十八分里之一十一。

术曰:并空、重里数,以三返乘之,为法。令空、重相乘,又以五日乘之,为实。实如法得一里。[3]

· 译文

假设由驿乘运送货物，空车每日走70里，重车每日走50里。现在装载太仓的粟输送到上林苑，5日往返3次。问：太仓到上林的距离是多少？

答：$48\frac{11}{18}$里。

术：将空车、重车每日走的里数相加，以往返次数3乘之，作为除数。使空车、重车每日走的里数相乘，又以5日乘之，作为被除数。被除数除以除数，就得到里数。

· 注释

［1］乘传（zhuàn）：乘坐驿车。乘：乘坐。传：驿站或驿站的马车。委输：转运，亦指转运的物资。

［2］太仓：秦汉时期设在京城中的大粮仓。上林：指上林苑。

［3］这是说，

$$\text{太仓去上林距离}=\left(\text{空行里数}\times\text{重行里数}\times 5\right)\div\left[\left(\text{空行里数}+\text{重行里数}\right)\times 3\right]$$

$$=\left(70\text{里}\times 50\text{里}\times 5\right)\div\left[\left(70\text{里}+50\text{里}\right)\times 3\right]$$

$$=48\frac{11}{18}\text{里。}$$

（三）重今有问题

· 原文

今有络丝一斤为练丝一十二两，练丝一斤为青丝一斤一十二铢。[1]**今有青丝**[2]**一斤，问：本络丝几何？**

荅曰：一斤四两一十六铢三十三分铢之一十六。

术曰：以练丝十二两乘青丝一斤一十二铢为法。以青丝一斤铢数乘练丝一斤两数，又以络丝一斤乘，为实。实如法得一斤。[3]

• 译文

假设1斤络丝练出12两练丝，1斤练丝练出1斤12铢青丝。现在有1斤青丝，问：络丝原来有多少？

答：1斤4两$16\frac{16}{33}$铢。

术：以练丝12两乘青丝1斤12铢，作为除数。以青丝1斤的铢数乘练丝1斤的两数，又以络丝1斤乘之，作为被除数。被除数除以除数，就得到络丝的斤数。

• 注释

[1] 络丝：粗絮。练丝：煮熟的生丝或其织品练过的布帛，一般指白绢。

[2] 青丝：青色的丝线，通常指蓝色丝线。青：颜色名，有绿色、蓝色、黑色甚至白色等不同的含义。

[3] 1斤=384铢，1斤12铢=396铢，这里的方法是

$$\text{络丝}=\left[\left(\text{青丝384铢}\times\text{练丝16两}\right)\times\text{络丝1斤}\right]\div\left(\text{练丝12两}\times\text{青丝396铢}\right)=1\frac{29}{99}\text{斤}=1\text{斤}4\text{两}16\frac{16}{33}\text{铢。}$$

• 原文

今有恶粟[1]二十斗，舂之，得粝米九斗。今欲求粺米一十斗，问：恶粟几何？

荅曰：二十四斗六升八十一分升之七十四。

术曰：置粝米九斗，以九乘之，为法。亦置粺米十斗，以十乘之，又以恶粟二十斗乘之，为实。实如法得一斗。[2]

• 译文

假设有20斗粗劣的粟，舂成粝米，得到9斗。现在想得到10斗粺米，

问：需要粗劣的粟多少？

答：24斗$6\frac{74}{81}$升。

术：布置9斗粝米，乘以9，作为除数。又布置10斗粺米，乘以10，又乘以20斗粗劣的粟，作为被除数。被除数除以除数，就得到粗劣粟的斗数。

• 注释

［1］恶粟：劣等的粟。恶：劣等。

［2］这是说，

$$恶粟=\left[\left(粺米10斗\times10\right)\times恶粟20斗\right]\div\left(粝米9斗\times9\right)$$
$$=24\frac{56}{81}斗=24斗6\frac{74}{81}升。$$

注：此问题需结合前文的粺米率和粝米率来求解。

（四）追及问题

• 原文

今有善行者行一百步，不善行者行六十步。今不善行者先行一百步，善行者追之。问：几何步及之？

答曰：二百五十步。

术曰：置善行者一百步，减不善行者六十步，余四十步，以为法。以善行者之一百步乘不善行者先行一百步，为实。实如法得一步。[1]

今有不善行者先行一十里，善行者追之一百里，先至不善行者二十里。问：善行者几何里及之？

答曰：三十三里少半里。

术曰：置不善行者先行一十里，以善行者先至二十里增之，以为法。以不善行者先行一十里乘善行者一百里，为实。实如法得一里。[2]

今有兔先走[3]一百步，犬追之二百五十步，不及三十步而止。问：犬不止，复行几何步及之？

答曰：一百七步七分步之一。

术曰:置兔先走一百步,以犬走不及三十步减之,余为法。以不及三十步乘犬追步数,为实。实如法得一步。[4]

• 译文

假设善于行走者走100步,不善于行走者走60步。现在不善于行走者先走了100步,善于行走者才追赶他。问:走多少步才能追上他?

答:250步。

术:布置善于行走者走的100步,减去不善于行走者走的60步,余40步,作为除数。以善于行走者走的100步乘不善于行走者先走的100步,作为被除数。被除数除以除数,就得到追及的步数。

假设不善于行走者先走10里,善于行走者追赶了100里,比不善于行走者先到20里。问:善于行走者走多少里才能追上他?

答:$33\frac{1}{3}$里。

术:布置不善于行走者先走的10里,加上善于行走者先到的20里,作为除数。以不善于行走者先走的10里乘善于行走者走的100里,作为被除数。被除数除以除数,就得到追上的里数。

假设野兔先跑100步,狗追赶了250步,差30步没有追上而停止了。问:如果狗不停止,再追多少步能追上?

答:$107\frac{1}{7}$步。

术:布置野兔先跑的100步,以狗追的差30步减之,余数作为除数。以差的30步乘狗追的步数,作为被除数。被除数除以除数,就得到为了追上应再跑的步数。

• 注释

[1] 这是说,

$$\text{追及步数}=\left(\text{善行者100步}\times\text{不善行者先行100步}\right)\div\left(\text{善行者100步}-\text{不善行者60步}\right)=\text{250步}。$$

[2] 这是说，

$$追及里数=\left(不善行者先行10里\times善行者追之100里\right)\div\left(不善行者先行10里+善行者先至20里\right)=33\frac{1}{3}里。$$

[3] 走：跑。而“行”则是今天所说的“走”。

[4] 这是说，

$$犬复行步数=\left(犬追250步\times不及30步\right)\div\left(兔先走100步-不及30步\right)=107\frac{1}{7}步。$$

（五）今有问题

·原文

今有人持金十二斤出关。关税之，十分而取一。今关取金二斤，偿钱五千。问：金一斤值钱几何？

荅曰：六千二百五十。

术曰：以一十乘二斤，以十二斤减之，余为法。以一十乘五千，为实。实如法得一钱。[1]

·译文

假设有人带着12斤金出关卡。关卡对之征税，税率是$\frac{1}{10}$。现在关卡收取2斤金，而偿还5000钱。问：1斤金值多少钱？

答：6250钱。

术：以10乘2斤，以12斤减之，余数作为除数。以10乘5000钱，作为被除数。被除数除以除数，就得1斤金所值的钱。

注释

[1] 这是说，

$$1斤金值钱 = \left(偿钱5000钱\times10\right)\div\left(关取2斤\times10 - 持金12斤\right) = 6250钱。$$

刘徽将其归结为今有术。

原文

今有客马，日行三百里。客去忘持衣。日已三分之一，主人乃觉。持衣追及与之而还，至家视日四分之三。问：主人马不休，日行几何？

荅曰：七百八十里。

术曰：置四分日之三，除[1]三分日之一，半其余，以为法。副置法，增三分日之一。以三百里乘之，为实。[2]实如法，得主人马一日行。[3]

译文

假设客人的马每日行走300里。客人离去时忘记拿自己的衣服。已经过了$\frac{1}{3}$日时，主人才发觉。主人拿着衣服追上客人，给了他衣服，回到家望望太阳，已过了$\frac{3}{4}$日。问：如果主人的马不休息，一日行走多少里？

答：780里。

术：布置$\frac{3}{4}$日，除$\frac{1}{3}$日，取其余数的$\frac{1}{2}$，作为除数。在旁边布置法，加$\frac{1}{3}$。以300里乘之，作为被除数。被除数除以除数，就得到主人的马一日所行走的里数。

·注释

[1] 除：在《九章算术》中有两种意思：一是除法之除，一是减。这里是减，即以 $\frac{1}{2}\times\left(\frac{3}{4}-\frac{1}{3}\right)=\frac{5}{24}$ 作为除数。

[2] 这是说，在旁边将 $\frac{5}{24}$ 增加 $\frac{1}{3}$，得 $\frac{5}{24}+\frac{1}{3}=\frac{13}{24}$。又以300里乘之，得300里 $\times\frac{13}{24}=162\frac{1}{2}$ 里作为被除数。

[3] 此即，主人的马一日所行里数

$$=300\text{里}\times\left[\frac{1}{2}\times\left(\frac{3}{4}-\frac{1}{3}\right)+\frac{1}{3}\right]\div\frac{1}{2}\times\left(\frac{3}{4}-\frac{1}{3}\right)$$

$$=162\frac{1}{2}\text{里}\div\frac{5}{24}$$

$$=780\text{里。}$$

（六）等差数列

·原文

今有金箠，长五尺。斩本一尺，重四斤；斩末一尺，重二斤。[1]问：次一尺各重几何？

答曰：

末一尺重二斤，

次一尺重二斤八两，

次一尺重三斤，

次一尺重三斤八两，

次一尺重四斤。

术曰：令末重减本重，余，即差率[2]也。又置本重，以四间乘之，为下第一衰。副置，以差率减之，每尺各自为衰。[3]副置下第一衰，以为法。以本重四斤遍乘列衰，各自为实。实如法得一斤。[4]

·译文

假设有一根金箠，长5尺。斩下本1尺，重4斤；斩下末1尺，重2斤。

问:依次每1尺的重量各是多少?

答:

末1尺,重量2斤;

下1尺,重量2斤8两;

下1尺,重量3斤;

下1尺,重量3斤8两;

本1尺,重量4斤。

术:使末1尺的重量减本1尺的重量,余数就是差率。又布置本1尺的重量,以间隔4乘之,作为下第一衰。将它布置在旁边,逐次以差率减之,就得到每尺各自的衰。在旁边布置下第一衰,作为除数。以本1尺的重量4斤分别乘列衰,作为被除数。被除数除以除数,就得到各尺的斤数。

• 注释

[1] 箠:马鞭,杖,刑杖。本、末分别是箠的两端,每尺箠的重量不均,本重末轻。

[2] 由本至末,记各尺重 a_i,$i=1,2,3,4,5$,a_1-a_5 称为差率。

[3] 先求出各尺重的列衰,即 $a_1:a_2:a_3:a_4:a_5=4a_1:\left[4a_1-\left(a_1-a_5\right)\right]:\left[4a_1-2\left(a_1-a_5\right)\right]:\left[4a_1-3\left(a_1-a_5\right)\right]:4a_5$。其中 $a_1=4$ 斤,$a_5=2$ 斤,$a_1-a_5=2$ 斤,所以列衰为 $a_1:a_2:a_3:a_4:a_5=16:14:12:10:8$。

[4] 此谓以第一衰 $4a_1$ 作为除数,以本重 a_1 乘诸列衰,作为被除数,被除数除以除数,便求出各尺之重 A_i:

$$A_i=a_1a_i\div 4a_1,\quad i=1,2,3,4,5。$$

所以

$$A_1=a_1a_i\div 4a_1=4\text{斤}\times 16\text{斤}\div 4\times 4\text{斤}=4\text{斤},$$

$$A_2=a_1a_2\div 4a_1=4\text{斤}\times 14\text{斤}\div 4\times 4\text{斤}=3\frac{1}{2}\text{斤}=3\text{斤}8\text{两},$$

$$A_3=a_1a_3\div 4a_1=4\text{斤}\times 12\text{斤}\div 4\times 4\text{斤}=3\text{斤},$$

$A_4 = a_1a_4 \div 4a_1 = 4斤 \times 10斤 \div 4 \times 4斤 = 2\frac{1}{2}斤 = 2斤8两$，

$A_5 = a_1a_5 \div 4a_1 = 4斤 \times 8斤 \div 4 \times 4斤 = 2斤$。

• 原文

今有五人分五钱，令上二人所得与下三人等。问：各得几何？

荅曰：

甲得一钱六分钱之二，

乙得一钱六分钱之一，

丙得一钱，

丁得六分钱之五，

戊得六分钱之四。

术曰：置钱，锥行衰[1]。并上二人为九，并下三人为六。六少于九，三。以三均加焉。[2]副并为法。以所分钱乘未并者，各自为实。实如法得一钱。[3]

• 译文

假设有5个人分配5钱，使上部2人所分得的钱与下部3人的相等。问：各分得多少钱？

答：

甲分得$1\frac{2}{6}$钱，

乙分得$1\frac{1}{6}$钱，

丙分得1钱，

丁分得$\frac{5}{6}$钱，

戊分得$\frac{4}{6}$钱。

术：布置钱数，按锥形将各衰排列成一行。将上部2人的衰相加为9，将下部3人的衰相加为6。6比9少3。以3均等地加各衰。在旁边将它们相加作为除数。以所分的钱乘尚未相加的列衰，各自作为被除数。被除数分别除以除数，就得到各人分得的钱数。

• 注释

[1] 锥行(háng)衰：就是排列成锥形的列衰，上少下多。

[2] 此谓排列成锥形的列衰，先设它们是5,4,3,2,1。上2人的和是9，下3人的和是6，不相等。下3人之和少3，而人数多1。因此，每个都加上3，以8,7,6,5,4，作为列衰，便做到上2人与下3人的列衰之和相等。

[3] 这里也以衰分术求解，即列衰相加$8+7+6+5+4=30$作为除数，则

$$甲分得钱=5钱\times 8\div 30=1\frac{2}{6}钱，$$

$$乙分得钱=5钱\times 7\div 30=1\frac{1}{6}钱，$$

$$丙分得钱=5钱\times 6\div 30=1钱，$$

$$丁分得钱=5钱\times 5\div 30=\frac{5}{6}钱，$$

$$戊分得钱=5钱\times 4\div 30=\frac{4}{6}钱。$$

这里没有约简为最简分数，显然是为了使等差数列一目了然。

• 原文

今有竹九节，下三节容四升，上四节容三升。问：中间二节欲均容[1]，各多少？

荅曰：

下初，一升六十六分升之二十九；

次，一升六十六分升之二十二；

次，一升六十六分升之一十五；

次，一升六十六分升之八；

次，一升六十六分升之一；

次，六十六分升之六十；

次，六十六分升之五十三；

次，六十六分升之四十六；

次，六十六分升之三十九。

术曰：以下三节分四升为下率，以上四节分三升为上率。上、下率以少减多，余为实。[2]置四节、三节，各半之，以减九节，余为法。实如法得一升，即衰相去也。[3]下率一升少半升者，下第二节容也。[4]

• 译文

假设有一支竹，共9节，下3节的容积是4升，上4节的容积是3升。问：如果想使中间2节的容积均匀递减，各节的容积是多少？

答：

下第一节是$1\frac{29}{66}$升，

次一节是$1\frac{22}{66}$升，

次一节是$1\frac{15}{66}$升，

次一节是$1\frac{8}{66}$升，

次一节是$1\frac{1}{66}$升，

次一节是$\frac{60}{66}$升，

次一节是$\frac{53}{66}$升，

次一节是$\frac{46}{66}$升，

次一节是$\frac{39}{66}$升。

术：以下3节平分4升，作为下率；以上4节平分3升，作为上率。上率、下率以少减多，余数作为被除数。布置4节、3节，各取其$\frac{1}{2}$，以它们减9节，余数作为除数。被除数除以除数，所求得的升数，就是诸衰之差。下率$1\frac{1}{3}$升者，就是下第二节的容积。

•注释

[1] 均容：各节自下而上均匀递减，实际上使之成为一个等差数列。

[2] 下率：下三节所容的平均值，即4升÷3=$\frac{4}{3}$升。上率：上四节所容的平均值，即3升÷4=$\frac{3}{4}$升。这里以$\frac{4}{3}$升$-\frac{3}{4}$升$=\frac{7}{12}$升作为被除数。

[3] 刘徽认为被除数$\frac{4}{3}$升$-\frac{3}{4}$升$=\frac{7}{12}$升是9节$-\left(\frac{4}{2}+\frac{3}{2}\right)$节$=\frac{11}{2}$节的总差，所以以$\frac{11}{2}$节作为除数。被除数除以除数，即$\frac{7}{12}$升/节$\div\frac{11}{2}$节$=\frac{7}{66}$升，就是衰相去，即各节容积之差，也就是这个等差数列的公差。

[4] 下率$\frac{4}{3}$升$=\frac{88}{66}$升$=1\frac{22}{66}$升是下第二节的容积，由此利用各节的容积之差$\frac{7}{66}$升便可求出各节的容积

下第一节容$1\frac{22}{66}$升$+\frac{7}{66}$升$=1\frac{29}{66}$升，

下第三节容$1\frac{22}{66}$升$-\frac{7}{66}$升$=1\frac{15}{66}$升，

下第四节容$1\frac{22}{66}$升$-2\times\frac{7}{66}$升$=1\frac{8}{66}$升，

下第五节容$1\frac{22}{66}$升$-3\times\frac{7}{66}$升$=1\frac{1}{66}$升，

下第六节容$1\frac{22}{66}$升$-4\times\frac{7}{66}$升$=\frac{60}{66}$升，

下第七节容$1\frac{22}{66}$升$-5\times\frac{53}{66}$升$=\frac{53}{66}$升，

下第八节容$1\frac{22}{66}$升$-6\times\frac{7}{66}$升$=\frac{46}{66}$升，

下第九节容$1\frac{22}{66}$升$-7\times\frac{7}{66}$升$=\frac{39}{66}$升。

（七）同工共作

• 原文

今有凫起南海，七日至北海；雁起北海，九日至南海。[1]今凫、雁俱起，问：何日相逢？

荅曰：三日十六分日之十五。[2]

术曰：并日数为法，日数相乘为实，实如法得一日。[3]

今有甲发长安，五日至齐；[4]乙发齐，七日至长安。今乙发已先二日，甲乃发长安。问：几何日相逢？

荅曰：二日十二分日之一。

术曰：并五日、七日以为法。以乙先发二日减七日，余，以乘甲日数为实。实如法得一日。[5]

今有一人一日为牝瓦三十八枚，一人一日为牡瓦七十六枚。[6]今令一人一日作瓦，牝、牡相半。问：成瓦几何？

荅曰：二十五枚少半枚。[7]

术曰：并牝、牡为法，牝、牡相乘为实，实如法得一枚。[8]

今有一人一日矫矢五十，一人一日羽矢三十，一人一日筈矢十五。[9]今令一人一日自矫、羽、筈，问：成矢几何？

荅曰：八矢少半矢。

术曰：矫矢五十，用徒一人；羽矢五十，用徒一人太半人；筈矢五十，用徒三人少半人。并之，得六人，以为法。以五十矢为实。实如法得一矢。[10]

今有假田[11],初假之岁三亩一钱,明年四亩一钱,后年五亩一钱。凡三岁得一百。问:田几何?

答曰:一顷二十七亩四十七分亩之三十一。[12]

术曰:置亩数及钱数。令亩数互乘钱数,并以为法。亩数相乘,又以百钱乘之,为实。实如法得一亩。[13]

今有程耕,一人一日发七亩,一人一日耕三亩,一人一日耰种五亩。[14]今令一人一日自发、耕、耰种之,问:治田几何?

答曰:一亩一百一十四步七十一分步之六十六。[15]

术曰:置发、耕、耰亩数。令互乘人数,并,以为法。亩数相乘为实。实如法得一亩。[16]

今有池,五渠注之。其一渠开之,少半日一满;次,一日一满;次,二日半一满;次,三日一满;次,五日一满。今皆决之,问:几何日满池?

答曰:七十四分日之十五。[17]

术曰:各置渠一日满池之数,并,以为法。以一日为实。实如法得一日。[18]

其一术:各置日数及满数。令日互相乘满,并,以为法。日数相乘为实。实如法得一日。[19]

• 译文

假设有一只野鸭自南海起飞,7日至北海;一只大雁自北海起飞,9日至南海。如果野鸭、大雁同时起飞,问:它们多少日相逢?

答:$3\frac{15}{16}$日。

术:将日数相加,作为除数,使日数相乘,作为被除数,被除数除以除数,便得到相逢的日数。

假设甲自长安出发,5日至齐;乙自齐出发,7日至长安。如果乙先出发已经2日,甲才自长安出发。问:多少日相逢?

答:$2\frac{1}{12}$日。

术：将5日、7日相加，作为除数。以乙先出发的2日减7日，以其余数乘甲自长安到达齐的日数，作为被除数。被除数除以除数，便得到相逢的日数。

假设1人1日制造牝瓦38枚，1人1日制造牡瓦76枚。现在使1人造瓦1日，牝瓦、牡瓦各一半。问：制成多少瓦？

答：$25\frac{1}{3}$枚。

术：将1人1日制的牝瓦、牡瓦数相加，作为除数，牝瓦、牡瓦数相乘，作为被除数，被除数除以除数，便得到枚数。

假设1人1日矫正箭50支，1人1日装箭翎30支，1人1日装箭尾15支。现在使1人1日自己矫正、装箭翎、装箭尾，问：1日做成多少支箭？

答：$8\frac{1}{3}$支。

术：矫正箭50支，用工1人；装箭翎50支，用工$1\frac{2}{3}$人；装箭尾50支，用工$3\frac{1}{3}$人。将它们相加，得到6人，作为除数。以50支箭作为被除数。被除数除以除数，便得到成箭数。

假设出租田地，第一年3亩1钱，第二年4亩1钱，第三年5亩1钱。三年共得100钱。问：出租的田地是多少？

答：1顷$27\frac{31}{47}$亩。

术：布置各年的亩数及钱数。使亩数互乘钱数，将它们相加，作为除数。各年的亩数相乘，又以100钱乘之，作为被除数。被除数除以除数，便得到出租田地的亩数。

假设按标准量耕作，1人1日开垦7亩地，1人1日耕3亩地，1人1日播种5亩地。现在使1人1日自己开垦、耕地、播种，问：整治的田地是多少？

答：1亩$114\frac{66}{71}$步^2。

术：布置开垦、耕地、播种的亩数。使之互乘人数，相加，作为除数。开垦、耕地、播种的亩数相乘，作为被除数。被除数除以除

数,便得到整治的亩数。

假设有一水池,五条水渠向里注水。如果开启第一条渠,$\frac{1}{3}$日就注满1池;开启第二条渠,1日就注满1池;开启第三条渠,$2\frac{1}{2}$日就注满1池;开启第四条渠,3日就注满1池;开启第五条渠,5日就注满1池。现在同时打开五条渠,问:多少日注满水池?

答:$\frac{15}{74}$日。

术:分别布置各渠1日注满水池之数,相加,作为除数。以1日作为被除数。被除数除以除数,便得到日数。

另一术:分别布置日数及注满水池之数。使日数互相乘满池之数,相加,作为除数。日数相乘作为被除数。被除数除以除数,便得到日数。

·注释

[1] 凫(fú):学名叫绿头鸭,古代称为野鸭、晨鸭等。雁:大型游禽,善于飞行,其大小、外形与家鹅相似或较小。北海、南海泛指北方的海,南方的海。比如胶东半岛的居民一般将渤海及长岛以东、半岛以北的黄海称为北海,将半岛以南的黄海称为南海。刘徽认为此问及下长安至齐、牝牡二瓦、矫矢、假田、程耕、五渠共池等7问都是同工共作或凫雁类问题。

[2] 将凫7日到北海,雁9日到南海代入下文(6-5)式,得到

$$相逢日=\left(7日\times9日\right)\div\left(7日+9日\right)=3\frac{15}{16}日。$$

[3] 这是说,

$$相逢日=日数之积\div日数之和。\qquad(6-5)$$

[4] 长安:古地名。秦离宫。汉高祖七年开始建都于此。故城在今西安市西北。齐:古诸侯国名。

[5] 这是说,以(5日+7日)作为除数,以(7日-2日)×5日作为被

除数，于是

$$相逢日=(7日-2日)\times5日\div(5日+7日)=2\frac{1}{12}日。$$

［6］牝(pìn)：本义是鸟兽的雌性，转指器物的凹入部分。牝瓦又称为板瓦、雌瓦、阴瓦。牡：本义是鸟兽的雄性，转指器物的凸起部分。

［7］将一人1日为牝瓦38枚，为牡瓦76枚代入下文的(6-6)式，得到

$$\begin{aligned}为瓦枚数&=(38枚\times76枚)\div(38枚+76枚)\\&=25\frac{1}{3}枚。\end{aligned}$$

［8］这是说，

$$为瓦枚数=(牝瓦数\times牡瓦数)\div(牝瓦数+牡瓦数)。\qquad(6-6)$$

［9］这是指为箭安装箭翎。矫：本义是一种揉箭使直的器具，引申为使弯曲的物体变直。筈(kuò)：本义是箭的尾部扣弦处，引申为安装箭尾；又作"栝"。羽：本义是鸟的长毛，引申为箭翎，装饰在箭杆的尾部，用以保持方向。

［10］这是说，

$$成矢数=50矢\div\left(1+1\frac{2}{3}+3\frac{1}{3}\right)=8\frac{1}{3}矢。$$

［11］假田：指汉代租给贫民垦殖的土地。假：雇赁，租赁。

［12］将$a_1=3$亩1钱，明年$a_2=4$亩1钱，后年$a_3=5$亩1钱及三年得100钱代入下文(6-7)式，得到

$$\begin{aligned}假田亩数&=\left(100钱\times a_1a_2a_3\right)\div\left(1钱\times a_2a_3+1钱\times a_1a_3+1钱\times a_1a_2\right)\\&=\left(100钱\times3亩\times4亩\times5亩\right)\div\\&\quad\left(1钱\times4亩\times5亩+1钱\times3亩\times5亩+1钱\times3亩\times4亩\right)\\&=127\frac{31}{47}亩=1顷27\frac{31}{47}亩。\end{aligned}$$

［13］这是说，设第一、二、三年分别假a_1,a_2,a_3亩1钱，则

$$\begin{aligned}假田亩数=&\left(100钱\times a_1a_2a_3\right)\div\\&\left(1钱\times a_2a_3+1钱\times a_1a_3+1钱\times a_1a_2\right)。\qquad(6-7)\end{aligned}$$

［14］程耕：标准的耕作量。发：开发，开垦。耰（yōu）：古代用以破碎土块，平整田地的农具。这里指播种后用耰平土，覆盖种子。

［15］此处“步”实际上为“步^2”。将1人1日发$a_1=7$亩，1人1日耕$a_2=3$亩，1人1日耰种$a_3=5$亩代入下文（6-8）式，得到

$$\begin{aligned}\text{程耕亩数}&=a_1a_2a_3\div\left(1\times a_2a_3+1\times a_1a_3+1\times a_1a_2\right)\\&=\left(7\text{亩}\times3\text{亩}\times5\text{亩}\right)\div\\&\quad\left(1\times3\text{亩}\times5\text{亩}+1\times7\text{亩}\times5\text{亩}+1\times7\text{亩}\times3\text{亩}\right)\\&=1\frac{34}{71}\text{亩}=1\text{亩}114\frac{66}{71}\text{步}^2\text{。}\end{aligned}$$

［16］这是说，设1人1日程耕发、耕、耰的亩数分别是a_1,a_2,a_3亩，则

$$\text{程耕亩数}=a_1a_2a_3\div\left(1\times a_2a_3+1\times a_1a_3+1\times a_1a_2\right)\text{。}\qquad(6\text{-}8)$$

［17］例题假设“一渠开之，少半日一满；次，一日一满；次，二日半一满；次，三日一满；次，五日一满”，刘徽说，这相当于一渠1日满3次，二渠1日满1次，三渠1日满$\frac{2}{5}$次，四渠1日满$\frac{1}{3}$次，五渠1日满$\frac{1}{5}$次，共1日满$4\frac{14}{15}$次，将其代入下文（6-9）式，得到

$$\text{日数}=1\text{日}\div\text{诸日满池次数之和}=1\text{日}\div4\frac{14}{15}=\frac{15}{74}\text{日。}$$

将$a_1=\frac{1}{3}$日，$a_2=1$日，$a_3=2\frac{1}{2}$日，$a_4=3$日，$a_5=5$日，及$b_1=b_2=b_3=b_4=b_5=1$代入下文的（6-10）式，得到

$$\begin{aligned}\text{日数}=&\left(\frac{1}{3}\text{日}\times1\text{日}\times2\frac{1}{2}\text{日}\times3\text{日}\times5\text{日}\right)\div\left[\left(1\times1\text{日}\times2\frac{1}{2}\text{日}\times3\text{日}\times5\text{日}\right)+\right.\\&\left(1\times\frac{1}{3}\text{日}\times2\frac{1}{2}\text{日}\times3\text{日}\times5\text{日}\right)+\left(1\times\frac{1}{3}\text{日}\times1\text{日}\times3\text{日}\times5\text{日}\right)+\\&\left.\left(1\times\frac{1}{3}\text{日}\times1\text{日}\times2\frac{1}{2}\text{日}\times5\text{日}\right)+\left(1\times\frac{1}{3}\text{日}\times1\text{日}\times2\frac{1}{2}\text{日}\times3\text{日}\right)\right]\\=&\frac{15}{74}\text{日。}\end{aligned}$$

[18] 这是说,以1日作为被除数,将各渠1日满池次数相加,作为除数,则

$$日数=1日\div诸日满池次数之和。\quad(6\text{-}9)$$

[19] 这里提出了另一种方法:设五渠b_i满的日数分别是a_i,$i=1,2,3,4,5$,布置日数及满数(原为竖排,今改横排):

$$\begin{matrix} a_1 & a_2 & a_3 & a_4 & a_5 \\ b_1 & b_2 & b_3 & b_4 & b_5 \end{matrix}$$

则

$$日数=a_1a_2a_3a_4a_5\div(b_1a_2a_3a_4a_5+b_2a_1a_3a_4a_5+b_3a_1a_2a_4a_5+b_4a_1a_2a_3a_5+b_5a_1a_2a_3a_4)。\quad(6\text{-}10)$$

(八)关税问题

·原文

今有人持米出三关[1],外关三而取一,中关五而取一,内关七而取一,余米五斗。问:本持米几何?

答曰:十斗九升八分升之三。

术曰:置米五斗,以所税者三之,五之,七之,为实。以余不税者二、四、六相互乘为法。实如法得一斗。[2]

今有人持金出五关,前关二而税一,次关三而税一,次关四而税一,次关五而税一,次关六而税一。[3]并五关所税,适重一斤。问:本持金几何?

答曰:一斤三两四铢五分铢之四。[4]

术曰:置一斤,通所税者以乘之,为实。亦通其不税者,以减所通,余为法。实如法得一斤。[5]

·译文

假设有人带着米出三个关卡,外关3份而征税1份,中关5份而征税1份,内关7份而征税1份,还剩余5斗米。问:本来带的米是多少?

答:10斗$9\frac{3}{8}$升。

术：布置米5斗，以所征税者3，5，7乘之，作为被除数。以剩余不征税者2，4，6互相乘，作为除数。被除数除以除数，便得到米的斗数。

假设有人带着金出五个关卡，前关2份而征税1份，第二关3份而征税1份，第三关4份而征税1份，第四关5份而征税1份，第五关6份而征税1份。五关所征税之和恰好重1斤。问：本来带的金是多少？

答：1斤3两$4\frac{4}{5}$铢。

术：布置1斤，通所应征税者，以其乘之，作为被除数。亦通其不应征税者，用以减通所应征税者，其余数作为除数。被除数除以除数，便得到本来带的斤数。

•注释

[1] 关：古代在交通险要或边境出入的地方设置的守卫及收取关税的处所。

[2] 这是说，

$$本持米=5斗\times3\times5\times7\div(2\times4\times6)=19\frac{3}{8}升。$$

[3] 这是假设前关税$a_1=2$，则不税者$b_1=1$；次关税$a_2=3$，则不税者$b_2=2$；次关税$a_3=4$，则不税者$b_3=3$；次关税$a_4=5$，则不税者$b_4=4$；次关税$a_5=6$，则不税者$b_5=5$。

[4] 将五关所税者a_i，不税者b_i，$i=1,2,3,4,5$，代入下文(6-11)式，得到

$$\begin{aligned}本持金&=(1斤\times a_1a_2a_3a_4a_5)\div(a_1a_2a_3a_4a_5-b_1b_2b_3b_4b_5)\\&=[1斤\times(2\times3\times4\times5\times6)]\div(2\times3\times4\times5\times6-1\times2\times3\times4\times5)\\&=720斤\div(720-120)=1\frac{1}{5}斤=1斤3两4\frac{4}{5}铢。\end{aligned}$$

[5] 这是说，

$$本持金=(1斤\times a_1a_2a_3a_4a_5)\div(a_1a_2a_3a_4a_5-b_1b_2b_3b_4b_5)。\quad(6\text{-}11)$$

第七卷

盈不足

盈不足：中国古典数学的重要科目，“九数”之一，现今称之为盈亏类问题。刘徽说这是为了处理隐杂互见的问题。其盈不足术中“置所出率，盈、不足各居其下。令维乘所出率，并以为实。并盈、不足为法。实如法而一。”的程序成为解决一般数学问题的方法，意义重大。

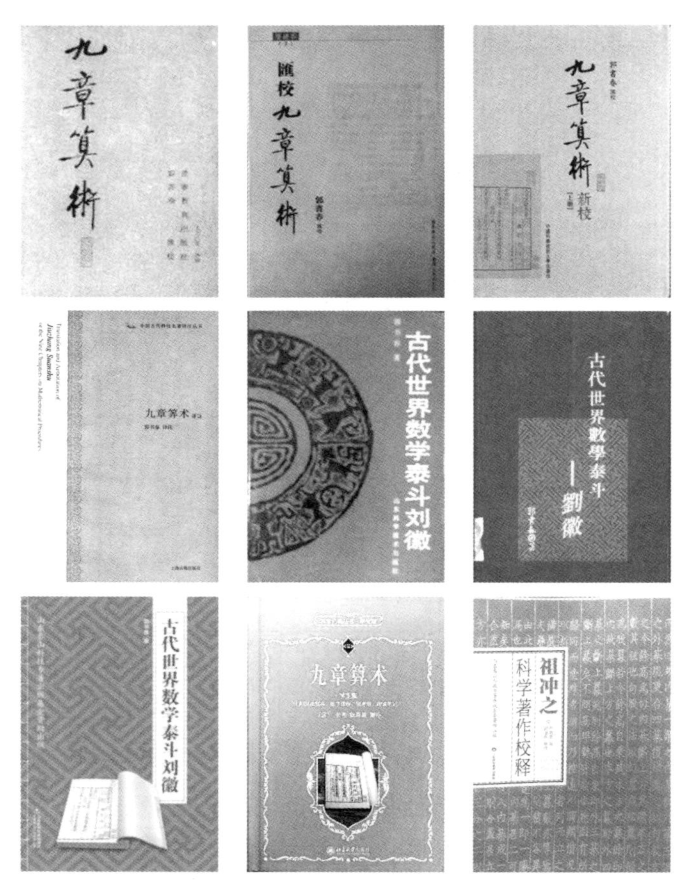

本书译讲者郭书春研究员关于《九章算术》和刘徽的其他部分作品及其整理的《祖冲之科学著作校释》(严敦杰著)

一、盈不足术

(一)盈不足术

·原文

今有共买物,人出八,盈三;人出七,不足四。问:人数、物价各几何?[1]

答曰:

七人,

物价五十三。[2]

今有共买鸡,人出九,盈一十一;人出六,不足十六。问:人数、鸡价各几何?

答曰:

九人,

鸡价七十。[3]

今有共买琎[4],人出半,盈四;人出少半,不足三。问:人数、琎价各几何?

答曰:

四十二人,

琎价十七。[5]

今有共买牛,七家共出一百九十,不足三百三十;九家共出二百七十,盈三十。问:家数、牛价各几何?

答曰:

一百二十六家,

牛价三千七百五十。[6]

盈不足术曰:置所出率,盈、不足各居其下。令维乘所出率,并以为实。并盈、不足为法。实如法而一。[7]有分者,通之。[8]盈不足相

与同其买物者，置所出率，以少减多，余，以约法、实。实为物价，法为人数。[9]

其一术曰：并盈、不足为实。以所出率以少减多，余为法。实如法得一。[10]**以所出率乘之，减盈、增不足即物价。**[11]

·译文

假设共同买东西，如果每人出8钱，盈余3钱；每人出7钱，不足4钱。问：人数、物价各多少？

答：

7人，

物价是53钱。

假设共同买鸡，如果每人出9钱，盈余11钱；每人出6钱，不足16钱。问：人数、鸡价各多少？

答：

9人，

鸡价是70钱。

假设共同买琎，如果每人出$\frac{1}{2}$钱，盈余4钱；每人出$\frac{1}{3}$钱，不足3钱。问：人数、琎价各多少？

答：

42人，

琎价是17钱。

假设共同买牛，如果7家共出190钱，不足330钱；9家共出270钱，盈余30钱。问：家数、牛价各多少？

答：

126家，

牛价3750钱。

盈不足术：布置所出率，将盈与不足分别布置在它们的下方。使盈、不足与所出率交叉相乘，相加，作为被除数。将盈与不足相

加，作为除数。被除数除以除数，便得到答案。如果有分数，就将它们通分。如果使盈、不足相与通同，共同买东西的问题，就布置所出率，以小减大，用余数除除数与被除数。除被除数就得到物价，除除数就得到人数。

另一术：将盈与不足相加，作为被除数。所出率以小减大，以余数作为除数。被除数除以除数，就得到人数。以所出率分别乘人数，或减去盈，或加上不足，就是物价。

• 注释

[1] 此问是设人出8钱，记为a_1，盈3钱，记为b_1；人出7钱，记为a_2，不足4钱，记为b_2。求人数、物价。这是盈不足问题的标准表述。

[2] 将题设$a_1=8$钱，$b_1=3$钱，$a_2=7$钱，$b_2=4$钱代入盈不足术公式(7-3)，得

$$\text{人数}=\frac{3\text{钱}+4\text{钱}}{8\text{钱}-7\text{钱}}=7\text{人}。$$

代入(7-2)式，得

$$\text{物价}=\frac{8\text{钱}\times4\text{钱}+7\text{钱}\times3\text{钱}}{8\text{钱}-7\text{钱}}=53\text{钱}。$$

[3] 将题设$a_1=9$钱，$b_1=11$钱，$a_2=6$钱，$b_2=16$钱代入盈不足术公式(7-3)，得

$$\text{人数}=\frac{11\text{钱}+16\text{钱}}{9\text{钱}-6\text{钱}}=9\text{人}。$$

代入(7-2)式，得

$$\text{鸡价}=\frac{9\text{钱}\times16\text{钱}+16\text{钱}\times11\text{钱}}{9\text{钱}-6\text{钱}}=70\text{钱}。$$

[4] 琎：石之似玉者。

[5] 此问是设人出$\frac{1}{2}$钱，记为a_1，盈4钱，记为b_1；人出$\frac{1}{3}$钱，记为a_2，不足3钱，记为b_2；求人数、琎价。将其代入公式(7-3)，得

$$人数=\frac{4钱+3钱}{\frac{1}{2}钱-\frac{1}{3}钱}=\frac{7钱}{\frac{3}{6}钱-\frac{2}{6}钱}=42人。$$

代入(7-2)式，得

$$琎价=\frac{\frac{1}{2}钱\times 3钱+\frac{1}{3}钱\times 4钱}{\frac{1}{2}钱-\frac{1}{3}钱}=17钱。$$

[7] 此问是设9家(记为m_1)共出270钱(记为n_1)，则一家出$\frac{n_1}{m_1}=\frac{270钱}{9}=30$钱，记为$a_1$，盈30钱，记为$b_1$；7家(记为$m_2$)共出190钱(记为$n_2$)，则一家出$\frac{n_2}{m_2}=\frac{190}{7}$钱，记为$a_2$，不足330钱，记为$b_2$；求家数、牛价。将其代入公式(7-3)，得

$$家数=\frac{30钱+330钱}{30钱-\frac{190}{7}钱}=\frac{360钱}{\frac{210}{7}钱-\frac{190}{7}钱}=126家。$$

代入(7-2)式，得

$$牛价=\frac{30钱\times 330钱+\frac{190}{7}钱\times 30钱}{30钱-\frac{190}{7}钱}=3750钱。$$

[8] 这是说，设出a_1，盈b_1，出a_2，不足b_2，则

a_1所出	a_2所出	维乘	a_1b_2	a_2b_1	$a_1b_2+a_2b_1$	被除数
b_1盈	b_2不足		b_1	b_2	b_1+b_2	除数

以$a_1b_2+a_2b_1$作为被除数，以b_1+b_2作为除数，刘徽认为求出了不盈不朒(nǜ)之正数的公式

$$不盈不朒之正数=\frac{a_1b_2+a_2b_1}{b_1+b_2}。\qquad(7-1)$$

这是用于求解一般算术问题的公式。朒：本义指农历月初出现在东方的月牙，也指那时的月光，引申为欠缺，不足。

[8] 这是说如果有分数,就通分。

[9] 这是说如果使盈、不足相与通同,共同买东西的问题,就使所出率以小减大,用余数除除数与被除数。也就是以$\left|a_1-a_2\right|$除除数与被除数。约:除。这是为共买物类问题而提出的术文,它表示

$$物价=\frac{a_1b_2+a_2b_1}{\left|a_1-a_2\right|},\tag{7-2}$$

$$人数=\frac{b_1+b_2}{\left|a_1-a_2\right|}。\tag{7-3}$$

这一运算也体现出位值制。

[10] 此亦是《九章算术》为共买物类问题提出的方法,即(7-3)式。

[11] 此即

$$物价=\frac{b_1+b_2}{\left|a_1-a_2\right|}\times a_1-b_1=\frac{b_1+b_2}{\left|a_1-a_2\right|}\times a_2+b_2。$$

(二)两盈、两不足术

·原文

今有共买金,人出四百,盈三千四百;人出三百,盈一百。问:人数、金价各几何?

荅曰:

三十三人,

金价九千八百。[1]

今有共买羊,人出五,不足四十五;人出七,不足三。问:人数、羊价各几何?

荅曰:

二十一人,

羊价一百五十。[2]

两盈、两不足术曰:置所出率,盈、不足各居其下。令维乘所出率,以少减多,余为实。两盈、两不足以少减多,余为法。实如法而

一。[3]有分者，通之。两盈、两不足相与同其买物者，置所出率，以少减多，余，以约法、实。实为物价，法为人数。[4]

其一术曰：置所出率，以少减多，余为法。两盈、两不足以少减多，余为实。实如法而一，得人数。以所出率乘之，减盈、增不足，即物价。[5]

• 译文

假设共同买金，如果每人出400钱，盈余3400钱；每人出300钱，盈余100钱。问：人数、金价各多少？

答：

33人，

金价9800钱。

假设共同买羊，如果每人出5钱，不足45钱；每人出7钱，不足3钱。问：人数、羊价各多少？

答：

21人，

羊价150钱。

两盈、两不足术：布置所出率，将两盈或两不足分别布置在它们的下方。使两盈或两不足与所出率交叉相乘，以小减大，以余数作为被除数。两盈或两不足以小减大，以余数作为除数。被除数除以除数，即得。如果有分数，就将它们通分。如果使两盈或两不足相与通同，共同买东西的问题，布置所出率，以小减大，用其余数除除数、被除数。除被除数便得到物价，除除数便得到人数。

另一术：布置所出率，以小减大，以余数作为除数。两盈或两不足以小减大，以余数作为被除数。被除数除以除数，便得到人数。分别用所出率乘人数，减去盈余，或加上不足，就是物价。

• 注释

[1] 这是两盈的问题。设人出400钱，记为a_1，盈3400钱，记为b_1；

人出 300 钱，记为 a_2，盈 100 钱，记为 b_2；求人数、金价。将其代入下文的公式(7-6)，得

$$人数=\frac{3400钱-100钱}{400钱-300钱}=33人。$$

代入(7-5)式，得

$$金价=\frac{\left|400钱\times100钱-300钱\times3400钱\right|}{400钱-300钱}=9800钱。$$

[2] 这是两不足的问题。设人出 5 钱，记为 a_1，不足 45 钱，记为 b_1；人出 7 钱，记为 a_2，不足 3 钱，记为 b_2；求人数、羊价。将其代入公式(7-6)，得

$$人数=\frac{45钱-3钱}{\left|5钱-7钱\right|}=21人。$$

代入(7-5)式，得

$$羊价=\frac{\left|5钱\times3钱-7钱\times45钱\right|}{\left|5钱-7钱\right|}=150钱。$$

[3] 此亦为解决那些可以化为两盈、两不足的一般算术问题而设，但是《九章算术》没有这类例题。设出 a_1，盈(或不足)b_1，出 a_2，盈(或不足)b_2，《九章算术》提出以 $\left|a_1b_2-a_2b_1\right|$ 作为被除数，以 $\left|b_1-b_2\right|$ 作为除数，那么不盈不朒之正数就是

$$不盈不朒之正数=\frac{\left|a_1b_2-a_2b_1\right|}{\left|b_1-b_2\right|}。\qquad(7-4)$$

[4] 此是为共买物类问题而设的术文，即

$$物价=\frac{\left|a_1b_2-a_2b_1\right|}{\left|a_1-a_2\right|},\qquad(7-5)$$

$$人数=\frac{\left|b_1-b_2\right|}{\left|a_1-a_2\right|}。\qquad(7-6)$$

[5] 此亦为共买物类问题而设的方法，求人数的方法同上。求物价的方法：若是两盈的情形，则

$$物价=\frac{|b_1-b_2|}{|a_1-a_2|}\times a_1-b_1=\frac{|b_1-b_2|}{|a_1-a_2|}\times a_2-b_2,$$

若是两不足的情形，则

$$物价=\frac{|b_1-b_2|}{|a_1-a_2|}\times a_1+b_1=\frac{|b_1-b_2|}{|a_1-a_2|}\times a_2+b_2。$$

（三）盈适足、不足适足术

· 原文

今有共买犬，人出五，不足九十；人出五十，适足[1]。问：人数、犬价各几何？

荅曰：

二人，

犬价一百。[2]

今有共买豕[3]，人出一百，盈一百；人出九十，适足。问：人数、豕价各几何？

荅曰：

一十人，

豕价九百。[4]

盈、适足，不足、适足术曰：以盈及不足之数为实。置所出率，以少减多，余为法，实如法得一人。[5]其求物价者，以适足乘人数，得物价。[6]

· 译文

假设共同买狗，每人出5钱，不足90钱；每人出50钱，适足。问：人数、狗价各多少？

答：

2人，

狗价100钱。

假设共同买猪，每人出100钱，盈余100钱；每人出90钱，适足。问：人数、猪价各多少？

答：

10人，

猪价900钱。

盈、适足，不足、适足术：以盈或不足之数作为被除数。布置所出率，以小减大，以余数作为除数，被除数除以除数，便得到人数。如果求物价，便以对应于适足的所出率乘人数，就得到物价。

注释

[1] 适足：李籍云："恰也。"

[2] 这是不足适足的问题。设人出5钱，记为a_1，不足90钱，记为b；人出50钱，记为a_2，适足；求人数、犬价。将其代入下文公式(7-7)，得

$$人数=\frac{90钱}{|5钱-50钱|}=2人。$$

代入(7-8)式，得

$$犬价=\frac{90钱}{|5钱-50钱|}\times 50钱=100钱。$$

[3] 豕(shǐ)：猪。

[4] 这是盈适足的问题。设人出100钱，记为a_1，盈100钱，记为b；人出90钱，记为a_2，适足；求人数、猪价。将其代入下文的公式(7-7)，得

$$人数=\frac{100钱}{|100钱-90钱|}=10人。$$

代入(7-8)式，得

$$猪价 = \frac{100钱}{\left|100钱 - 90钱\right|} \times 90钱 = 900钱。$$

[5] 设出 a_1，盈或不足 b，出 a_2，适足，求人数的方法是

$$人数 = \frac{b}{\left|a_1 - a_2\right|}。 \tag{7-7}$$

[6] 求物价的方法是

$$物价 = \frac{b}{\left|a_1 - a_2\right|} \times a_2。 \tag{7-8}$$

二、用盈不足术求解一般数学问题

(一) 线性问题(1)

• 原文

今有米在十斗桶中,不知其数。满中添粟而舂之,得米七斗。问:故米几何?

答曰:二斗五升。[1]

术曰:以盈不足术求之。假令故米二斗,不足二升;令之三斗,有余二升。[2]

今有垣高九尺。瓜生其上,蔓[3]**日长七寸;瓠**[4]**生其下,蔓日长一尺。问:几何日相逢?瓜、瓠各长几何?**

答曰:

五日十七分日之五,

瓜长三尺七寸一十七分寸之一,

瓠长五尺二寸一十七分寸之一十六。[5]

术曰:假令五日,不足五寸;令之六日,有余一尺二寸。[6]

• 译文

假设有米在容积为10斗的桶中,不知道其数量。把桶中添满粟,然后舂成米,得到7斗米。问:原有的米是多少?

答:2斗5升。

术:以盈不足术求解之。假令原来的米是2斗,那么不足2升;假令是3斗,则盈余2升。

假设有一堵墙,高9尺。一株瓜生在墙顶,它的蔓每日向下长7寸;又有一株瓠生在墙根,它的蔓每日向上长1尺。问:它们多少日后相逢?瓜与瓠的蔓各长多少?

答：

$5\frac{5}{17}$日相逢，

瓜蔓长3尺$7\frac{1}{17}$寸，

瓠蔓长5尺$2\frac{16}{17}$寸。

术：假令5日相逢，不足5寸；假令6日相逢，盈余1尺2寸。

·注释

[1] 将此例题中假令故米$a_1=2$斗，不足$b_1=2$升，假令$a_2=3$斗，盈$b_2=2$升代入盈不足术求不盈不朒之正数的公式(7-1)，得

$$\text{米斗数}=\frac{a_1b_2+a_2b_1}{b_1+b_2}=\frac{2\text{斗}\times2\text{升}+3\text{斗}\times2\text{升}}{2\text{升}+2\text{升}}=2\frac{1}{2}\text{斗}。$$

[2] 这是说用盈不足术求不盈不朒之正数的公式(7-1)求解。这里的米指粝米。假令故米是$a_1=2$斗，那么需添8斗粟才能填满10斗的桶。根据刘徽注，由第二卷粟米之法，将8斗粟化成粝米，为$8\text{斗}\times\frac{3}{5}=4\frac{4}{5}\text{斗}=4\text{斗}8\text{升}$。$7\text{斗}-\left(2\text{斗}+4\text{斗}8\text{升}\right)=2\text{升}$，所以说不足$b_1=2$升；假令故米是$a_2=3$斗，那么需添7斗粟才能填满10斗的桶。将7斗粟化成粝米，为$7\text{斗}\times\frac{3}{5}=4\frac{1}{5}\text{斗}=4\text{斗}2\text{升}$。$\left(3\text{斗}+4\text{斗}2\text{升}\right)-7\text{斗}=2\text{升}$，所以说有余$b_2=2$升。

[3] 蔓(wàn)：细长而不能直立的茎，木本曰藤，草本曰蔓。

[4] 瓠(hù)：蔬菜名，一年生草本，茎蔓生。结实呈长条状者称为瓠瓜，可入菜；呈短颈大腹者就是葫芦。

[5] 此谓将假令$a_1=5$日，不足$b_1=5$寸，假令$a_2=6$日，盈$b_2=12$寸代入盈不足术求不盈不朒之正数的公式(7-1)，得

$$\text{相逢日数}=\frac{5\text{日}\times12\text{寸}+6\text{日}\times5\text{寸}}{5\text{寸}+12\text{寸}}=5\frac{5}{17}\text{日}。$$

由瓜蔓日长7寸，得

$$瓜蔓长7寸/日\times 5\frac{5}{17}日=7寸/日\times\frac{90}{17}日=37\frac{1}{17}寸=3尺7\frac{1}{17}寸。$$

由瓠蔓日长1尺=10寸，得

$$瓠蔓长10寸/日\times 5\frac{5}{17}日=10寸/日\times\frac{90}{17}日=52\frac{16}{17}寸=5尺2\frac{16}{17}寸。$$

［6］根据刘徽注，假令$a_1=5$日，瓜蔓长7寸/日×5日=35寸，瓠蔓长1尺/日×5日=5尺=50寸。垣高9尺=90寸，90寸−(35寸+50寸)=5寸，所以说不足$b_1=5$寸；令之$a_2=6$日，瓜蔓长7寸/日×6日=42寸，瓠蔓长1尺/日×6日=6尺=60寸。垣高9尺=90寸，(42寸+60寸)−90寸=12寸，所以说有余$b_2=1$尺2寸。

（二）非线性问题（1）——等比数列①

·原文

今有蒲生一日，长三尺；[1]莞生一日，长一尺。[2]蒲生日自半，莞生日自倍。[3]问：几何日而长等？

荅曰：

二日十三分日之六，

各长四尺八寸一十三分寸之六。[4]

术曰：假令二日，不足一尺五寸；令之三日，有余一尺七寸半。[5]

·译文

假设有一株蒲，第一日生长3尺；一株莞第一日生长1尺。蒲的生长，后一日是前一日的$\frac{1}{2}$；莞的生长，后一日是前一日的2倍。问：过多少日而它们的长才能相等？

答：

过$2\frac{6}{13}$日其长相等，

各长4尺$8\frac{6}{13}$寸。

术：假令2日它们的长相等，则不足1尺5寸；假令3日，则有盈余1尺$7\frac{1}{2}$寸。

·注释

[1] 蒲：香蒲，又称蒲草，多年生水草，叶狭长，可以编制蒲席、蒲包、扇子。这是说，蒲第一日生长3尺。

[2] 莞(guān)：蒲草类水生植物，俗名水葱。也指莞草编的席子。这是说，莞第一日生长1尺。

[3] 这是说，蒲、莞皆以等比数列生长，蒲生长的公比是$\frac{1}{2}$，莞生长的公比是2。这是一个非线性问题。

[4] 将假令$a_1=2$日，不足$b_1=15$寸，假令$a_2=3$日，盈$b_2=17\frac{1}{2}$寸代入盈不足术求不盈不朒之正数的公式(7-1)，得

$$日数=\frac{2日\times17\frac{1}{2}寸+3日\times15寸}{15寸+17\frac{1}{2}寸}=2\frac{6}{13}日。$$

蒲第一日生长3尺，第二日生长$1\frac{1}{2}$尺，第三日生长$\frac{3}{4}$尺，其中$\frac{6}{13}$日生长$\frac{3}{4}$尺/日$\times\frac{6}{13}$日$=\frac{9}{26}$尺。$2\frac{6}{13}$日共生长3尺$+1\frac{1}{2}$尺$+\frac{9}{26}$尺$=4\frac{11}{13}$尺$=$4尺$8\frac{6}{13}$寸。莞第一日生长1尺，第二日生长2尺，第三日生长4尺，其中$\frac{6}{13}$日生长4尺/日$\times\frac{6}{13}$日$=1\frac{11}{13}$尺。$2\frac{6}{13}$日共生长1尺$+2$尺$+1\frac{11}{13}$尺$=4\frac{11}{13}$尺$=$4尺$8\frac{6}{13}$寸。

然而这个解是不准确的。由题设，蒲、莞皆以等比数列生长。设生长 x 日，则蒲长为 $\left(3-3\times\frac{1}{2^x}\right)\div\left(1-\frac{1}{2}\right)$，莞长 $(1-2^x)\div(1-2)$。若要它们相等，x 应满足方程

$$\left(3-3\times\frac{1}{2^x}\right)\div\left(1-\frac{1}{2}\right)=(1-2^x)\div(1-2)。$$

整理得

$$(2^x)^2-7\times2^x+6=0。$$

分解得

$$(2^x-1)(2^x-6)=0。$$

第一式 $2^x-1=0$ 的解为 $x=0$，不合题意，舍去。第二式 $2^x-6=0$ 即 $2^x=6$，两端取对数，$\lg2^x=\lg6$，得 $x=1+\frac{\lg 3}{\lg 2}$。

［5］根据刘徽注，假令 $a_1=2$ 日，蒲生长 3 尺 $+1\frac{1}{2}$ 尺 $=4\frac{1}{2}$ 尺，莞生长 1 尺 + 2 尺 = 3 尺，$4\frac{1}{2}$ 尺 − 3 尺 $=1\frac{1}{2}$ 尺 = 1 尺 5 寸，所以说不足 $b_1=1$ 尺 5 寸；令之 $a_2=3$ 日，蒲生长 3 尺 $+1\frac{1}{2}$ 尺 $+\frac{3}{4}$ 尺 $=5\frac{1}{4}$ 尺，莞生长 1 尺 + 2 尺 + 4 尺 = 7 尺，7 尺 $-5\frac{1}{4}$ 尺 $=1\frac{3}{4}$ 尺，所以说有余 $b_2=1$ 尺 $7\frac{1}{2}$ 寸。

（三）双重假设线性问题（1）

·原文

今有醇酒一斗，直钱五十；行酒一斗，[1]直钱一十。今将钱三十，得酒二斗。问：醇、行酒各得几何？

荅曰：

醇酒二升半，

行酒一斗七升半。[2]

术曰：假令醇酒五升，行酒一斗五升，有余一十；令之醇酒二升，行酒一斗八升，不足二。[3]

今有大器五、小器一，容三斛；大器一、小器五，容二斛。问：大、小器各容几何？

荅曰：

大器容二十四分斛之十三，

小器容二十四分斛之七。[4]

术曰：假令大器五斗，小器亦五斗，盈一十斗；令之大器五斗五升，小器二斗五升，不足二斗。[5]

• 译文

假设1斗醇酒值50钱，1斗行酒值10钱。现在用30钱买得2斗酒。问：醇酒、行酒各得多少？

答：

醇酒$2\frac{1}{2}$升，

行酒1斗$7\frac{1}{2}$升。

术：假令买得醇酒5升，那么行酒就是1斗5升，则有盈余10钱；假令买得醇酒2升，那么行酒就是1斗8升，则不足2钱。

假设有5个大容器、1个小容器，容积共3斛；1个大容器、5个小容器，容积共2斛。问：大、小容器的容积各是多少？

答：

大容器的容积是$\frac{13}{24}$斛，

小容器的容积是$\frac{7}{24}$斛。

术：假令1个大容器的容积是5斗，那么1个小容器的容积也是5斗，则盈余10斗；假令1个大容器的容积是5斗5升，那么1个小容器的容积是2斗5升，则不足2斗。

• 注释

[1] 醇酒：醇厚的美酒。行(háng)酒：指劣质酒。行：质量差。

[2] 利用一种酒，比如醇酒进行假令，如果醇酒 $a_1=5$ 升（则行酒1斗5升），盈余 $b_1=10$ 钱，如果醇酒 $a_2=2$ 升（则行酒1斗8升），不足 $b_2=2$ 钱，代入盈不足术求不盈不朒之正数的公式(7-1)，得

$$\text{醇酒数}=\frac{5\text{升}\times2\text{钱}+2\text{升}\times10\text{钱}}{2\text{钱}+10\text{钱}}=2\frac{1}{2}\text{升}。$$

那么

$$\text{行酒数}=2\text{斗}-2\frac{1}{2}\text{升}=1\text{斗}7\frac{1}{2}\text{升}。$$

刘徽指出，此有双重假设之意。

[3] 根据刘徽注，由于醇酒1斗值50钱，那么假令醇酒 $a_1=5$ 升，则值 $50\text{钱/斗}\times\frac{1}{2}\text{斗}=25\text{钱}$。行酒应该是 $2\text{斗}-5\text{升}=1\text{斗}5\text{升}=1\frac{1}{2}\text{斗}$，行酒1斗值10钱，那么 $1\frac{1}{2}$ 斗值 $10\text{钱/斗}\times1\frac{1}{2}\text{斗}=15\text{钱}$。因此，有余 $b_1=(25\text{钱}+15\text{钱})-30\text{钱}=10\text{钱}$。令之醇酒 $a_1=2\text{升}=\frac{1}{5}\text{斗}$，则值 $50\text{钱/斗}\times\frac{1}{5}\text{斗}=10\text{钱}$。行酒应该是 $2\text{斗}-2\text{升}=1\text{斗}8\text{升}=1\frac{4}{5}\text{斗}$，那么 $1\frac{4}{5}$ 斗值 $10\text{钱/斗}\times1\frac{4}{5}\text{斗}=18\text{钱}$。因此，不足 $b_2=30\text{钱}-(10\text{钱}+18\text{钱})=2\text{钱}$。

[4] 利用一种器，比如大器进行假令，如果1只大器容 $a_1=5$ 斗（则小器亦容5斗），盈余 $b_1=10$ 斗，如果大器容 $a_2=5\text{斗}5\text{升}=5\frac{1}{2}\text{斗}$（则小器容2斗5升），不足 $b_2=2$ 斗，代入盈不足术求不盈不朒之正数的公式(7-1)，得

$$\text{大器所容}=\frac{5\text{斗}\times2\text{斗}+5\frac{1}{2}\text{斗}\times10\text{斗}}{10\text{斗}+2\text{斗}}=\frac{65}{12}\text{斗}=\frac{13}{24}\text{斛}。$$

那么

$$\text{小器所容}=3\text{斛}-\frac{13}{24}\text{斛}\times5=\frac{7}{24}\text{斛}。$$

刘徽指出，此也有双重假设之意。

[5] 根据刘徽注，由于5只大器与1只小器，容积是3斛，假令1只大器容积a_1=5斗，那么1只小器的容积是3斛−5斗×5=5斗，与大器相同；那么1只大器与5只小器的容积共为5斗+5斗×5=30斗，30斗−2斛=10斗，所以说盈余10斗。假令1只大器是5斗5升，1只小器是2斗5升，那么1只大器与5只小器共容5斗5升+2斗5升×5=18斗。2斛−18斗=2斗，所以说不足2斗。

（四）线性问题（2）——油自和漆

• 原文

今有漆三得油四，油四和漆五。[1]今有漆三斗，欲令分以易油，还自和余漆。问：出漆、得油、和漆各几何？

荅曰：

出漆一斗一升四分升之一，

得油一斗五升，

和漆一斗八升四分升之三。[2]

术曰：假令出漆九升，不足六升；令之出漆一斗二升，有余二升。[3]

• 译文

假设3份漆可以换得4份油，4份油可以调和5份漆。现在有3斗漆，想从其中分出一部分换油，使换得的油恰好能调和剩余的漆。问：分出的漆、换得的油、调和的漆各多少？

答：

分出的漆1斗$1\frac{1}{4}$升，

换得的油1斗5升，

调和的漆1斗$8\frac{3}{4}$升。

术：假令分出的漆是9升，则不足6升；假令分出的漆是1斗2升，则有盈余2升。

注释

[1] 油:指桐油,用油桐的果实榨出的油,与漆调和,成为油漆,用作家具的涂料。和(hé):调和。

[2] 将假令出漆 $a_1=9$ 升,不足 $b_1=6$ 升,出漆 $a_2=1$ 斗 2 升,有盈余 $b_2=2$ 升,代入盈不足术求不盈不朒之正数的公式(7-1),得

$$\text{出漆数}=\frac{9\text{升}\times 2\text{升}+12\text{升}\times 6\text{升}}{6\text{升}+2\text{升}}$$

$$=11\frac{1}{4}\text{升}=1\text{斗}1\frac{1}{4}\text{升}。$$

进而得

$$\text{得油数}=11\frac{1}{4}\text{升}\times 4\div 3=\frac{60}{4}\text{升}=15\text{升}=1\text{斗}5\text{升}。$$

$$\text{和漆数}=15\text{升}\times 5\div 4=\frac{75}{4}\text{升}=18\frac{3}{4}\text{升}=1\text{斗}8\frac{3}{4}\text{升}。$$

[3] 根据刘徽注,假令出漆 $a_1=9$ 升,由漆 3 得油 4,得油 9 升 ×4÷3=12 升,可和漆 12 升 ×5÷4=15 升。而(3 斗 −9 升)−15 升 =6 升无油可和,所以说不足 $b_1=6$ 升。假令出漆 $a_2=1$ 斗 2 升 =12 升,由漆 3 得油 4,得油 12 升×4÷3=16 升,可和漆 16 升×5÷4=20 升。2 斗−(3 斗−12 升)=2 升。所以说有余 $b_2=2$ 升。

(五) 玉石互隐

原文

今有玉方一寸,重七两;石方一寸,重六两。今有石立方三寸,中有玉,并重十一斤。问:玉、石重各几何?

答曰:

玉一十四寸,重六斤二两,

石一十三寸,重四斤一十四两。

术曰:假令皆玉,多十三两;令之皆石,不足一十四两。不足为玉,多为石。各以一寸之重乘之,得玉、石之积重。[1]

• 译文

假设一块1寸见方的玉,重是7两;1寸见方的石头,重是6两。现在有一块3寸见方的石头,中间有玉,总重是11斤。问:其中玉和石头的重量各是多少?

答:

玉是14寸^3,重6斤2两,

石是13寸^3,重4斤14两。

术:假令这块石头都是玉,就多13两;假令都是石头,则不足14两。那么不足的数就是玉的体积,多的数就是石头的体积。各以它们1寸^{3}的重量乘之,便分别得到玉和石头的重量。

• 注释

[1] 此问实际上没有用到盈不足术,将其编入此章,大约是编者的疏忽。

(六) 双重假设线性问题(2)

• 原文

今有善田一亩,价三百;恶田七亩,价五百。[1]今并买一顷,价钱一万。问:善、恶田各几何?

荅曰:

善田一十二亩半,

恶田八十七亩半。[2]

术曰:假令善田二十亩,恶田八十亩,多一千七百一十四钱七分钱之二;令之善田一十亩,恶田九十亩,不足五百七十一钱七分钱之三。[3]

• 译文

假设1亩良田,价是300钱;7亩劣田,价是500钱。现在共买1顷田,价钱是10000钱。问:良田、劣田各多少?

答：

良田是$12\frac{1}{2}$亩，

劣田是$87\frac{1}{2}$亩。

术：假令良田是20亩，那么劣田是80亩，则价钱多了$1714\frac{2}{7}$钱；假令良田是10亩，那么劣田是90亩，则价钱不足$571\frac{3}{7}$钱。

·注释

［1］善田：良田。恶田：又称为“恶地”，贫瘠的田地。

［2］此亦有双重假设之意。将两假令，比如假令善田$a_1=20$亩（则恶田80亩），盈余$b_1=1714\frac{2}{7}$钱，假令善田$a_2=10$亩（则恶田90亩），不足$b_2=571\frac{3}{7}$钱代入盈不足术求不盈不朒之正数的公式（7-1），得

$$\text{善田}=\frac{20\text{亩}\times 571\frac{3}{7}\text{钱}+10\text{亩}\times 1714\frac{2}{7}\text{钱}}{1714\frac{2}{7}\text{钱}+571\frac{3}{7}\text{钱}}=12\frac{1}{2}\text{亩}。$$

$$\text{恶田}=1\text{顷}-12\frac{1}{2}\text{亩}=100\text{亩}-12\frac{1}{2}\text{亩}=87\frac{1}{2}\text{亩}。$$

［3］根据刘徽注，由于善田1亩值300钱，那么假令善田$a_1=20$亩，则值300钱/亩×20亩=6000钱。恶田应该是1顷−20亩=100亩−20亩=80亩，恶田7亩值500钱，那么1亩值500钱÷7亩$=\frac{500}{7}$钱/亩。80亩恶田值$\frac{500}{7}$钱/亩×80亩$=\frac{40000}{7}$钱。因此，有余$b_1=\left(6000\text{钱}+\frac{40000}{7}\text{钱}\right)-10000\text{钱}=1714\frac{2}{7}$钱。令之善田$a_2=10$亩，则值300钱/亩×10亩=3000钱。恶田应该是100亩−10亩=90亩，那么90亩值$\frac{500}{7}$钱/亩×90亩$=\frac{45000}{7}$钱。因此，不足$b_2=10000\text{钱}-\left(3000\text{钱}+\frac{45000}{7}\text{钱}\right)=571\frac{3}{7}$钱。

• 原文

今有黄金九枚，白银一十一枚，称之重，适等。交易其一，金轻十三两。问：金、银一枚各重几何？

荅曰：

金重二斤三两一十八铢，

银重一斤一十三两六铢。

术曰：假令黄金三斤，白银二斤一十一分斤之五，不足四十九，于右行。令之黄金二斤，白银一斤一十一分斤之七，多一十五，于左行。[1]以分母各乘其行内之数，以盈、不足维乘所出率，并以为实。并盈、不足为法。实如法，得黄金重。[2]分母乘法以除，得银重。[3]约之得分也。

• 译文

假设有9枚黄金，11枚白银，称它们的重量，恰好相等。交换其一枚，黄金这边轻13两。问：1枚黄金、1枚白银各重多少？

答：

1枚黄金重2斤3两18铢，

1枚白银重1斤13两6铢。

术：假令1枚黄金重3斤，1枚白银重$2\frac{5}{11}$斤，不足是49，布置于右行。假令1枚黄金重2斤，1枚白银重$1\frac{7}{11}$斤，盈是15，布置于左行。以分母分别乘各自行内之数，以盈、不足与所出率交叉相乘，相加作为被除数。将盈、不足相加，作为除数。被除数除以除数，便得到1枚黄金的重量。以分母乘除数，以除被除数，便得到1枚白银的重量。将它们约简，得到分数。

• 注释

[1]《九章算术》的方法是

	左行	右行
黄金	$a_2=2$	$a_1=3$
白银	$a_2=1\frac{7}{11}$	$a_1=2\frac{5}{11}$
盈不足	$b_2=15$	$b_1=49$

或

	左行	右行
黄金	$a_2=2$	$a_1=3$
白银	$a_2=\frac{18}{11}$	$a_1=\frac{27}{11}$
盈不足	$a_2=15$	$b_1=49$

[2] 将黄金 $a_1=3$ 斤，不足 $b_1=49$，黄金 $a_2=2$ 斤，盈余 $b_2=15$ 代入盈不足术求不盈不朒之正数的公式(7-1)，得

$$\text{黄金重}=\frac{3\text{斤}\times 15+2\text{斤}\times 49}{15+49}=2\frac{15}{64}\text{斤}=2\text{斤}3\text{两}18\text{铢。}$$

[3] 将白银 $a_1=\frac{27}{11}$ 斤，不足 $b_1=49$，白银 $a_2=\frac{18}{11}$ 斤，盈余 $b_2=15$ 代入盈不足术求不盈不朒之正数的公式(7-1)，得

$$\text{白银重}=\frac{\frac{27}{11}\text{斤}\times 15+\frac{18}{11}\text{斤}\times 49}{15+49}=1\frac{53}{64}\text{斤}=1\text{斤}13\text{两}6\text{铢。}$$

(七) 非线性问题(2)——等差数列

• 原文

今有良马与驽马[1]发长安，至齐。齐去长安三千里。良马初日行一百九十三里，日增一十三里，驽马初日行九十七里，日减半里。良马先至齐，复还迎驽马。问：几何日相逢及各行几何？

荅曰：

一十五日一百九十一分日之一百三十五而相逢，

良马行四千五百三十四里一百九十一分里之四十六，

驽马行一千四百六十五里一百九十一分里之一百四十五。[2]

术曰：假令十五日，不足三百三十七里半。令之十六日，多一百四十里。[3]以盈、不足维乘假令之数，并而为实。并盈、不足为法。实如法而一，得日数。不尽者，以等数除之而命分。[4]求良马行者：十四乘益疾里数而半之，加良马初日之行里数，以乘十五日，得良马十五日之凡行。[5]又以十五乘益疾里数，加良马初日之行。[6]以乘日分子，如日分母而一。所得，加前良马凡行里数，即得。[7]其不尽而命分。求驽马行者：以十四乘半里，又半之，以减驽马初日之行里数，以乘十五日，得驽马十五日之凡行。[8]又以十五日乘半里，以减驽马初日之行。[9]余，以乘日分子，如日分母而一。所得，加前里，即驽马定行里数。[10]其奇半里者，为半法，以半法增残分，即得。其不尽者而命分。[11]

·译文

假设有良马与劣马自长安出发到齐。齐距长安有3000里。良马第1日走193里，每日增加13里，劣马第1日走97里，每日减少$\frac{1}{2}$里。良马先到达齐，又回头迎接劣马。问：它们几日相逢及各走多少？

答：

$15\frac{135}{191}$日相逢，

良马走$4534\frac{46}{191}$里，

劣马走$1465\frac{145}{191}$里。

术：假令它们15日相逢，不足$337\frac{1}{2}$里。假令16日相逢，多了140里。以盈、不足与假令之数交叉相乘，相加而作为被除数。将盈、不足相加作为除数。被除数除以除数，而得到相逢日数。如果除不尽，就以等数约简之而命名一个分数。求良马走的里数：以14乘每日增加的里数而除以2，加良马第1日所走的里数，以15日乘之，便得到良马15日走的总里数。又以15乘每日增加的里数，加

良马第1日所走的里数。以此乘第16日的分子，除以第16日的分母。所得的结果，加良马前面走的总里数，就得到良马所走的确定里数。如果除不尽就命名一个分数。求劣马走的里数：以14乘$\frac{1}{2}$里，又除以2，以减劣马第1日所走的里数，以此乘15日，便得到劣马15日走的总里数。又以15日乘$\frac{1}{2}$里，以此减劣马第1日所走的里数。以其余数乘第16日的分子，除以第16日的分母。所得的结果，加劣马前面走的总里数，就是劣马所走的确定里数。其余数是$\frac{1}{2}$里的，就以2作为除数，将以2为法的分数加到剩余的分数上，即得到结果。如果除不尽，就命名一个分数。

• 注释

［1］驽马：能力低下的马，劣马。

［2］假令$t_1=16$日相逢，盈$b_1=140$里，假令$t_1=15$日，不足$b_2=337\frac{1}{2}$里，将其代入盈不足术求不盈不朒之正数公式(7-1)，得

$$相逢日数=\frac{16日\times 337\frac{1}{2}里+15日\times 140里}{140里+337\frac{1}{2}里}=15\frac{135}{191}日。$$

设良马益疾里数为$d_1=13$里，第一日所行为a_1，15日所行里数为$S_{15}=4260$里。良马在第16日所行里数

$$a_{16}=a_1+15\times d_1=193里+15\times 13里=388里。$$

在第16日的$\frac{135}{191}$中所行为

$$388里\times\frac{135}{191}=274\frac{46}{191}里。$$

良马在$15\frac{135}{191}$日中共行

$$4260里+274\frac{46}{191}里=4534\frac{46}{191}里。$$

驽马 15 日所行里数为 $S'_{15}=1402\frac{1}{2}$ 里。驽马第 16 日所行里数

$$v_{16}=v_1-15\times d_2=97\text{ 里}-15\times\frac{1}{2}\text{ 里}=89\frac{1}{2}\text{ 里}。$$

驽马在第 16 日的 $\frac{135}{191}$ 中所行为

$$89\frac{1}{2}\text{ 里}\times\frac{135}{191}=63\frac{99}{382}\text{ 里}。$$

那么驽马在 $15\frac{135}{191}$ 日中共行

$$1402\frac{1}{2}\text{ 里}+63\frac{99}{382}\text{ 里}=1465\frac{145}{191}\text{ 里}。$$

然而,此问也是非线性问题,因而答案是近似的。由下文所给出的等差数列求和公式(7-9),设良、驽二马 n 日相逢,则良马所行为:

$$S_n=\left[193+\frac{(n-1)\times 13}{2}\right]n。$$

驽马所行为:

$$S'_n=\left[97+\frac{(n-1)\times\frac{1}{2}}{2}\right]n。$$

依题设

$$S_n+S'_n=\left[193+\frac{(n-1)\times 13}{2}\right]n+\left[97+\frac{(n-1)\times\frac{1}{2}}{2}\right]n=6000。$$

整理得:

$$5n^2+227n=4800,$$

$$n=\frac{1}{10}\left(\sqrt{147529}-227\right)$$

为相逢日。

[3] 假令 $t_1=15$ 日相逢,由下文的(7-9)式,良马 15 日行

$$S_{15}=\left[a_1+\frac{14d_1}{2}\right]\times 15=\left[193\text{里}+\frac{14\times 13\text{里}}{2}\right]\times 15=4260\text{里},$$

需要回迎驽马(4260里−3000里)=1260里。驽马15日行

$$S'_{15}=\left[v_1-\frac{(n-1)d_2}{2}\right]n=\left[97-\frac{14\times\frac{1}{2}}{2}\right]\times 15=1402\frac{1}{2}\text{里}。$$

$$3000\text{里}-\left(1260\text{里}+1402\frac{1}{2}\text{里}\right)=337\frac{1}{2}\text{里},$$

所以说不足$b_2=337\frac{1}{2}$里。

假令$t_2=16$日相逢，良马16日行

$$S_{16}=\left[a_1+\frac{15d_1}{2}\right]\times 16=\left[193\text{里}+\frac{15\times 13\text{里}}{2}\right]\times 16=4648\text{里},$$

需要回迎驽马(4648里−3000里)=1648里。驽马16日行

$$S'_{16}=\left[v_1-\frac{(n-1)d_2}{2}\right]n=\left[97-\frac{15\times\frac{1}{2}}{2}\right]\times 16=1492\text{里}。$$

$$\left(1648\text{里}+1492\text{里}\right)-3000\text{里}=140\text{里},$$

所以说多了$b_1=140$里。

［4］这是说，假令t_1日，盈余b_1里，假令t_2，不足b_2里，由求不盈不朒之正数的公式(7−1)，得

$$\text{相逢日数}=\frac{t_1b_2+t_2b_1}{b_1+b_2}。$$

［5］这是说，设良马益疾里数为d_1，第n日所行为a_n，这是说良马15日所行里数为

$$S_{15}=\left[a_1+\frac{14d_1}{2}\right]\times 15。$$

这里实际上使用了等差数列求和公式

$$S_n=\left[a_1+\frac{(n-1)d}{2}\right]n。\qquad (7-9)$$

这是中国数学史上第一次有记载的等差数列求和公式，其中u_1是等差数列的首项，d是其公差。

[6] 此给出了良马在第16日所行里数

$$a_{16}=a_1+15\times d_1。$$

这里实际上使用了等差数列的通项公式

$$a_n=a_1+(n-1)d。$$

这是中国数学史上第一次有记载的等差数列通项公式。

[7] 这是说，以良马在第16日的$\frac{135}{191}$中所行里数加上前15日所行里数，就是良马所行总里数。

[8] 设驽马日减里数为d_2，设第n日所行为v_n，那么驽马15日所行里数为

$$S'_n=\left[v_1-\frac{(n-1)d_2}{2}\right]n。$$

[9] 这是说，驽马第16日所行里数

$$v_{16}=v_1-15\times d_2。$$

[10] 这是说，以驽马在第16日的$\frac{135}{191}$中所行里加上前15日所行里数，就是驽马所行总里数。

[11] 这是说，如果除不尽，就以法作分母命名一个分数。

(八) 线性问题(3)

• 原文

今有人持钱之蜀贾[1]，利：十，三。[2]初返，归一万四千；次返，归一万三千；次返，归一万二千；次返，归一万一千；后返，归一万。凡五返归钱，本利俱尽。问：本持钱及利各几何？

答曰：

本三万四百六十八钱三十七万一千二百九十三分钱之八万四千八百七十六，

利二万九千五百三十一钱三十七万一千二百九十三分钱之二十八万六千四百一十七。[3]

术曰：假令本钱三万，不足一千七百三十八钱半；令之四万，多三万五千三百九十钱八分。[4]

·译文

假设有人带着钱到蜀地做买卖，利润是每10，可得3。第一次返回留下14000钱，第二次返回留下13000钱，第三次返回留下12000钱，第四次返回留下11000钱，最后一次返回留下10000钱。第五次返回留下钱之后，本、利俱尽。问：原本带的钱及利润各多少？

答：

本钱是$30468\frac{84876}{371293}$钱，

利润是$29531\frac{286417}{371293}$钱。

术：假令本钱是30000钱，则不足是$1738\frac{1}{2}$钱；假令本钱是40000钱，则多了$35390\frac{8}{10}$钱。

·注释

[1] 之蜀贾：到蜀地做买卖。贾(gǔ)：做买卖。

[2] 利：十，三：$\frac{3}{10}$的利息，本利＝本钱$\times\left(1+\frac{3}{10}\right)$。

[3] 将假令本钱为$a_1=30000$钱，不足$b_1=1738\frac{1}{2}$钱，假令本钱为$a_2=40000$钱，盈余$b_2=35390\frac{4}{5}$钱代入盈不足术求不盈不朒之正数的公式(7-1)，得

$$本钱=\frac{30000钱\times 35390\frac{4}{5}钱+40000钱\times 1738\frac{1}{2}钱}{35390\frac{4}{5}钱+1738\frac{1}{2}钱}$$

$$=30468\frac{84876}{371293}钱。$$

到蜀地做买卖5次，扣除每次返归的钱，将剩余的钱按$\frac{3}{10}$获利，总计为$29531\frac{286417}{371293}$钱。

[4] 根据刘徽注，假令本钱为$a_1=30000$钱，初返本利为30000钱$\times\left(1+\frac{3}{10}\right)=39000$钱。归留14000钱，余25000钱。二返本利为25000钱$\times\left(1+\frac{3}{10}\right)=32500$钱。归留13000钱，余19500钱。三返本利为19500钱$\times\left(1+\frac{3}{10}\right)=25350$钱。归留12000钱，余13350钱。四返本利为13350钱$\times\left(1+\frac{3}{10}\right)=17355$钱。归留11000钱，余6355钱。五返本利为6355钱$\times\left(1+\frac{3}{10}\right)=8261\frac{1}{2}$钱。除去第五返归留10000钱，$8261\frac{1}{2}$钱$-10000$钱$=-1738\frac{1}{2}$钱，所以说不足$b_1=1738\frac{1}{2}$钱。

假令本钱是$b_2=40000$钱，初返本利为40000钱$\times\left(1+\frac{3}{10}\right)=52000$钱。归留14000钱，余38000钱。二返本利为38000钱$\times\left(1+\frac{3}{10}\right)=49400$钱。归留13000钱，余36400钱。三返本利为36400钱$\times\left(1+\frac{3}{10}\right)=47320$钱。归留12000钱，余35320钱。四返本利为35320钱$\times\left(1+\frac{3}{10}\right)=45916$钱。归留11000钱，余34916钱。五返本利为34916钱$\times\left(1+\frac{3}{10}\right)=$

$45390\frac{8}{10}$钱。除去第五返归留10000钱，$45390\frac{8}{10}$钱 $-$ 10000钱 $=$ $35390\frac{8}{10}$钱，所以说盈余 $b_2=35390\frac{8}{10}$钱。

（九）非线性问题（3）——等比数列②

·原文

今有垣厚五尺，两鼠对穿。大鼠日一尺，小鼠亦日一尺。大鼠日自倍，小鼠日自半。[1]问：几何日相逢？各穿几何？

荅曰：

二日一十七分日之二。

大鼠穿三尺四寸十七分寸之一十二，

小鼠穿一尺五寸十七分寸之五。[2]

术曰：假令二日，不足五寸；令之三日，有余三尺七寸半。[3]

·译文

假设有一堵墙，5尺厚，两只老鼠相对穿洞。大老鼠第一日穿1尺，小老鼠第一日也穿1尺。大老鼠每日比前一日加倍，小老鼠每日比前一日减半。问：它们几日相逢？各穿多长？

答：

$2\frac{2}{17}$日相逢，

大老鼠穿3尺$4\frac{12}{17}$寸，

小老鼠穿1尺$5\frac{5}{17}$寸。

术：假令二鼠2日相逢，不足5寸；假令3日相逢，有盈余3尺$7\frac{1}{2}$寸。

·注释

［1］日自倍：后一日所穿是前一日的2倍，则各日所穿是以2为公

比的递增等比数列。日自半：后一日所穿是前一日的$\frac{1}{2}$，则各日所穿是以$\frac{1}{2}$为公比的递减等比数列。

［2］将假令$a_1=2$日，不足$b_1=5$寸，假令$a_2=3$日，盈余$b_2=37\frac{1}{2}$寸代入盈不足术求不盈不朒之正数的公式(7-1)，得

$$相逢日数=\frac{2日\times 37\frac{1}{2}寸+3日\times 5寸}{5寸+37\frac{1}{2}寸}=2\frac{2}{17}日。$$

大鼠第一日穿1尺，第二日穿2尺，第三日穿4尺，那么第三日的$\frac{2}{17}$日穿$4尺\times\frac{2}{17}=\frac{8}{17}$尺，$2\frac{2}{17}$日共穿

$$1尺+2尺+\frac{8}{17}尺=3\frac{8}{17}尺=3尺4\frac{12}{17}寸。$$

小鼠第一日穿1尺，第二日穿$\frac{1}{2}$尺，第三日穿$\frac{1}{4}$尺，那么第三日的$\frac{2}{17}$日穿$\frac{1}{4}尺\times\frac{2}{17}=\frac{1}{34}$尺，$2\frac{2}{17}$日共穿

$$1尺+\frac{1}{2}尺+\frac{1}{34}尺=1\frac{9}{17}尺=1尺5\frac{5}{17}寸。$$

然此亦为近似解。求其准确解的方法是：设二鼠n日相逢，则大鼠、小鼠所穿分别为

$$S_n=\frac{1尺\times(1-2^n)}{1-2}=(2^n-1)尺,$$

$$S'_n=\frac{1尺\times\left[1-\left(\frac{1}{2}\right)^n\right]}{1-\frac{1}{2}}=2\times\frac{(2^n-1)}{2^n}尺。$$

由题设$(2^n-1)尺+2\times\frac{(2^n-1)}{2^n}尺=5尺$。整理得

$$2^{2n}-4\times 2^n-2=0,$$

于是

$$n=\frac{\lg\left(2+\sqrt{6}\right)}{\lg 2}。$$

[3] 假令 $a_1=2$ 日大鼠与小鼠相逢，大鼠第一日穿1尺，第二日穿2尺。小鼠第一日穿1尺，第二日穿5寸。共穿4尺5寸。5尺−4尺5寸=5寸，所以说不足 $b_1=5$ 寸。令之 $a_2=3$ 日，大鼠第三日穿4尺，小鼠第三日穿 $2\frac{1}{2}$ 寸。共8尺 $7\frac{1}{2}$ 寸。8尺 $7\frac{1}{2}$ 寸−5尺=3尺 $7\frac{1}{2}$ 寸，所以说有余 $b_2=3$ 尺 $7\frac{1}{2}$ 寸。

九章算術

LES NEUF CHAPITRES

Le Classique mathématique de la Chine ancienne et ses commentaires

Édition critique bilingue traduite, présentée et annotée
par Karine Chemla et Guo Shuchun

Glossaire des termes mathématiques chinois anciens
par Karine Chemla, calligraphies originales de Toshiko Yasumoto

Préface de Geoffrey Lloyd

Ouvrage publié avec le concours du Centre national du livre

DUNOD

本书译者郭书春与法国学者林力娜(K. Chemla)合作完成的中法双语评注《九章算术》扉页

第八卷

方　程

方程:中国古典数学的重要科目,“九数”之一,即今天的线性方程组解法,与今天的“方程”的含义不同。今天的方程在古代称为开方。“方程”的本义是并而程之。方:并也。因此,方程就是并而程之,即将诸物之间的几个数量关系并列起来,考察其度量标准。一个数量关系排成有顺序的一行,像一枝竹或木棍。将它们一行行并列起来,恰似一条竹筏或木筏,这正是方程的形状。

吴文俊，中国著名数学家，在代数拓扑学、数学机械化、中国数学史等方面有深刻研究与开创性贡献。他阐发了中国古典数学的程序化、机械化特点，指出它属于世界数学发展的主流

一、三种基本方法

(一)方程术——线性方程组解法

原文

今有上禾三秉,[1]中禾二秉,下禾一秉,实三十九斗;上禾二秉,中禾三秉,下禾一秉,实三十四斗;上禾一秉,中禾二秉,下禾三秉,实二十六斗。问:上、中、下禾实一秉各几何?

答曰:

上禾一秉九斗四分斗之一,

中禾一秉四斗四分斗之一,

下禾一秉二斗四分斗之三。

方程术曰:置上禾三秉,中禾二秉,下禾一秉,实三十九斗于右方。中、左禾列如右方。[2]以右行上禾遍乘中行,而以直除。[3]又乘其次,亦以直除。复去左行首。[4]然以中行中禾不尽者遍乘左行,而以直除。左方下禾不尽者,上为法,下为实。实即下禾之实。[5]求中禾,以法乘中行下实,而除下禾之实。[6]余,如中禾秉数而一,即中禾之实。[7]求上禾,亦以法乘右行下实,而除下禾、中禾之实。[8]余,如上禾秉数而一,即上禾之实。[9]实皆如法,各得一斗。[10]

译文

假设有3捆上等禾,2捆中等禾,1捆下等禾,共有颗实39斗;2捆上等禾,3捆中等禾,1捆下等禾,共有颗实34斗;1捆上等禾,2捆中等禾,3捆下等禾,共有颗实26斗。问:1捆上等禾、1捆中等禾、1捆下等禾的颗实斗数各是多少?

答:

1捆上等禾颗实$9\frac{1}{4}$斗,

1 捆中等禾颗实 $4\frac{1}{4}$ 斗，

1 捆下等禾颗实 $2\frac{3}{4}$ 斗。

方程术：在右行布置 3 捆上等禾，2 捆中等禾，1 捆下等禾，共有颗实 39 斗。中行、左行的禾也如右行那样列出。以右行的上等禾的捆数乘整个中行，而以右行与之对减。又以右行上等禾的捆数乘下一行，亦以右行对减。再消去左行头一位。然后以中行的中等禾没有减尽的捆数乘整个左行，而以中行对减。左行的下等禾没有减尽的，上方的作为除数，下方的作为被除数。这里的被除数就是下等禾之颗实斗数。如果要求中等禾的颗实斗数，就以左行的除数乘中行下方的颗实斗数，而减去下等禾之颗实斗数。它的余数除以中等禾的捆数，就是 1 捆中等禾的颗实斗数。如果要求上等禾的颗实斗数，也以左行的除数乘右行下方的颗实斗数，而减去下等禾、中等禾的颗实斗数。其余数除以上等禾的捆数，就是 1 捆上等禾的颗实斗数。各种禾的颗实斗数皆除以除数，分别得 1 捆的颗实斗数。

• 注释

[1] 禾：粟，今天的小米。又指庄稼的茎秆。这里应该是指带谷穗的谷秸。秉：禾束，禾把。

[2] 这是列出方程，如图 8-1(1)所示，其中以阿拉伯数字代替算筹数字。设 x，y，z 分别表示上、中、下禾一秉之实，它相当于线性方程组

$$3x+2y+z=39,$$
$$2x+3y+z=34,$$
$$x+2y+3z=26。$$

[3] 直除：面对面相减，两行对减。直：当，临。除：减。这是以右行上禾系数 3 乘整个中行，如图 8-1(2)所示。然后以右行与中行对减，两次减，中行上禾的系数变为 0，如图 8-1(3)所示。它相当于线性

方程组

$$3x+2y+z=39,$$
$$5y+z=24,$$
$$x+2y+3z=26。$$

[4] 这是以右行上禾系数3乘整个左行,以右行直减左行,使左行上禾系数也化为0,如图8-1(4)所示。它相当于线性方程组

$$3x+2y+z=39,$$
$$5y+z=24,$$
$$4y+8z=39。$$

[5] 左行下禾系数为36,颗实斗数为99斗。下禾系数与颗实斗数有公约数9,以其约简,下禾系数为4,作为除数,颗实斗数就是被除数,为11。被除数只是下禾的颗实斗数。如图8-1(5)所示,它相当于线性方程组

$$3x+2y+z=39,$$
$$5y+z=24,$$
$$4z=11。$$

[6] 这是说,为了求中禾,以左行的除数(即下禾的捆数)乘中行的下方的颗实斗数,减去左行下禾的颗实斗数,即

$$24\times4-11=85。$$

[7] 这是说,中禾颗实斗数的余数除以中行的中禾的捆数,就是中禾的颗实斗数,即以

$$(24\times4-11\times1)\div5=17$$

为中禾的颗实斗数,仍以左行的除数4作为除数。这便得到形如图8-1(6)的方程。

[8] 这是说,如果求上禾,也以左行的除数乘右行下方的颗实斗数,减去左行下禾的颗实斗数乘右行下禾的捆数,再减去中行中禾的颗实斗数乘右行中禾的捆数,即

$$39\times4-11\times1-17\times2=111。$$

[9] 这是说,其余数除以上等禾的捆数,就是1捆上等禾的颗实斗

数。余:指以左行的除数乘右行下方的颗实斗数,减去左行下禾的颗实斗数乘右行下禾的捆数,再减去中行中禾的颗实斗数乘右行中禾的捆数的余数。它除以右行上禾的捆数,就是上禾的颗实斗数,仍以左行的除数作为除数,即

$$(39\times4-11\times1-17\times2)\div3=37,$$

仍以4作为除数。这便得到形如图8-1(7)所示的方程。这里在消去中、左行的首项及左行的中项之后,没有再用直除法,而是采用类似于今天的代入法的方法求解。

[10] 这是说,各行的颗实斗数皆除以除数,分别得1捆的颗实斗数,即得到1捆上禾的颗实斗数 $x=9\frac{1}{4}$ 斗,1捆中禾的颗实斗数 $y=4\frac{1}{4}$ 斗,1捆下禾的颗实斗数 $z=2\frac{3}{4}$ 斗。

1	2	3	1	6	3	1	0	3	0	0	3
2	3	2	2	9	2	2	5	2	4	5	2
3	1	1	3	3	1	3	1	1	8	1	1
26	34	39	26	102	39	26	24	39	39	24	39
	(1)			(2)			(3)			(4)	
0	0	3	0	0	12	0	0	4			
0	5	2	0	4	8	0	4	0			
4	1	1	4	0	0	4	0	0			
11	24	39	11	17	145	11	17	37			
	(5)			(6)			(7)				

图8-1

注:与今天一般以横排为行,以竖排为列相反,在中国古代,是以竖排为行,以横排为列。

(二)损益——列方程的方法

·原文

今有上禾七秉,损实一斗,益之下禾二秉,而实一十斗;下禾八秉,益实一斗,与上禾二秉,而实一十斗。[1]问:上、下禾实一秉各几何?

答曰：

上禾一秉实一斗五十二分斗之一十八，

下禾一秉实五十二分斗之四十一。

术曰：如方程。损之曰益，益之曰损。[2]损实一斗者，其实过一十斗也；益实一斗者，其实不满一十斗也。[3]

• 译文

假设有7捆上等禾，如果它的颗实减损1斗，又增益2捆下等禾，而颗实共是10斗；有8捆下等禾，如果它的颗实增益1斗，与2捆上等禾，而颗实也共是10斗。问：1捆上等禾、下等禾的颗实斗数各是多少？

答：

1捆上等禾的颗实是$1\frac{18}{52}$斗，

1捆下等禾的颗实是$\frac{41}{52}$斗。

术：如同方程术那样求解。在此处减损某量，也就是说在彼处增益同一个量，在此处增益某量，也就是说在彼处减损同一个量。“它的颗实减损1斗”，就是它的颗实超过10斗的部分；“它的颗实增益1斗”，就是它的颗实不满10斗的部分。

• 注释

[1] 设x，y分别表示上、下禾一捆的颗实斗数，题设相当于给出关系

$$(7x-1)+2y=10,$$
$$2x+(8y+1)=10。$$

[2] 这是说，在此处减损某量，相当于在彼处增益同一个量；在此处增益某量，相当于在彼处减损同一个量。损益是建立方程的一种重要方法。

[3] 这是说，通过损益，其线性方程组就是

$$7x+2y=11,$$
$$2x+8y=9。$$

以第1行x的系数7乘第2行整行，得到$14x+56y=63$。两次减第1行，得到$52y=41$。因此$y=\frac{41}{52}$斗。代入第1行，得到$x=1\frac{18}{52}$斗。

（三）正负术——正负数加减法则

·原文

今有上禾二秉，中禾三秉，下禾四秉，实皆不满斗。上取中、中取下、下取上各一秉而实满斗。[1]问：上、中、下禾实一秉各几何？

荅曰：

上禾一秉实二十五分斗之九，

中禾一秉实二十五分斗之七，

下禾一秉实二十五分斗之四。

术曰：如方程。各置所取。以正负术入之。[2]

正负术[3]曰：同名相除，异名相益，[4]正无人负之，负无人正之。[5]其异名相除，同名相益，[6]正无人正之，负无人负之。[7]

·译文

假设有2捆上等禾，3捆中等禾，4捆下等禾，它们各自的颗实都不满1斗。如果上等禾借取中等禾、中等禾借取下等禾、下等禾借取上等禾各1捆，则它们的颗实恰好都满1斗。问：1捆上等禾、中等禾、下等禾的颗实各是多少？

答：

1捆上等禾的颗实是$\frac{9}{25}$斗，

1捆中等禾的颗实是$\frac{7}{25}$斗，

1捆下等禾的颗实是$\frac{4}{25}$斗。

术：如同方程术那样求解。分别布置所借取的数量。将正负术纳入之。

正负术：相减的两个数如果符号相同，则它们的数值相减，相减的两个数如果符号不相同，则它们的数值相加。正数如果没有相对减的数，就变成负的，负数如果没有相对减的数，就变成正的。相加的两个数如果符号不相同，则它们的数值相减，相加的两个数如果符号相同，则它们的数值相加。正数如果没有相对加的数仍然是正数，负数如果没有相对加的数仍然是负数。

· 注释

[1] 设 x,y,z 分别表示上、中、下禾一捆的颗实斗数，它相当于线性方程组

$$2x+y=1,$$
$$3y+z=1,$$
$$x+4z=1。$$

如图 8-2(1)所示。

[2] 这是说将正负术纳入其解法。入：纳入。此问的方程在消去左行上禾的系数时，其中会出现 $0-1=-1$ 的运算，从而变成

$$2x+y=1,$$
$$3y+z=1,$$
$$-y+8z=1。$$

如图 8-2(2)所示。所以要将正负术纳入此术的解法。宋元时期常在算筹数字的末位放置一枚斜筹表示负数。用第 2 行 y 的系数 3 乘第 3 行整行，与第 2 行相加，得到 $25z=4$。于是 $z=\frac{4}{25}$ 斗。将其代入第 2 行，得到 $y=\frac{7}{25}$ 斗。将 z,y 的值代入第 1 行，得到 $x=\frac{9}{25}$ 斗。

1	0	2	0	0	2
0	3	1	−1	3	1
4	1	0	8	1	0
1	1	1	1	1	1
	(1)			(2)	

图 8-2

[3] 正负术即正负数加减法则。《九章算术》中负数的引入及正负数加减法则的提出,都是世界上最早的,超前其他文化传统几百年甚至上千年。

[4] 相减的两个数如果符号相同,则它们的数值相减。相减的两个数如果符号不同,则它们的数值相加。这是正负数减法法则。名:名分、指称,此处即今天的正负号。同名:同号。除:这里是减的意思。这是说符号相同的数相减,则它们的数值(这里是绝对值)相减。即

$$(\pm a)-(\pm b)=\pm(a-b),\ a>b,$$
$$(\pm a)-(\pm b)=\mp(a-b),\ a<b。$$

异名:不同号。这是说,符号不同的数相减,则它们的数值(这里是绝对值)相加。即

$$(\pm a)-(\mp b)=\pm(a+b)。$$

[5] 这是说,正数没有与之对减的数,则为负数。无人:就是"无偶"。人:偶,伴侣,相对者。即

$$0-(+a)=-a,\ a>0。$$

负数没有与之对减的数,则为正数。即

$$0-(-a)=+a,\ a>0。$$

[6] 这是正负数加法法则。如果两者是异号的,则它们的数值(这里是绝对值)相减。即

$$(\pm a)+(\mp b)=\pm(a-b),\ a>b。$$

如果相加的两者是同号的,则它们的数值(这里是绝对值)相加。即

$$(\pm a)+(\pm b)=\pm(a+b)。$$

[7] 如果正数没有与之相加的数,则仍为正数。即

$$0+(+a)=+a,\ a>0。$$

如果负数没有与之相加的数,则仍为负数。即

$$0+(-a)=-a,\ a>0。$$

二、各种例题

(一) 由常数项与未知数的损益列二元方程组用正负术求解

· 原文

今有上禾五秉,损实一斗一升,当下禾七秉;上禾七秉,损实二斗五升,当下禾五秉。[1]问:上、下禾实一秉各几何?

答曰:

上禾一秉五升,

下禾一秉二升。

术曰:如方程。置上禾五秉正,下禾七秉负,损实一斗一升正。次置上禾七秉正,下禾五秉负,损实二斗五升正。以正负术入之。[2]

今有上禾六秉,损实一斗八升,当下禾一十秉;下禾一十五秉,损实五升,当上禾五秉。[3]问:上、下禾实一秉各几何?

答曰:

上禾一秉实八升,

下禾一秉实三升。

术曰:如方程。置上禾六秉正,下禾一十秉负,损实一斗八升正。次,上禾五秉负,下禾一十五秉正,损实五升正。以正负术入之。[4]

今有上禾三秉,益实六斗,当下禾一十秉;下禾五秉,益实一斗,当上禾二秉。[5]问:上、下禾实一秉各几何?

答曰:

上禾一秉实八斗,

下禾一秉实三斗。

术曰:如方程。置上禾三秉正,下禾一十秉负,益实六斗负。次置上禾二秉负,下禾五秉正,益实一斗负。以正负术入之[6]。

·译文

假设有5捆上等禾,将它的颗实减损1斗1升,与7捆下等禾的颗实相等;7捆上等禾,将它的颗实减损2斗5升,与5捆下等禾的颗实相等。问:1捆上等禾、下等禾的颗实各是多少?

答:

1捆上等禾的颗实是5升,

1捆下等禾的颗实是2升。

术:如同方程术那样求解。首先,布置上等禾的捆数5,是正的,下等禾的捆数7,是负的,减损的颗实1斗1升,是正的。接着布置上等禾的捆数7,是正的,下等禾的捆数5,是负的,减损的颗实2斗5升,是正的。将正负术纳入之。

假设有6捆上等禾,将它的颗实减损1斗8升,与10捆下等禾的颗实相等;15捆下等禾,将它的颗实减损5升,与5捆上等禾的颗实相等。问:1捆上等禾、下等禾的颗实各是多少?

答:

1捆上等禾的颗实是8升,

1捆下等禾的颗实是3升。

术:如同方程术那样求解。布置上等禾的捆数6,是正的,下等禾的捆数10,是负的,减损的颗实1斗8升,是正的。接着布置上等禾的捆数5,是负的,下等禾的捆数15,是正的,减损的颗实5升,是正的。将正负术纳入之。

假设有3捆上等禾,将它的颗实增益6斗,与10捆下等禾的颗实相等;5捆下等禾,将它的颗实增益1斗,与2捆上等禾的颗实相等。问:1捆上等禾、下等禾的颗实各是多少?

答:

1捆上等禾的颗实是8斗,

1捆下等禾的颗实是3斗。

术：如同方程术那样求解。布置上等禾的捆数3，是正的，下等禾的捆数10，是负的，增益的颗实6斗，是负的。接着布置上等禾的捆数2，是负的，下等禾的捆数5，是正的，增益的颗实1斗，是负的。将正负术纳入之。

• 注释

[1] 设x,y分别表示上、下禾一捆的颗实，例题的题设相当于给出关系式

$$5x-11=7y,$$
$$7x-25=5y。$$

[2] 通过常数项和未知数的损益，列出二元线性方程组

$$5x-7y=11,$$
$$7x-5y=25。$$

第二个未知数的系数都是负数，用正负术求解。以第1行x的系数5乘第2行整行，七次减第1行，得到$24y=48$。因此$y=2$升。代入第1行，得到$5x=25$升。因此$x=5$升。

[3] 设x,y分别表示上、下禾一捆之颗实，例题的题设相当于给出关系式

$$6x-18=10y,$$
$$15y-5=5x。$$

[4] 通过常数项和未知数的损益，列出二元线性方程组

$$6x-10y=18,$$
$$-5x+15y=5。$$

两个未知数的系数有负数，用正负术求解。以第1行x的系数6乘第2行整行，五次加第1行，得到$40y=120$。因此$y=3$升。代入第1行，得到$6x=48$升。因此$x=8$升。

[5] 设x,y分别表示上、下禾一捆之颗实，例题的题设相当于给出关系式

$$3x+6=10y,$$
$$5y+1=2x。$$

[6] 通过常数项和未知数的损益，列出二元线性方程组

$$3x-10y=-6,$$
$$-2x+5y=-1。$$

两个常数项均为负数，两个未知数的系数也有负数，用正负术求解。以第1行x的系数3乘第2行整行，两次加第1行，得到$5y=15$。因此$y=3$斗。代入第1行，得到$3x=24$斗。因此$x=8$斗。

(二) 刘徽创造互乘相消法的牛羊值金问

• 原文

今有牛五、羊二，直金十两；牛二、羊五，直金八两。[1]问：牛、羊各直金几何？

答曰：

牛一直金一两二十一分两之一十三，

羊一直金二十一分两之二十。

术曰：如方程。[2]

• 译文

假设有5头牛、2只羊，值10两金；2头牛、5只羊，值8两金。问：1头牛、1只羊各值多少金？

答：

1头牛值$1\frac{13}{21}$两金，

1只羊值$\frac{20}{21}$两金。

术：如同方程术那样求解。

• 注释

[1] 直：值，值钱。设x,y分别表示1头牛、1只羊的价钱，题设给

出二元线性方程组，如图 8-3(1)所示。

$$5x+2y=10,$$
$$2x+5y=8。$$

[2]《九章算术》用方程术求解。刘徽则创造了互乘相消法：用头位的系数互相乘另外一行，如图 8-3(2)所示。

$$10x+4y=20,$$
$$10x+25y=40。$$

以第 1 行减第 2 行，得到 $21y=20$，如图 8-3(3)所示。于是 $y=\frac{20}{21}$ 两。将其代入第 1 行，得到 $5x+2\times\frac{20}{21}$ 两 $=10$ 两。于是 $x=1\frac{13}{21}$ 两。

(1)		(2)		(3)	
2	5	10	10	0	10
5	2	25	4	21	4
8	10	40	20	20	20

图 8-3

（三）由未知数的损益列三元方程组用正负术求解

• 原文

今有卖牛二、羊五，以买一十三豕，有余钱一千；卖牛三、豕三，以买九羊，钱适足；卖六羊、八豕，以买五牛，钱不足六百。[1]问：牛、羊、豕价各几何？

荅曰：

牛价一千二百，

羊价五百，

豕价三百。

术曰：如方程。置牛二、羊五正，豕一十三负，余钱数正；次，牛三正，羊九负，豕三正；次，五牛负，六羊正，八豕正，不足钱负。以正负术入之。[2]

· 译文

假设卖了2头牛、5只羊，用来买13只猪，还剩余1000钱；卖了3头牛、3只猪，用来买9只羊，钱恰好足够；卖了6只羊、8只猪，用来买5头牛，不足600钱。问：1头牛、1只羊、1只猪的价格各是多少？

答：

1头牛的价格是1200钱，

1只羊的价格是500钱，

1只猪的价格是300钱。

术：如同方程术那样求解。布置牛的头数2、羊的只数5，都是正的，猪的只数13，是负的，余钱数是正的；接着布置牛的头数3，是正的，羊的只数9，是负的，猪的只数3，是正的；再布置牛的头数5，是负的，羊的只数6，是正的，猪的只数8，是正的，不足的钱是负的。将正负术纳入之。

· 注释

[1] 设牛、羊、猪价分别是x，y，z，题设相当于关系式

$$2x+5y=13z+1000,$$
$$3x+3z=9y,$$
$$6y+8z=5x-600。$$

[2] 由未知数的损益，列出线性方程组，如图8-4(1)所示。

$$2x+5y-13z=1000,$$
$$3x-9y+3z=0,$$
$$-5x+6y+8z=-600。$$

以中行x的系数3乘左行整行，五次加中行整行，左行变成$-27y+39z=-1800$。以右行x的系数2乘中行整行，三次减去右行整行，中行变成$-33y+45z=-3000$。右行不变，如图8-4(2)所示。以3约简左行、中行整行，分别变成$-9y+13z=-600$与$11y+15z=1000$，如图8-4(3)所示。以中行y的系数11乘左行整行，九次加中行，左行变成$8z=2400$，如图8-4(4)所示。于是$z=300$，$y=500$，$x=1200$。

−5	3	2	0	0	2	0	0	2	0	0	2
6	−9	5	−27	−33	5	−9	11	5	0	11	5
8	3	−13	39	−45	−13	13	15	−13	8	15	−13
−600	0	1000	−1800	3000	1000	−600	1000	1000	2400	1000	1000
	(1)			(2)			(3)			(4)	

图 8-4

(四) 五雀六燕

原文

今有五雀六燕,集称之衡,雀俱重,燕俱轻。一雀一燕交而处,衡适平。[1]并雀、燕重一斤。问:雀、燕一枚各重几何?

答曰:

雀重一两一十九分两之一十三,

燕重一两一十九分两之五。

术曰:如方程。交易质之,各重八两。[2]

译文

假设有5只麻雀、6只燕子,分别放在衡器上称量之,麻雀重,燕子轻。将1只麻雀、1只燕子交换,衡器恰好平衡。麻雀与燕子合起来共重1斤。问:1只麻雀、1只燕子各重多少?

答:

1只麻雀重$1\frac{13}{19}$两,

1只燕子重$1\frac{5}{19}$两。

术:如同方程术那样求解。将1只麻雀与1只燕子交换,再称量它们,各重8两。

·注释

[1] 称(chēng):称量。衡:衡器,秤。

[2] 质:称,衡量。"称量"之义当由"质"训评断、评量引申而来。这里实际上给出形如图8-5(1)所示的方程。设1只麻雀、1只燕子的重量分别为x,y,它相当于线性方程组

$$4x+y=8,$$
$$x+5y=8。$$

以左行x的系数1乘右行整行,四次减左行,右行变成$19y=24$,如图8-5(2)所示。同样,以右行x的系数4乘左行整行,一次减右行,左行亦变成$19y=24$,如图8-5(3)所示。都得$y=\frac{24}{19}$两$=1\frac{5}{19}$两。代入另一行,得$x=\frac{32}{19}$两$=1\frac{13}{19}$两。

(1)		(2)		(3)	
1	4	1	0	0	4
5	1	5	19	19	1
8	8	8	24	24	8

图8-5

(五)分数系数二元方程组的损益

·原文

今有甲、乙二人持钱不知其数。甲得乙半而钱五十,乙得甲太半而亦钱五十。[1]问:甲、乙持钱各几何?

荅曰:

甲持三十七钱半,

乙持二十五钱。

术曰:如方程。损益之。[2]

今有二马、一牛价过一万,如半马之价;一马、二牛价不满一万,如半牛之价。[3]问:牛、马价各几何?

答曰：

马价五千四百五十四钱一十一分钱之六，

牛价一千八百一十八钱一十一分钱之二。

术曰：如方程。损益之。[4]

· 译文

假设甲、乙二人带着钱，不知是多少。如果甲得到乙的钱数的$\frac{1}{2}$，就有50钱；乙得到甲的钱数的$\frac{2}{3}$，也有50钱。问：甲、乙各带了多少钱？

答：

甲带了$37\frac{1}{2}$钱，

乙带了25钱。

术：如同方程术那样求解。先对之减损增益。

假设有2匹马、1头牛，它们的价钱超过10000钱的部分，等于1匹马的价钱的$\frac{1}{2}$；1匹马、2头牛，它们的价钱不满10000钱的部分，等于1头牛的价钱的$\frac{1}{2}$。问：1头牛、1匹马的价钱各是多少？

答：

1匹马的价钱是$5454\frac{6}{11}$钱，

1头牛的价钱是$1818\frac{2}{11}$钱。

术：如同方程术那样求解。先对之减损增益。

· 注释

[1] 设甲、乙持钱分别是x，y，题设相当于给出关系式

$$x+\frac{1}{2}y=50,$$

$$\frac{2}{3}x+y=50。$$

[2] 损益之：此处的“损益”与其他处含义有所不同，是指将分数系数通过通分损益成为整数系数。刘徽指出上述方程相当于线性方程组

$$2x+y=100,$$
$$2x+3y=150_{\circ}$$

两行相减，得到 $2y=50$，于是 $y=25$ 钱。代入另一行，得到 $x=37\frac{1}{2}$ 钱。

[3] 设马、牛的价钱分别是 x,y，题设相当于给出关系式

$$(2x+y)-10000=\frac{1}{2}x,$$
$$10000-(x+2y)=\frac{1}{2}y_{\circ}$$

[4] 损益之，得出线性方程组

$$1\frac{1}{2}x+y=10000,$$
$$x+2\frac{1}{2}y=10000_{\circ}$$

这里的损益既有未知数系数和常数项的互其算，又有未知数的合并同类项。刘徽说，通过通分纳子，将方程化成

$$3x+2y=20000,$$
$$2x+5y=20000_{\circ}$$

以第1行 x 的系数3乘第2行整行，两次减第1行，第2行变成 $11y=20000$ 钱。于是 $y=\frac{20000}{11}$ 钱 $=1818\frac{2}{11}$ 钱。将其代入第1行，得到 $x=\frac{60000}{11}$ 钱 $=5454\frac{6}{11}$ 钱。

（六）三元方程组

• 原文

今有武马一匹，中马二匹，下马三匹，皆载四十石至坂，[1]皆不能上。

武马借中马一匹，中马借下马一匹，下马借武马一匹，乃皆上。[2]问：武、中、下马一匹各力引几何？[3]

荅曰：

武马一匹力引二十二石七分石之六，

中马一匹力引一十七石七分石之一，

下马一匹力引五石七分石之五。

术曰：如方程。各置所借。以正负术入之。[4]

• 译文

假设有1匹上等马，2匹中等马，3匹下等马，分别载40石的物品至一陡坡，都上不去。这匹上等马借1匹中等马，这些中等马借1匹下等马，这些下等马借1匹上等马，于是都能上去。问：1匹上等马、1匹中等马、1匹下等马的拉力各是多少？

答：

1匹上等马的拉力是$22\frac{6}{7}$石，

1匹中等马的拉力是$17\frac{1}{7}$石，

1匹下等马的拉力是$5\frac{5}{7}$石。

术：如同方程术那样求解。分别布置所借的1匹马。将正负术纳入之。

• 注释

[1]武马：上等马。坂(bǎn)：斜坡。

[2] 借：李籍云："从人假物也。"设1匹上等马、1匹中等马、1匹下等马的拉力分别是x,y,z，题设相当于给出线性方程组

$$x+y=40,$$
$$2y+z=40,$$
$$x+3z=40。$$

[3] 力引：拉力，牵引力。引：本义是拉弓，开弓。引申为牵引，拉。

[4] 以第1行减第3行，第3行变成 $-y+3z=0$。将 $y=3z$ 代入第2行，第2行变成 $7z=40$（石），于是 $z=\frac{40}{7}$ 石 $=5\frac{5}{7}$ 石。将 $z=\frac{40}{7}$ 石代入第3行，第3行变成 $x+3\times\frac{40}{7}$ 石 $=40$ 石，于是 $x=40$ 石 $-3\times\frac{40}{7}$ 石 $=40$ 石 $-\frac{120}{7}$ 石 $=22\frac{6}{7}$ 石。将 $x=22\frac{6}{7}$ 石代入第1行，第1行变成 $y=40$ 石 $-22\frac{6}{7}$ 石 $=17\frac{1}{7}$ 石。

（七）中国古典数学中第一个明确的不定问题——五家共井

• 原文

今有五家共井，甲二绠[1]不足，如乙一绠；乙三绠不足，以丙一绠；丙四绠不足，以丁一绠；丁五绠不足，以戊一绠；戊六绠不足，以甲一绠。如各得所不足一绠，皆逮。[2]问：井深、绠长各几何？

荅曰：

井深七丈二尺一寸，

甲绠长二丈六尺五寸，

乙绠长一丈九尺一寸，

丙绠长一丈四尺八寸，

丁绠长一丈二尺九寸，

戊绠长七尺六寸。

术曰：如方程。以正负术入之。[3]

• 译文

假设有五家共同使用一口井，甲家的2根井绳不如井的深度，如同乙家的1根井绳；乙家的3根井绳不如井的深度，如同丙家的1根井绳；丙家的4根井绳不如井的深度，如同丁家的1根井绳；丁家的5根井绳不如井的深度，如同戊家的1根井绳；戊家的6根井绳不如井的深度，如同甲家的1根井绳。如果各家分别得到所不足的那一根井绳，都恰好及至井底。问：井深及各家的井绳长度是多少？

答：

井深是7丈2尺1寸，

甲家的井绳长是2丈6尺5寸，

乙家的井绳长是1丈9尺1寸，

丙家的井绳长是1丈4尺8寸，

丁家的井绳长是1丈2尺9寸，

戊家的井绳长是7尺6寸。

术：如同方程术那样求解。将正负术纳入之。

• 注释

[1] 绠：从井中取水用的绳索。

[2] 逮(dài)：及，及至。设甲、乙、丙、丁、戊绠长与井深分别是x，y，z，u，v，w，题设相当于给出线性方程组

$$2x+y=w,$$
$$3y+z=w,$$
$$4z+u=w,$$
$$5u+v=w,$$
$$6v+x=w。$$

[3] 这里依方程术求解。但是，列出的方程组有6个未知数，却只有5行，因而有无穷多组解。事实上，上述方程经过消元，可以化成

$$721x=265w,$$
$$721y=191w,$$
$$721z=148w,$$
$$721u=129w,$$
$$721v=76w。$$

这实际上给出了

$$x:y:z:u:v:w=265:191:148:129:76:721。$$

显然，只要令$w=721n$，$n=1,2,3,\cdots$，都会给出满足题设的x，y，z，u，v，w的值。令$n=1$，则$x=265$寸，$y=191$寸，$z=148$寸，$u=129$寸，$v=76$寸，$w=721$寸就是其中的最小一组正整数解，《九章算术》正是以此作为定解。

(八)用正负术求解的三、四、五元方程组

• 原文

今有白禾二步、青禾三步、黄禾四步、黑禾五步,实各不满斗。白取青、黄,青取黄、黑,黄取黑、白,黑取白、青,各一步,而实满斗。[1]问:白、青、黄、黑禾实一步各几何?

答曰:

白禾一步实一百一十一分斗之三十三,

青禾一步实一百一十一分斗之二十八,

黄禾一步实一百一十一分斗之一十七,

黑禾一步实一百一十一分斗之一十。

术曰:如方程。各置所取。以正负术入之。[2]

今有甲禾二秉、乙禾三秉、丙禾四秉,重皆过于石:甲二重如乙一,乙三重如丙一,丙四重如甲一。[3]问:甲、乙、丙禾一秉各重几何?

答曰:

甲禾一秉重二十三分石之一十七,

乙禾一秉重二十三分石之一十一,

丙禾一秉重二十三分石之一十。

术曰:如方程。置重过于石之物为负。[4]以正负术入之。

今有令一人、吏五人、从者一十人,[5]食鸡一十;令一十人、吏一人、从者五人,食鸡八;令五人、吏一十人、从者一人,食鸡六。[6]问:令、吏、从者食鸡各几何?

答曰:

令一人食一百二十二分鸡之四十五,

吏一人食一百二十二分鸡之四十一,

从者一人食一百二十二分鸡之九十七。

术曰:如方程。以正负术入之。[7]

今有五羊、四犬、三鸡、二兔直钱一千四百九十六;四羊、二犬、六鸡、三兔直钱一千一百七十五;三羊、一犬、七鸡、五兔直钱九百五十八;二

羊、三犬、五鸡、一兔直钱八百六十一。[8]问：羊、犬、鸡、兔价各几何？

答曰：

羊价一百七十七，

犬价一百二十一，

鸡价二十三，

兔价二十九。

术曰：如方程。以正负术入之。[9]

今有麻九斗、麦七斗、菽三斗、荅二斗、黍五斗，直钱一百四十；麻七斗、麦六斗、菽四斗、荅五斗、黍三斗，直钱一百二十八；麻三斗、麦五斗、菽七斗、荅六斗、黍四斗，直钱一百一十六；麻二斗、麦五斗、菽三斗、荅九斗、黍四斗，直钱一百一十二；麻一斗、麦三斗、菽二斗、荅八斗、黍五斗，直钱九十五。[10]问：一斗直几何？

答曰：

麻一斗七钱，

麦一斗四钱，

菽一斗三钱，

荅一斗五钱，

黍一斗六钱。

术曰：如方程。以正负术入之。[11]

• 译文

假设有2步白禾、3步青禾、4步黄禾、5步黑禾，各种禾的颗实都不满1斗。2步白禾取青禾、黄禾各1步，3步青禾取黄禾、黑禾各1步，4步黄禾取黑禾、白禾各1步，5步黑禾取白禾、青禾各1步，而它们的颗实都满1斗。问：1步白禾、青禾、黄禾、黑禾的颗实各是多少？

答：

1步白禾的颗实是$\frac{33}{111}$斗，

1步青禾的颗实是$\frac{28}{111}$斗，

1步黄禾的颗实是$\frac{17}{111}$斗，

1步黑禾的颗实是$\frac{10}{111}$斗。

术:如同方程术那样求解。分别布置所取的数量。将正负术纳入之。

假设有2捆甲等禾、3捆乙等禾、4捆丙等禾,它们的重量都超过1石:2捆甲等禾超过1石的恰好是1捆乙等禾的重量,3捆乙等禾超过1石的恰好是1捆丙等禾的重量,4捆丙等禾超过1石的恰好是1捆甲等禾的重量。问:1捆甲等禾、乙等禾、丙等禾各重多少?

答:

1捆甲等禾重$\frac{17}{23}$石，

1捆乙等禾重$\frac{11}{23}$石，

1捆丙等禾重$\frac{10}{23}$石。

术:如同方程术那样求解。布置与重量超过1石的部分相当的那种物品,为负的。将正负术纳入之。

假设有1位县令、5位小吏、10位随从,吃了10只鸡;10位县令、1位小吏、5位随从,吃了8只鸡;5位县令、10位小吏、1位随从,吃了6只鸡。问:1位县令、1位小吏、1位随从各吃多少只鸡?

答:

1位县令吃了$\frac{45}{122}$只鸡，

1位小吏吃了$\frac{41}{122}$只鸡，

1位随从吃了$\frac{97}{122}$只鸡。

术:如同方程术那样求解。将正负术纳入之。

假设有5只羊、4条狗、3只鸡、2只兔子,值1496钱;4只羊、2条狗、6只鸡、3只兔子，值1175钱；3只羊、1条狗、7只鸡、5只兔子，值958钱；2只羊、3条狗、5只鸡、1只兔子，值861钱。问：1只羊、1条狗、1只鸡、1只兔子价钱各是多少？

答：

1只羊的价钱是177钱，

1条狗的价钱是121钱，

1只鸡的价钱是23钱，

1只兔子的价钱是29钱。

术：如同方程术那样求解。将正负术纳入之。

假设有9斗麻、7斗小麦、3斗菽、2斗荅、5斗黍，值140钱；7斗麻、6斗小麦、4斗菽、5斗荅、3斗黍，值128钱；3斗麻、5斗小麦、7斗菽、6斗荅、4斗黍，值116钱；2斗麻、5斗小麦、3斗菽、9斗荅、4斗黍，值112钱；1斗麻、3斗小麦、2斗菽、8斗荅、5斗黍，值95钱。问：1斗麻、1斗小麦、1斗菽、1斗荅、1斗黍各值多少钱？

答：

1斗麻值7钱，

1斗小麦值4钱，

1斗菽值3钱，

1斗荅值5钱，

1斗黍值6钱。

术：如同方程术那样求解。将正负术纳入之。

•注释

[1] 设1步白禾、青禾、黄禾、黑禾的颗实分别是x,y,z,u，题设相当于给出四元线性方程组

$$2x+y+z=1,$$
$$3y+z+u=1,$$
$$x+4z+u=1,$$
$$x+y+5u=1。$$

［2］消元中会产生负数，所以纳入正负术。

［3］设1捆甲、乙、丙禾各重x,y,z，这是给出关系式

$$2x-1=y,$$
$$3y-1=z,$$
$$4z-1=x。$$

［4］重过于石之物：指与某种禾的重量超过1石的部分相当的那种物品，所以通过未知数的损益，列出三元线性方程组

$$2x-y=1,$$
$$3y-z=1,$$
$$-x+4z=1。$$

用正负术求解。

［5］令：官名，古代政府某机构的长官，如尚书令、大司农令等。也专指县级行政长官。吏：古代官员的通称。汉朝以后特指官府中的小吏、小官和差役。从：随从。

［6］设令、吏、从者1人食鸡分别是x,y,z，这是列出三元线性方程组

$$x+5y+10z=10,$$
$$10x+y+5z=8,$$
$$5x+10y+z=6。$$

［7］因为消元中会出现负数，所以也用正负术求解。

［8］设羊、犬、鸡、兔1只的价钱分别是x,y,z,u，题设相当于给出线性方程组

$$5x+4y+3z+2u=1496,$$
$$4x+2y+6z+3u=1175,$$
$$3x+y+7z+5u=958,$$
$$2x+3y+5z+u=861。$$

［9］因为消元中会出现负数，所以也用正负术求解。

［10］设1斗麻、1斗麦、1斗菽、1斗荅、1斗黍的实分别是x,y,z,u,v，题设相当于给出线性方程组

$$\begin{aligned}9x+7y+3z+2u+5v&=140,\\7x+6y+4z+5u+3v&=128,\\3x+5y+7z+6u+4v&=116,\\2x+5y+3z+9u+4v&=112,\\x+3y+2z+8u+5v&=95。\end{aligned}$$

[11] 因为消元中会出现负数,所以也用正负术求解。刘徽在此问的注中创造了方程新术,并阐发了灵活运用数学方法的思想。

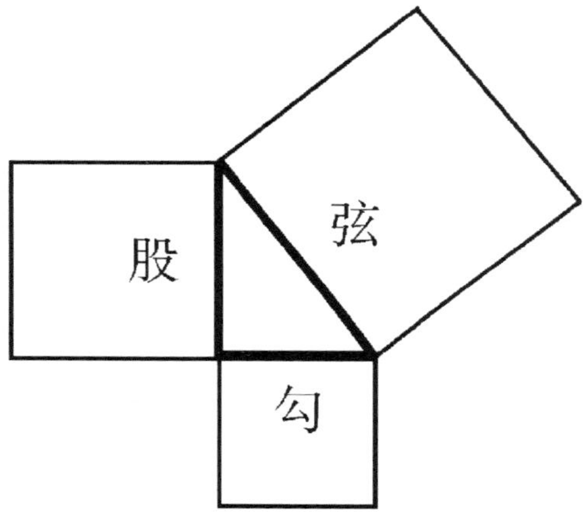

勾股定理，西方称“毕达哥拉斯定理”，以直角三角形斜边长为边长的正方形面积等于以两直角边长为边长的正方形面积之和

第九卷

勾　股

勾股：中国古典数学的重要科目，由先秦“九数”中的“旁要”发展而来。据史料分析，勾股问题，特别是解勾股形的内容在汉朝得到大发展。

“勾股”古作“句股”，句的本义是弯曲，引申为勾股形直角边的短边。勾的本义也是弯曲。古时句、勾通用。张苍、耿寿昌整理《九章算术》，将其补充到原有的“旁要”卷，并改称为“勾股”。为方便阅读，本书用“勾股”二字。

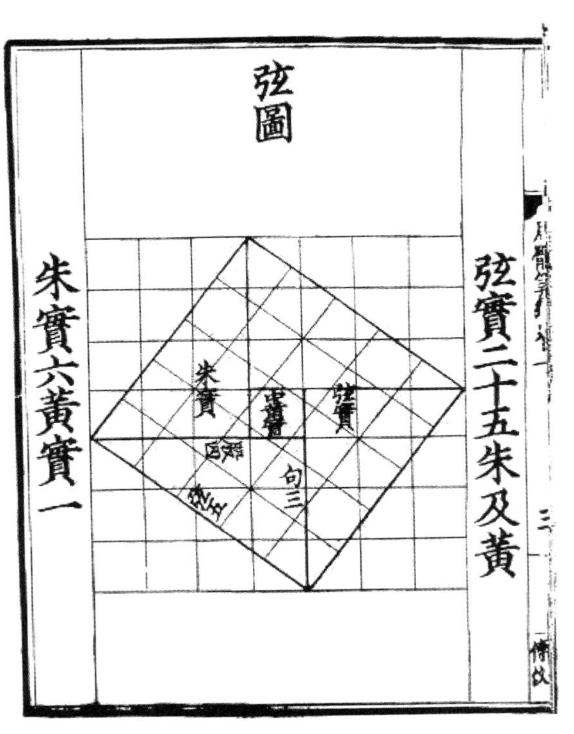

《周髀算经》中对勾股定理的图解

一、勾股术——勾股定理

·原文

今有勾三尺，股四尺，问：为弦几何？[1]

答曰：五尺。[2]

今有弦五尺，勾三尺，问：为股几何？

答曰：四尺。[3]

今有股四尺，弦五尺，问：为勾几何？

答曰：三尺。[4]

勾股术曰：勾、股各自乘，并，而开方除之，即弦。[5]

又，股自乘，以减弦自乘，其余，开方除之，即勾。[6]

又，勾自乘，以减弦自乘，其余，开方除之，即股。[7]

今有圆材径二尺五寸，欲为方版[8]，令厚七寸。问：广几何？

答曰：二尺四寸。

术曰：令径二尺五寸自乘，以七寸自乘减之，其余，开方除之，即广。[9]

今有木长二丈，围之三尺。葛生其下，缠木七周，上与木齐。[10]问：葛长几何？

答曰：二丈九尺。[11]

术曰：以七周乘围为股，木长为勾，为之求弦。弦者，葛之长。[12]

·译文

假设勾股形中勾是3尺，股是4尺，问：相应的弦是多少？

答：5尺。

假设勾股形中弦是5尺，勾是3尺，问：相应的股是多少？

答：4尺。

假设勾股形中股是4尺，弦是5尺，问：相应的勾是多少？

答：3尺。

勾股术：勾、股各自乘，相加，而对之作开方除法，就得到弦。

又，股自乘，以它减弦自乘，对其余数作开方除法，就得到勾。

又，勾自乘，以它减弦自乘，对其余数作开方除法，就得到股。

假设有一圆形木材，其截面的直径是2尺5寸，想把它锯成一条方板，使它的厚为7寸。问：它的宽是多少？

答：2尺4寸。

术：使直径2尺5寸自乘，以7寸自乘减之，对其余数作开方除法，就得到它的宽。

假设有一株树长是2丈，一围的周长是3尺。有一株葛生在它的根部，缠绕树干共7周，其上与树干顶端相齐。问：葛长是多少？

答：2丈9尺。

术：以7周乘围作为股，树长作为勾，求它们所对应的弦。弦就是葛的长。

注释

［1］勾：勾股形中短的直角边。股：勾股形中长的直角边。弦：勾股形中的斜边。

［2］将此例题中的勾 $a=3$ 尺，股 $b=4$ 尺代入下文的勾股术(9-1)式，则其弦为

$$c=\sqrt{a^2+b^2}=\sqrt{(3尺)^2+(4尺)^2}=\sqrt{25尺^2}=5尺。$$

［3］将此例题中的勾 $a=3$ 尺，弦 $c=5$ 尺代入下文的勾股术(9-3)式，则其股为

$$b=\sqrt{c^2-a^2}=\sqrt{(5尺)^2-(3尺)^2}=\sqrt{16尺^2}=4尺。$$

［4］将此例题中的股 $b=3$ 尺，弦 $c=5$ 尺代入下文的勾股术(9-2)式，则其勾为

$$a=\sqrt{c^2-b^2}=\sqrt{(5尺)^2-(4尺)^2}=\sqrt{9尺^2}=3尺。$$

[5] 勾股术即勾股定理。设勾、股、弦分别为 a,b,c，勾股定理的第一种形式为

$$c=\sqrt{a^2+b^2}。\tag{9-1}$$

勾股形如图 9-1 所示。

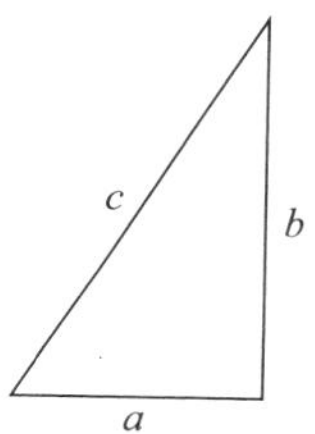

图 9-1　勾股形

[6] 此是勾股定理的第二种形式

$$a=\sqrt{c^2-b^2}。\tag{9-2}$$

[7] 此是勾股定理的第三种形式

$$b=\sqrt{c^2-a^2}。\tag{9-3}$$

[8] 版：木板。后作“板”。

[9] 如刘徽注所说，木板的厚、宽和圆材的直径构成一个勾股形的勾、股、弦，由勾股定理(9-3)式，木板的宽为

$$b=\sqrt{c^2-a^2}=\sqrt{(25寸)^2-(7寸)^2}=24寸。$$

如图 9-2 所示。自然，认为木板的厚、宽和圆材的直径构成一个勾股形，表明在《九章算术》时代，已经认识到圆的直径所对的圆周角是直角。

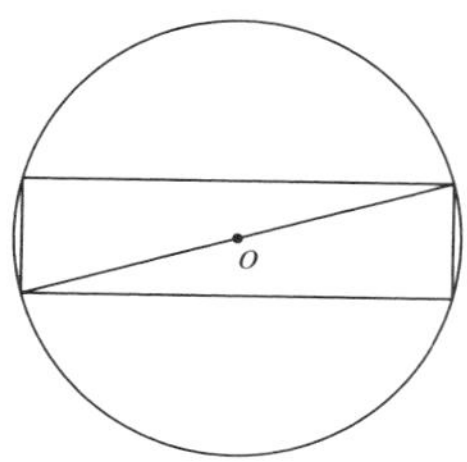

图 9-2　圆材为方版

［10］葛缠木如图9-3所示。

［11］在此例题中，勾 $a=2$ 丈 $=20$ 尺，股 $b=3$ 尺 $\times 7=21$ 尺，由(9-1)式，

$$c=\sqrt{a^2+b^2}=\sqrt{(20\text{尺})^2+(21\text{尺})^2}=\sqrt{841\text{尺}^2}=29\text{尺}。$$

［12］术文是将葛缠木问题化成木长作为勾，木之周长乘缠木周数作为股，葛长作为弦的勾股问题求解。

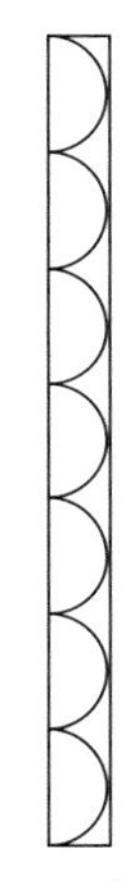

图9-3　葛缠木

二、解勾股形

（一）由勾与股弦差求股、弦

·原文

今有池方一丈，葭生其中央，出水一尺。引葭赴岸，适与岸齐。问：水深、葭长各几何？[1]

答曰：

水深一丈二尺，

葭长一丈三尺。[2]

术曰：半池方自乘，以出水一尺自乘，减之。余，倍出水除之，即得水深。加出水数，得葭长。[3]

今有立木，系索其末，委[4]地三尺。引索却行，去本八尺而索尽。问：索长几何？

答曰：一丈二尺六分尺之一。[5]

术曰：以去本自乘，令如委数而一。所得，加委地数而半之，即索长。[6]

今有垣高一丈，倚木于垣，上与垣齐。引木却行一尺，其木至地。问：木长几何？

答曰：五丈五寸。[7]

术曰：以垣高一十尺自乘，如却行尺数而一。所得，以加却行尺数而半之，即木长数。[8]

今有圆材埋在壁中，不知大小。以锯锯之，深一寸，锯道长一尺。[9]问：径几何？

答曰：材径二尺六寸。[10]

术曰：半锯道自乘，如深寸而一。以深寸增之，即材径。[11]

今有开门去阃一尺,[12]不合二寸。问:门广几何?

答曰:一丈一寸。[13]

术曰:以去阃一尺自乘,所得,以不合二寸半之而一。所得,增不合之半,即得门广。[14]

• 译文

假设有一水池,1丈见方,一株芦苇生长在它的中央,露出水面1尺。把芦苇扯向岸边,顶端恰好与岸相齐。问:水深、芦苇的长各是多少?

答:

水深是1丈2尺,

芦苇长是1丈3尺。

术:将水池边长的$\frac{1}{2}$自乘,以露出水面的1尺自乘,减之。其余数,以露出水面的长度的2倍除之,就得到水深。加芦苇露出水面的数,就得到芦苇的长。

假设有一根竖立的木柱,在它的顶端系一条绳索,那么在地上堆积了3尺长。牵引着绳索向后倒退,到距离木柱根部8尺时恰好是绳索的尽头。问:绳索的长是多少?

答:1丈$2\frac{1}{6}$尺。

术:以到木柱根部的距离自乘,以地上堆积的绳索的长除之。所得的结果,加堆积在地上的长,除以2,就是绳索的长。

假设有一堵垣,高1丈。一根木柱倚在垣上,上端与垣顶相齐。拖着木向后倒退1尺,这根木柱恰好全部落在地上。问:木柱的长是多少?

答:5丈5寸。

术:以垣高10尺自乘,除以向后倒退的尺数。以所得到的结果加向后倒退的尺数,除以2,就是木柱的长。

假设有一圆形木材埋在墙壁中,不知道它的大小。用锯锯之,如果深达到1寸,则锯道长是1尺。问:木材的直径是多少?

答:木材的直径是2尺6寸。

术：锯道长的$\frac{1}{2}$自乘，除以锯道深1寸，加上锯道深1寸，就是木材的直径。

假设打开两扇门，距门槛1尺，没有合上的宽度是2寸。问：门的宽是多少？

答：1丈1寸。

术：以门边到门槛的距离1尺自乘，所得到的结果，除以没有合上的宽度2寸的$\frac{1}{2}$。所得到的结果，加没有合上的宽度2寸的$\frac{1}{2}$，就得到门的宽。

• 注释

［1］葭（jiā）：初生的芦苇。葭出水如图9-4（1）所示，引葭赴岸如图9-4（2）所示。

［2］如图9-4（3）所示，记水池边长为BE，其一半为BC，水深为AC，葭长为AB。刘徽注认为，这里是以BC为勾，AC为股，AB为弦，构成一个勾股形ABC。求水深、葭长就是求这一勾股形的股、弦。已知勾BC即$a=\frac{1}{2}BE=\frac{1}{2}\times 10$尺$=5$尺，露出水面$CD$就是股弦差即$c-b=AD-AC=1$尺，将$a$与$c-b$代入下文的（9-4）式，得到水深

$$b=AC=\frac{a^2-(c-b)^2}{2(c-b)}=\frac{(5\text{尺})^2-(1\text{尺})^2}{2\times 1\text{尺}}=12\text{尺}=1\text{丈}2\text{尺}。$$

$$c=AD=AC+(AD-AC)=12\text{尺}+1\text{尺}=13\text{尺}=1\text{丈}3\text{尺}$$

就是葭长。

［3］《九章算术》的术文表示

$$a^2-(c-b)^2=2b(c-b)。$$

因此水深AC即股b为

$$b=\frac{a^2-(c-b)^2}{2(c-b)}。\qquad (9-4)$$

弦$c=AB=AD=AC+CD=b+(c-b)$就是葭长。

(1) 葭出水图

(2) 引葭赴岸图

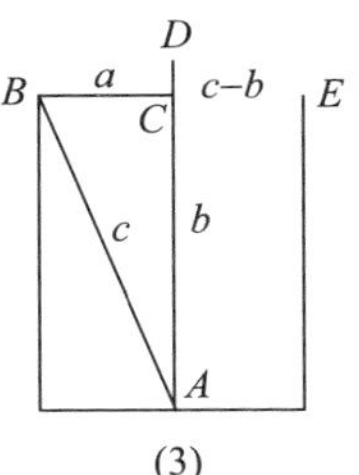

(3)

图 9–4　引葭赴岸

[4] 委：累积、堆积。

[5] 将 $a=8$ 尺，$c-b=3$ 尺代入下文的（9–5）式，得到索长

$$c=\frac{1}{2}\left[\frac{a^2}{c-b}+(c-b)\right]=\frac{1}{2}\left[\frac{(8尺)^2}{3尺}+3尺\right]=12\frac{1}{6}尺。$$

[6] 如图 9–5，这是以到木柱根部的距离自乘，所得的结果，加堆积在地上的长，除以 2，就是绳索的长。记木柱根部为 C，索尽处为 B，木柱的顶端为 A。刘徽注认为，BC 为勾，AC 为股，AB 为弦，形成一个勾股形 ABC。记勾 BC 为 a，股 AC 为 b，弦 AB 为 c。术文中的“委地”就是 $c-b$，刘徽称为股弦差。由于 $a^2=c^2-b^2=(c+b)(c-b)$，所以 $c+b=\frac{a^2}{c-b}$。而 $(c+b)+(c-b)=2c$，所以索长为

$$c=\frac{1}{2}\left[(c+b)+(c-b)\right]=\frac{1}{2}\left[\frac{a^2}{c-b}+(c-b)\right]。\qquad (9\text{–}5)$$

刘徽认为索长就是弦。

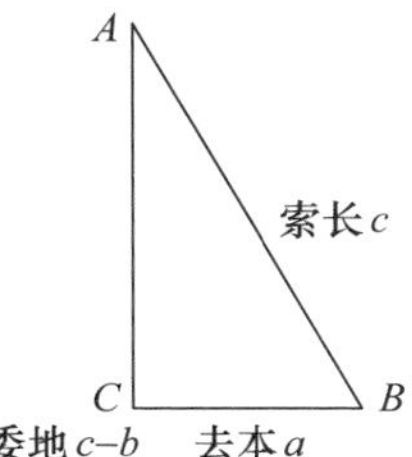

图 9–5　系索

[7] 将在这一问题中的 $a=1$ 丈，$c-b=1$ 尺代入（9–5）式，得到木长 c 为

$$c=\frac{1}{2}\left[\frac{a^2}{c-b}+(c-b)\right]=\frac{1}{2}\left[\frac{(10\text{尺})^2}{1\text{尺}}+1\text{尺}\right]=\frac{1}{2}\times 101\text{尺}=5\text{丈}5\text{寸}。$$

［8］这是说以垣高10尺自乘，除以向后倒退的尺数。以所得到的结果加向后倒退的尺数，除以2，就是木柱的长。如图9-6所示，记木着地处为A，垣顶为B，垣底为C。刘徽注认为垣高BC为勾，木长AB为弦，垣底C至木着地处A的距离AC为股，形成一个勾股形ABC。记勾BC为a，股AC为b，弦AB为c，向后倒退到D，那么倒退的尺数AD为股弦差$c-b$，则木长即弦，可由(9-5)式得出。

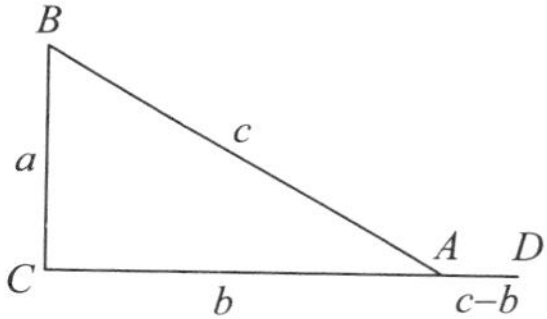

图9-6　倚木于垣

［9］方田章弧田术刘徽注将这个问题称为勾股锯圆材，如图9-7(1)所示，也是采自南宋杨辉《详解九章算法》。

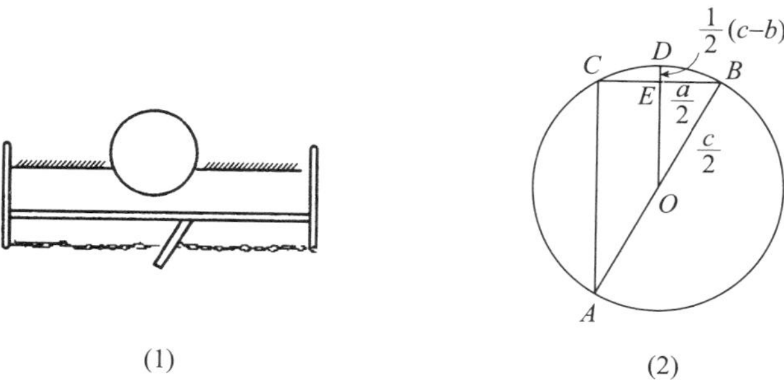

图9-7　勾股锯圆材

［10］在这个问题中，锯道长BC即$a=1$尺，锯道深DE即股弦差之半$\frac{1}{2}(c-b)=1$寸。于是根据术文，圆材直径AB即弦

$$c=\frac{\left(\frac{1}{2}a\right)^2}{\frac{1}{2}(c-b)}+\frac{1}{2}(c-b)=\frac{(5\text{寸})^2}{1\text{寸}}+1\text{寸}=26\text{寸}=2\text{尺}6\text{寸}。$$

[11] 这是说锯道长的$\frac{1}{2}$自乘,除以锯道深1寸,加上锯道深1寸,就是木材的直径。如图9-7(2)所示,记圆心为O,圆材直径为AB,锯道长为BC,深为DE。前已指出,直径所对的圆周角为直角,因此刘徽认为ABC形成一个勾股形。锯道长BC是勾股形ABC的勾,记为a,圆材直径AB是勾股形ABC的弦,记为c。在勾股形OBE中,由于$BE=\frac{1}{2}a$,$OB=\frac{1}{2}c$,所以$OE=\frac{1}{2}b$。于是锯道深$DE=OD-OE=\frac{1}{2}(c-b)$。既然考虑锯道深的一半,那么其锯道也只考虑其一半即$\frac{1}{2}a$。《九章算术》应用了公式

$$c=\frac{\left(\frac{1}{2}a\right)^2}{\frac{1}{2}(c-b)}+\frac{1}{2}(c-b)。$$

它与(9-5)式是等价的。

[12] "门"有两扉,即两扇门。阃(kǔn):门橛,门限,门槛。开门去阃形如图9-8(1)所示,也采自南宋杨辉《详解九章算法》。

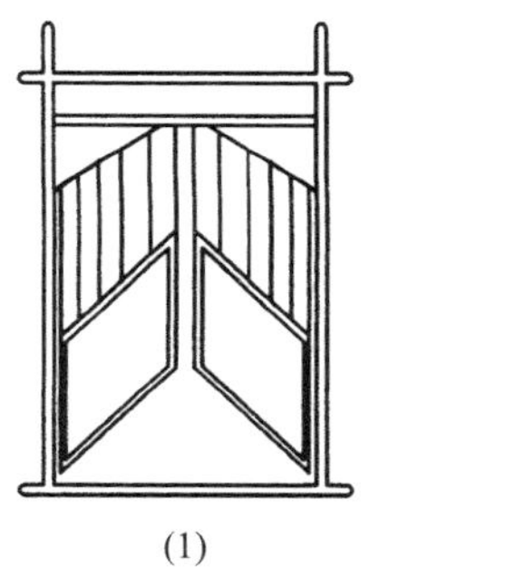

(1)

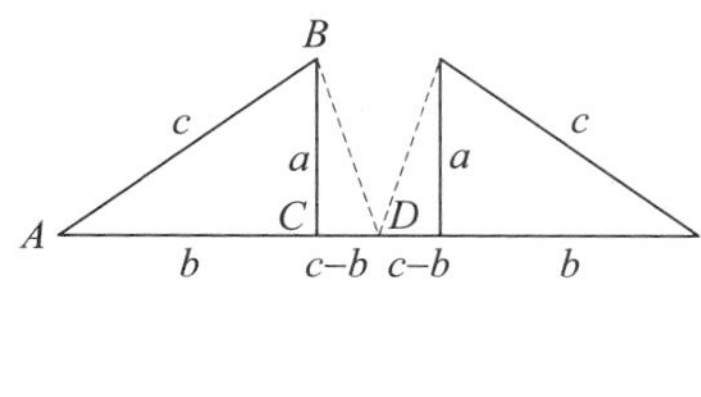

(2)

图9-8 开门去阃

[13] 在这个题目中,$a=1$尺,$c-b=1$寸。于是根据下文的术文,门宽

$$2c=\frac{a^2}{c-b}+(c-b)=\frac{(10寸)^2}{1寸}+1寸=101寸=1丈1寸。$$

[14] 这是说以到门槛的距离1尺自乘,所得到的结果,除以没有

合上的宽度2寸的$\frac{1}{2}$。所得到的结果,加没有合上的宽度2寸的$\frac{1}{2}$,就得到门的宽。如图9-8(2)所示,记门框处为A,开门之后的门边为B,垂直于门槛处为C,不合处之中点为D。刘徽注认为ABC形成一个勾股形,BC为勾,记为a,一扇门之宽$AB=AD$为弦,记为c,门宽就是$2c$,没有合上的宽度之半即CD为股弦差$c-b$。因此门宽$2c=\frac{a^2}{c-b}+(c-b)$。

(二)由弦与勾股差求勾、股

·原文

今有户高多于广六尺八寸,两隅相去适一丈。问:户高、广各几何?[1]

荅曰:

广二尺八寸,

高九尺六寸。[2]

术曰:令一丈自乘为实。半相多,令自乘,倍之,减实,半其余。以开方除之。所得,减相多之半,即户广;加相多之半,即户高。[3]

·译文

假设有一门户,高比宽多6尺8寸,两对角相距恰好1丈。问:此门户的高、宽各是多少?

答:

门户的宽是2尺8寸,

门户的高是9尺6寸。

术:使1丈自乘,作为被除数。取高多于宽的$\frac{1}{2}$,将它自乘,加倍,去减被除数,取其余数的$\frac{1}{2}$。对之作开方除法。所得到的结果,减去高多于宽的$\frac{1}{2}$,就是门户的宽;加上高多于宽的$\frac{1}{2}$,就是门户的高。

• 注释

[1]《九章算术》中户高多于户宽问实际上应用了已知弦与勾股差求勾、股的公式。如图 9-9 所示。

图 9-9　户高多于宽

[2] 在这个例题中，户高比宽多 $b-a=6$ 尺 8 寸，两对角的距离 $c=1$ 丈。将其代入下文的(9-6)式，得

$$\text{户宽}=\sqrt{\frac{(1\text{丈})^2-2\left(\frac{6\text{尺}8\text{寸}}{2}\right)^2}{2}}-\frac{1}{2}\times 6\text{尺}8\text{寸}=2\text{尺}8\text{寸},$$

代入下文的(9-7)式，得

$$\text{户高}=\sqrt{\frac{(1\text{丈})^2-2\left(\frac{6\text{尺}8\text{寸}}{2}\right)^2}{2}}+\frac{1}{2}\times 6\text{尺}8\text{寸}=9\text{尺}6\text{寸}。$$

[3] 这是说将 1 丈自乘作为被除数。取高多于宽的 $\frac{1}{2}$，自乘，加倍，减被除数，取其余数的 $\frac{1}{2}$。对之开方，其结果减去高多于宽的 $\frac{1}{2}$，就是门户的宽。加上高多于宽的 $\frac{1}{2}$，就是门户的高。此即

$$a=\sqrt{\frac{c^2-2\left[\frac{1}{2}(b-a)\right]^2}{2}}-\frac{1}{2}(b-a)。\qquad (9-6)$$

$$b=\sqrt{\frac{c^2-2\left[\frac{1}{2}(b-a)\right]^2}{2}}+\frac{1}{2}(b-a)。\qquad (9\text{-}7)$$

（三）由勾（股）与股（勾）弦之和求股（勾）、弦

原文

今有竹高一丈，末折[1]抵地，去本三尺。问：折者高几何？

答曰：四尺二十分尺之一十一。[2]

术曰：以去本自乘，令如高而一，所得，以减竹高而半余，即折者之高也。[3]

今有二人同所立。甲行率七，乙行率三。乙东行，甲南行十步而邪东北与乙会。[4]问：甲、乙行各几何？

答曰：

乙东行一十步半，

甲邪行一十四步半及之。[5]

术曰：令七自乘，三亦自乘，并而半之，以为甲邪行率。邪行率减于七自乘，余为南行率。以三乘七为乙东行率。[6]置南行十步，以甲邪行率乘之，副置十步，以乙东行率乘之，各自为实。实如南行率而一，各得行数。[7]

译文

假设有一株竹，高1丈，末端折断，抵到地面处距竹根3尺。问：折断后的高是多少？

答：$4\frac{11}{20}$尺。

术：以抵到地面处到竹根的距离自乘，除以高，以所得到的数减竹高，而取其余数的$\frac{1}{2}$，就是折断之后的高。

假设有二人站在同一个地方。甲走的率是7，乙走的率是3。乙向东走，甲向南走10步，然后斜着向东北走，恰好与乙相会。问：甲、乙各

走多少步?

答:

乙向东走 $10\frac{1}{2}$ 步,

甲斜着向东北走 $14\frac{1}{2}$ 步与乙会合。

术:将7自乘,3也自乘,两者相加,除以2,作为甲斜着走的率。从7自乘中减去甲斜着走的率,其余数作为甲向南走的率。以3乘7作为乙向东走的率。布置甲向南走的10步,以甲斜着走的率乘之,在旁边布置甲向南走的10步,以乙向东走的率乘之,各自作为被除数。被除数除以甲向南走的率,分别得到甲斜着走的及乙向东走的步数。

· 注释

[1] 折,折断。竹高折地如图9-10(1)所示。

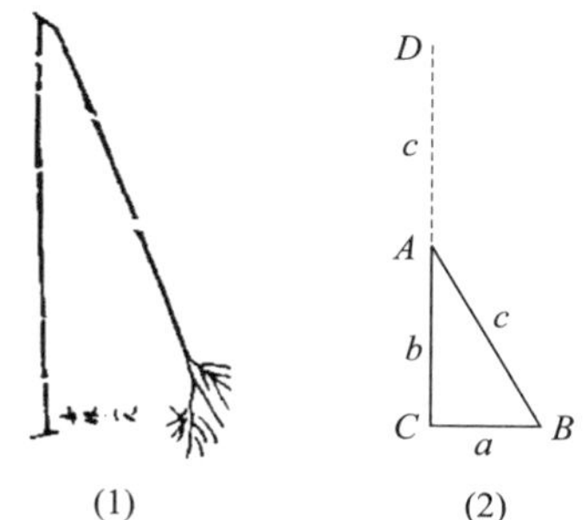

图9-10　竹高折地

[2] 在这个题目中,抵到地面处到竹根的距离 $a=3$ 尺,竹高即 $c+b=$ 1丈=10尺,将其代入下文的(9-8)式,得到折者高

$$b=\frac{1}{2}\left[(c+b)-\frac{a^2}{c+b}\right]=\frac{1}{2}\left[10\text{尺}-\frac{(3\text{尺})^2}{10\text{尺}}\right]$$

$$=\frac{1}{2}\times\left(10\text{尺}-\frac{9}{10}\text{尺}\right)=4\frac{11}{20}\text{尺}。$$

[3] 这是以抵到地面处到竹根的距离自乘,除以高。以所得的数

减竹高，而取其余数的 $\frac{1}{2}$，就是竹折断之后的高。记折断处为 A，抵到地面处为 B，竹根为 C，竹高处为 D。如图 9–10(2) 所示。刘徽注认为 ABC 是一个勾股形，以 BC 作为勾 a，折下部分为弦 c，折断之后余下的高作为股 b。竹高 $CD=1$ 丈是股弦并 $c+b$，勾自乘的积为 a^2，求折者高 b，由股弦差 $c-b=\frac{a^2}{c+b}$，可得

$$b=\frac{1}{2}\left[(c+b)-(c-b)\right]=\frac{1}{2}\left[(c+b)-\frac{a^2}{c+b}\right]。\qquad (9\text{–}8)$$

[4] 如图 9–11 所示，这是设甲行率为 m，乙行率为 n，则 $m:n=7:3$。邪：斜。

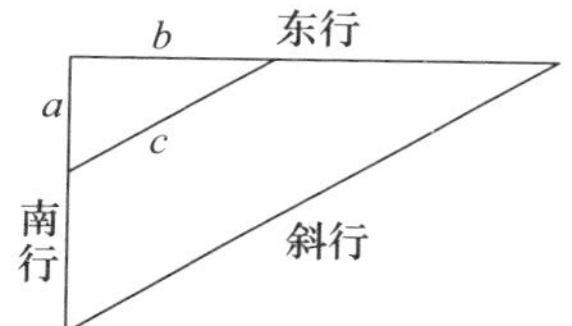

图 9–11　二人同所立

[5] 将 $m:n=7:3$ 代入下文的 (9–9) 式，得到

$$a:b:c=20:21:29。$$

已知勾 $a=10$ 步和弦率 29、股率 21、勾率 20，代入下文的 (9–10) 式，利用今有术求出甲斜行，即

$$弦=10步\times c\div a=10步\times 29\div 20=14\frac{1}{2}步，$$

代入 (9–11) 式，求出乙东行，即

$$股=10步\times b\div a=10步\times 21\div 20=10\frac{1}{2}步。$$

[6] 设南行为 a，东行为 b，斜行为 c，《九章算术》术文给出

$$a:b:c=\frac{1}{2}\left(m^2-n^2\right):mn:\frac{1}{2}\left(m^2+n^2\right)。\qquad (9\text{–}9)$$

其中南行率 $\frac{1}{2}\left(m^2-n^2\right)=m^2-\frac{1}{2}\left(m^2+n^2\right)$。这是世界数学史上首次提出完整的勾股数组通解公式。

[7] 这是说已知南行$a=10$步和甲斜行率c、乙东行率b、甲南行率a,利用今有术求出甲斜行和乙东行:

$$\text{甲斜行}=10\text{步}\times c\div a, \tag{9-10}$$

$$\text{乙东行}=10\text{步}\times b\div a。 \tag{9-11}$$

(四)由勾弦差与股弦差求勾、股、弦

• 原文

今有户不知高、广,竿不知长短。横之不出四尺,从之不出二尺,邪之适出。问:户高、广、袤各几何?[1]

荅曰:

广六尺,

高八尺,

袤一丈。[2]

术曰:从、横不出相乘,倍,而开方除之。所得,加从不出,即户广;加横不出,即户高;两不出加之,得户袤。[3]

• 译文

假设有一门户,不知道它的高和宽,有一根竹竿,不知道它的长短。将竹竿横着,有4尺出不去,竖起来有2尺出不去,将它斜着恰好能出门。问:门户的高、宽、斜各是多少?

答:

宽是6尺,

高是8尺,

斜是1丈。

术:将竖着、横着出不去的长度相乘,加倍,而对之作开方除法。所得的结果加竖着出不去的长度,就是门户的宽;加上横着出不去的长度,就是门户的高;加上竖着、横着两者出不去的长度,就得到门户的斜。

• 注释

[1]邪，衺，均通斜。

[2]刘徽注中以户宽为勾，记作a，户高为股，记作b，户斜为弦，记作c。在此题中，$c-b=2$尺，$c-a=4$尺，代入下文之(9-12)式，得到门户的宽即勾

$$a=\sqrt{2\times 2尺\times 4尺}+2尺=6尺,$$

代入(9-13)式，得到门户的高即股

$$b=\sqrt{2\times 2尺\times 4尺}+4尺=8尺,$$

代入(9-14)式，得到门户的对角之长，即弦

$$c=\sqrt{2\times 2尺\times 4尺}+2尺+4尺=10尺。$$

[3]持竿出户如图9-12所示。这是说，如果记户宽为a，高为b，斜为c，那么从(纵)不出就是股弦差$(c-b)$，横不出就是勾弦差$(c-a)$。这是一个由勾弦差、股弦差求勾、股、弦的问题。术文说，勾即户宽

$$a=\sqrt{2(c-a)(c-b)}+(c-b)。\tag{9-12}$$

股即户高

$$b=\sqrt{2(c-a)(c-b)}+(c-a)。\tag{9-13}$$

弦即户斜

$$c=\sqrt{2(c-a)(c-b)}+(c-b)+(c-a)。\tag{9-14}$$

这就是已知勾弦差、股弦差求勾、股、弦的公式。

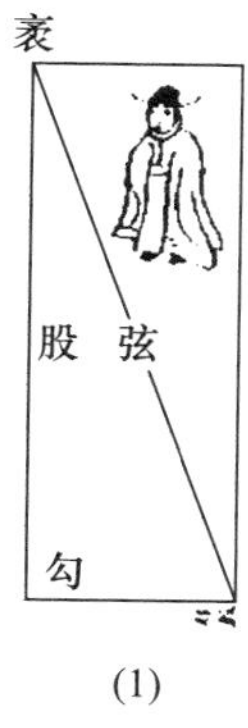

(1)

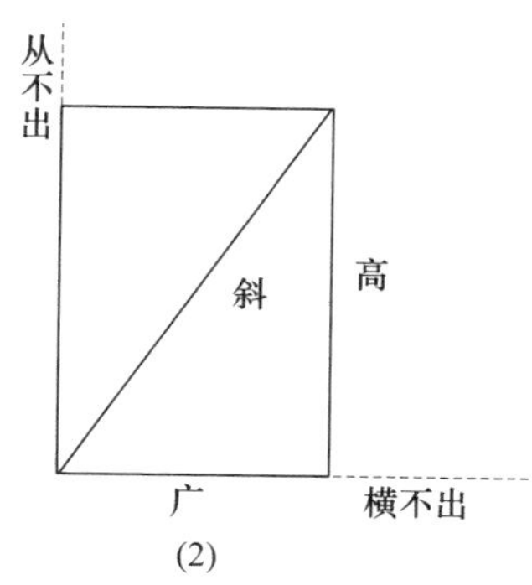

(2)

图9-12 持竿出户

三、勾股容方与勾股容圆

(一) 勾股容方

原文

今有勾五步,股十二步。问:勾中容方几何?[1]

荅曰:方三步一十七分步之九。[2]

术曰:并勾、股为法,勾、股相乘为实。实如法而一,得方一步。[3]

译文

假设一勾股形的勾是5步,股是12步。问:如果勾股形中容一正方形,它的边长是多少?

答:正方形的边长是$3\frac{9}{17}$步。

术:将勾、股相加,作为除数,勾、股相乘,作为被除数。被除数除以除数,便得到勾股形所容正方形的边长的步数。

注释

[1] 此是勾股容方问题。所谓勾股容方就是勾股形内一顶点在弦上而有两直角边分别在勾、股上的正方形,如图9-13所示。

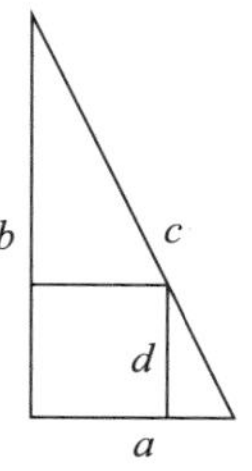

图9-13　勾股容方

[2] 将此例题中的勾$a=5$步,股$b=12$步代入下文的勾股容方公式(9-15),得到正方形的边长为

$$d=\frac{ab}{a+b}=\frac{5步\times12步}{5步+12步}=3\frac{9}{17}步。$$

［3］这是说已知勾股形勾 a，股 b，其所容正方形的边长

$$d=\frac{ab}{a+b}。\qquad(9-15)$$

(二) 勾股容圆

• 原文

今有勾八步，股一十五步。问：勾中容圆[1]径几何？

荅曰：六步。[2]

术曰：八步为勾，十五步为股，为之求弦。[3]三位并之为法，以勾乘股，倍之为实。实如法得径一步。[4]

• 译文

假设一勾股形的勾是8步，股是15步。问：勾股形中内切一个圆，它的直径是多少？

答：6步。

术：以8步作为勾，15步作为股，求它们相应的弦。勾、股、弦三者相加，作为除数，以勾乘股，加倍，作为被除数。被除数除以除数，得到圆内切圆直径的步数。

• 注释

［1］勾中容圆：勾股形内切一个圆，如图9-14所示。元代数学家李治（1192—1279）称其为勾股容圆。

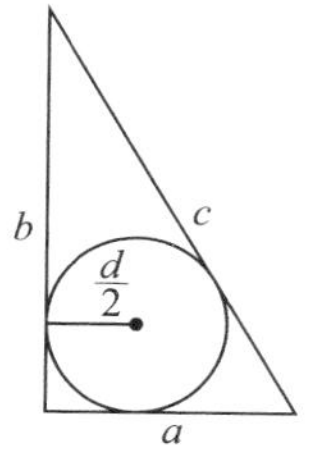

图9-14　勾股容圆

[2] 将此例题中的勾 $a=8$ 步，股 $b=15$ 步及下文求出的弦 $c=17$ 步代入下文的(9-16)式，得到此勾股形内切圆直径为

$$d=\frac{2\times 8\text{步}\times 15\text{步}}{8\text{步}+15\text{步}+17\text{步}}=\frac{240\text{步}^2}{40\text{步}}=6\text{步}。$$

[3] 这是说利用勾股术求出弦

$$c=\sqrt{a^2+b^2}=\sqrt{\left(8\text{步}\right)^2+\left(15\text{步}\right)^2}=\sqrt{289\text{步}^2}=17\text{步}。$$

[4] 这是说勾股形所容圆的直径为

$$d=\frac{2ab}{a+b+c}。\tag{9-16}$$

四、邑　方

原文

今有邑[1]方二百步，各中开门。出东门一十五步有木。问：出南门几何步而见木？

答曰：六百六十六步太半步。[2]

术曰：出东门步数为法，半邑方自乘为实，实如法得一步。[3]

今有邑，东西七里，南北九里，各中开门。出东门一十五里有木。问：出南门几何步而见木？

答曰：三百一十五步。[4]

术曰：东门南至隅步数，以乘南门东至隅步数为实。以木去门步数为法。实如法而一。[5]

今有邑方不知大小，各中开门。出北门三十步有木，出西门七百五十步见木。问：邑方几何？

答曰：一里。[6]

术曰：令两出门步数相乘，因而四之，为实。开方除之，即得邑方。[7]

今有邑方不知大小，各中开门。出北门二十步有木。出南门一十四步，折而西行一千七百七十五步见木。问：邑方几何？

答曰：二百五十步。[8]

术曰：以出北门步数乘西行步数，倍之，为实。并出南、北门步数，为从法。开方除之，即邑方。[9]

今有邑方一十里，各中开门。甲、乙俱从邑中央而出：乙东出；甲南出，出门不知步数，邪向东北，磨邑隅，适与乙会。率：甲行五，乙行三。[10]问：甲、乙行各几何？

答曰：

甲出南门八百步，邪东北行四千八百八十七步半，及乙；

乙东行四千三百一十二步半。[11]

术曰：令五自乘，三亦自乘，并而半之，为邪行率。邪行率减于五自乘者，余为南行率。以三乘五为乙东行率。[12]置邑方，半之，以南行率乘之，如东行率而一，即得出南门步数。以增邑方半，即南行。[13]置南行步，求弦者，以邪行率乘之；求东行者，以东行率乘之，各自为实。实如法，南行率，得一步。[14]

• 译文

假设有一座正方形的城，每边长200步，各在城墙的中间开门。出东门15步处有一棵树。问：出南门多少步才能见到这棵树？

答：$666\frac{2}{3}$步。

术：以出东门的步数作为除数，取城的边长的$\frac{1}{2}$，自乘，作为被除数，被除数除以除数，得到出南门见到树的步数。

假设有一座城，东西宽7里，南北长9里，各在城墙的中间开门。出东门15里处有一棵树。问：出南门多少步才能看到这棵树？

答：315步。

术：以东门向南至城角步数乘自南门向东至城角的步数，作为被除数。以树至东门的步数作为除数。被除数除以除数，就得到了所求步数。

假设有一座正方形的城，不知道其大小，各在城墙的中间开门。出北门30步处有一棵树，出西门750步恰好能见到这棵树。问：这座城的每边长是多少？

答：1里。

术：使两处出门的步数相乘，乘以4，作为被开方数。对之作开方除法，就得到城的边长。

假设有一座正方形的城,不知道其大小,各在城墙的中间开门。出北门20步处有一棵树。出南门14步,然后拐弯向西走1775步,恰好看见这棵树。问:城的边长是多少?

答:250步。

术:以出北门到树的步数乘拐弯向西走的步数,加倍,作为被开方数。将出南门和北门的步数相加,作为一次项系数。对之作开方除法,便得到城的边长。

假设有一座正方形的城,每边长10里,各在城墙的中间开门。甲、乙二人都从城的中心出发:乙向东出城门,甲向南出城门,出门走了不知多少步,便斜着向东北走,擦着城墙的东南角,恰好与乙相会。他们的率:甲走的率是5,乙走的率是3。问:甲、乙各走了多少?

答:

甲向南出城门走800步,斜着向东北走$4887\frac{1}{2}$步,遇到乙;

乙向东出城门走$4312\frac{1}{2}$步。

术:将5自乘,3也自乘,相加,取其$\frac{1}{2}$,作为甲斜着走的率。5自乘减去甲斜着走的率,余数作为甲向南走的率。以3乘5,作为乙向东走的率。布置城的边长,取其$\frac{1}{2}$,以甲向南走的率乘之,除以乙向东走的率,就得到甲向南出城门走的步数。以它加城边长的$\frac{1}{2}$,就是甲向南走的步数。布置甲向南走的步数,如果求弦,就以甲斜着走的率乘之;如果求乙向东走的步数,就以向东走的率乘之,各自作为被除数。被除数除以除数,即甲向南走的率,便分别得到走的步数。

·注释

[1] 邑(yì):人们聚居之处;城市。

[2] 将此例题中的邑方之半$b=100$步,出东门$a=15$步代入下文的

(9-17)式，得到出南门见木的步数为

$$DE=\frac{b^2}{a}=\frac{(100\text{步})^2}{15}=666\frac{2}{3}\text{步}。$$

[3] 记出东门 CB 为 a，半邑方 CA 为 b，如图 9-15 所示，这是说 DE 步数

$$DE=\frac{b^2}{a}。\tag{9-17}$$

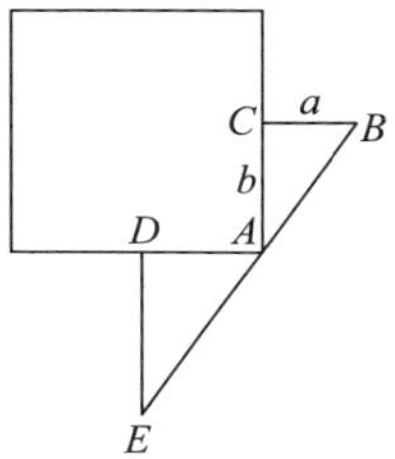

图 9-15 邑方出南门

[4] 将此例题中的邑东西长之半 $BD=\frac{7}{2}$ 里，南北长之半 $BC=\frac{9}{2}$ 里，东门至有木处 $AC=15$ 里代入下文之(9-18)式，得到出南门见木步数为

$$DE=\frac{BC\times BD}{AC}=\frac{\frac{9}{2}\text{里}\times\frac{7}{2}\text{里}}{15\text{里}}=\frac{63}{60}\text{里}=1\frac{1}{20}\text{里}。$$

由于 1 里 =300 步，所以有 $1\frac{1}{20}$ 里 =315 步。

[5] 如图 9-16 所示，记此邑之东门为 C，有木处为 A，邑之东南方向的城角为 B，南门为 D，见木处为 E，南北长之半为 BC，东西长之半为 BD，木去门为 AC，见木步数为 DE，术文是说见木步数为

$$DE=\frac{BC\times BD}{AC}。\tag{9-18}$$

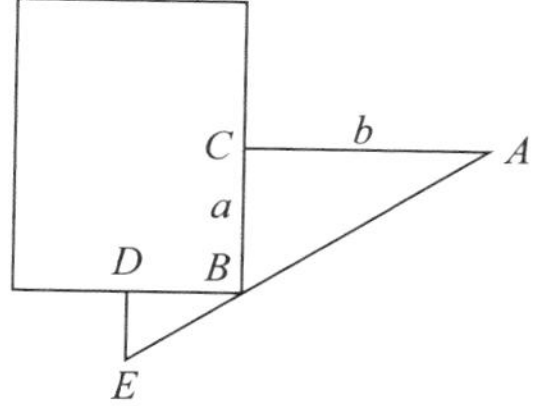

图 9-16　邑长出南门

[6] 将此例题中的出北门至木 BC 即 $a=30$ 步，出西门至见木处 $DE=750$ 步代入下文之(9-19)式，得到

$$邑方 2b=\sqrt{4a\times DE}=\sqrt{4\times 30步\times 750步}$$
$$=\sqrt{90000步^2}=300步=1里。$$

[7] 如图 9-17 所示，记北门为 C，至木 B 即 BC 为 a，西北角为 A，记 AC 为 b，邑方为 $2b$，出西门至见木处为 DE，术文是说

$$2b=\sqrt{4a\times DE}。\tag{9-19}$$

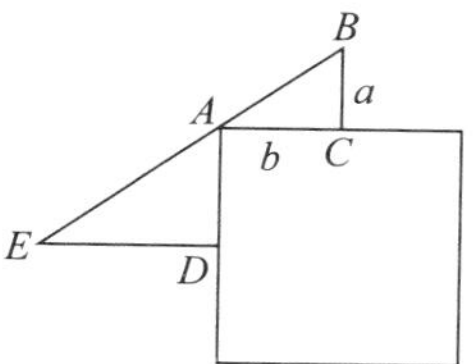

图 9-17　邑方出西门

[8] 将此例题中的 $k=20$ 步，$l=14$ 步，$m=1775$ 步代入下文的(9-20)式，得到一元二次方程

$$x^2+\left(20步+14步\right)x=2\times 20步\times 1775步，$$

亦即

$$x^2+\left(34步\right)x=71000步^2。$$

对之开方，得到 $x=250$ 步，就是方邑的每边长。

[9] 这是说以出北门到树的步数乘折西走的步数，加倍，作为实，即被开方数。如图 9-18 所示，记此邑的西北角为 F，东北角为 G，

邑的边长 FG 为 x，城邑的北门为 D，门外之木为 B，南门为 E，折西处为 C，见木处为 A，记 AC 为 m，BD 为 k，CE 为 l，则以 $2\times BD\times AC=2km$ 作为被开方数。以 $BD+CE=k+l$ 作为从法，即一次项系数。由于 $\frac{k}{k+x+l}=\frac{\frac{x}{2}}{m}$，即 $km=(k+x+l)\times\frac{x}{2}$，于是得到二次方程

$$x^2+(k+l)x=2km。\quad (9\text{–}20)$$

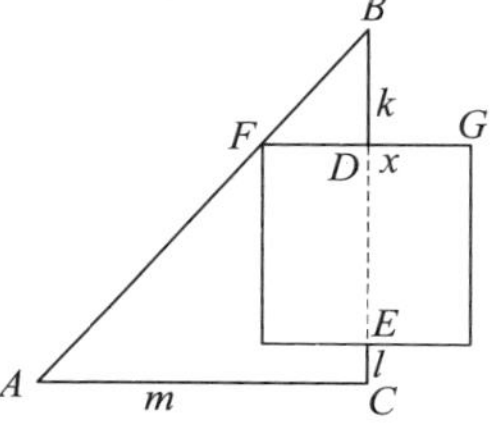

图 9–18　一元二次方程的推导

[10] 这是设甲行率为 m，乙行率为 n，则 $m:n=5:3$。

[11] 由(9–9)式求出 $a:b:c=8:15:17$。已知方邑的边长10里，利用今有术，求出

$$出南门步数CB=300步\times5\times8\div15=800步，$$

$$斜行步数BD=2300步\times17\div8=4887\frac{1}{2}步，$$

$$东行步数OD=2300步\times15\div8=4312\frac{1}{2}步。$$

[12] 如图9–19所示，设南行 OB 为 a，东行 OD 为 b，斜行 BD 为 c，则 $(c+a):b=m:n$。术文是说斜行率为 $\frac{1}{2}(m^2+n^2)$，南行率为 $\frac{1}{2}(m^2-n^2)$，东行率为 mn。换言之，即(9–9)式。

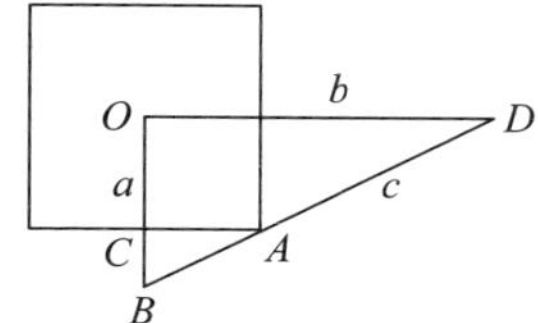

图 9–19　甲乙出邑

［13］这是说布置半邑方 AC 即 5 里，由

$$CB : AC = OB : OD = a : b = 8 : 15,$$

利用今有术求出出南门里数

$$CB = 5\text{里} \times a \div b = 300\text{步} \times 5 \times 8 \div 15 = 800\text{步}。$$

出南门步数加邑方得甲南行

$$OB = OC + CB = 5\text{里} + 800\text{步} = 2300\text{步}。$$

［14］这是说布置甲向南走的步数，如果求弦，就以甲斜着走的率乘之；如果求乙向东走的步数，就以向东走的率乘之，各自作为被除数。被除数除以除数，即甲向南走的率，便分别得到走的步数。亦即由

$$CB : AB = OB : BD = a : c = 8 : 17,$$

利用今有术求出斜行里数

$$BD = OB \times c \div a = 2300\text{步} \times 17 \div 8 = 4887\frac{1}{2}\text{步}。$$

由

$$CB : AC = OB : OD = a : b = 8 : 15,$$

利用今有术求出东行里数

$$OD = OB \times b \div a = 2300\text{步} \times 15 \div 8 = 4312\frac{1}{2}\text{步}。$$

五、一次测望问题

• 原文

今有木去人不知远近。立四表,相去各一丈,令左两表与所望参相直。从后右表望之,入前右表三寸。[1]问:木去人几何?

答曰:三十三丈三尺三寸少半寸。

术曰:令一丈自乘为实。以三寸为法,实如法而一。[2]

今有山居木西,不知其高。山去木五十三里,木高九丈五尺。人立木东三里,望木末适与山峰斜平。人目高七尺。问:山高几何?[3]

答曰:一百六十四丈九尺六寸太半寸。

术曰:置木高,减人目高七尺,余,以乘五十三里为实。以人去木三里为法。实如法而一。所得,加木高,即山高。[4]

今有井径五尺,不知其深。立五尺木于井上,从木末望水岸,入径四寸。问:井深几何?[5]

答曰:五丈七尺五寸。

术曰:置井径五尺,以入径四寸减之,余,以乘立木五尺为实。以入径四寸为法。实如法得一寸。[6]

• 译文

假设有一棵树,距离人不知远近。竖立四根表,相距各1丈,使左两表与所望的树三者在一条直线上。从后右表望树,入前右表左边3寸。问:此树与人的距离是多少?

答:33丈3尺$3\frac{1}{3}$寸。

术:使1丈自乘,作为被除数。以3寸作为除数。被除数除以除数,便得到结果。

假设有一座山,位于一棵树的西面,不知道它的高。山距离树53里,树高9丈5尺。一个人站立在树的东面3里处,望树梢恰好与山峰斜平。人的眼睛高7尺。问:山高是多少?

答:164丈9尺$6\frac{2}{3}$寸。

术:布置树的高度,减去人眼睛的高7尺,以其余数乘53里,作为被除数。以人与树的距离3里作为除数。被除数除以除数。所得到的结果加树高,就是山高。

假设有一口井,直径是5尺,不知道它的深度。在井岸上竖立一根5尺木杆,从木杆的末端望井的水岸,切入井口的直径4寸。问:井深是多少?

答:5丈7尺5寸。

术:布置井的直径5尺,以切入井口直径4寸减之,以余数乘竖立的木杆5尺作为被除数。以切入井口直径的4寸作为除数。被除数除以除数,便得到井深的寸数。

·注释

[1] 如图9-20所示,记木为E,四表分别为A,B,C,D。A,D,E在同一直线上,连接BE,交CD于F,入前右表为CF。参相直:三点在一直线上。

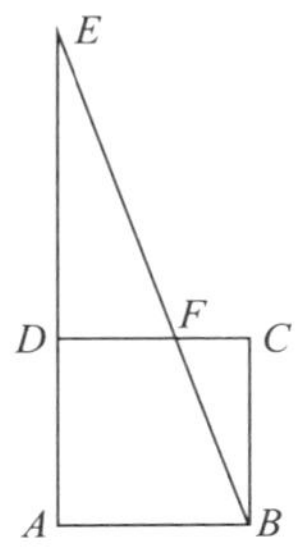

图9-20　立四表望远

[2] 术文是说木到人的距离$=(1丈)^2\div 3寸=3333\frac{1}{3}$寸。

[3] 如图 9-21 所示，记山高为 PF，木高为 $BE=9$ 丈 5 尺，木距山 $EF=53$ 里，人目高为 $AD=7$ 尺。A,B,P 在同一直线上。求山高 PF。

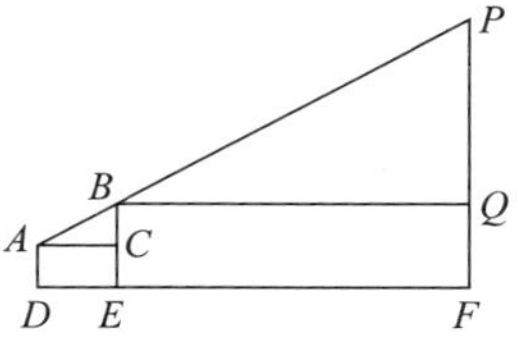

图 9-21　因木望山

[4] 这是说布置树的高度，减去人眼睛的高 7 尺。以其余数乘 53 里，作为被除数。以人与树的距离 3 里作为除数。被除数除以除数，所得到的结果加树高，就是山高。换言之，山高

$$\begin{aligned}PF &= PQ + BE = BC \times BQ \div AC + BE\\ &= 88\text{尺} \times 53\text{里} \div 3\text{里} + 95\text{尺}\\ &= 1554\frac{2}{3}\text{尺} + 95\text{尺}\\ &= 1649\frac{2}{3}\text{尺}。\end{aligned}$$

[5] 如图 9-22，记井径为 $CD=5$ 尺，立木为 $AC=5$ 尺。从 A 处望水岸 E，入径 $BC=4$ 寸，求井深 DE。

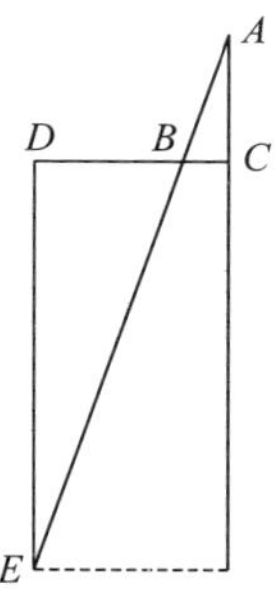

图 9-22　井径

[6] 这是说，求井深的方法是

$$\begin{aligned}DE &= (CD - BC) \times AC \div BC\\ &= (5\text{尺} - 4\text{寸}) \times 5\text{尺} \div 4\text{寸}\\ &= 575\text{寸}。\end{aligned}$$

科学元典丛书（红皮经典版）

1	天体运行论	［波兰］哥白尼
2	关于托勒密和哥白尼两大世界体系的对话	［意］伽利略
3	心血运动论	［英］威廉·哈维
4	薛定谔讲演录	［奥地利］薛定谔
5	自然哲学之数学原理	［英］牛顿
6	牛顿光学	［英］牛顿
7	惠更斯光论（附《惠更斯评传》）	［荷兰］惠更斯
8	怀疑的化学家	［英］波义耳
9	化学哲学新体系	［英］道尔顿
10	控制论	［美］维纳
11	海陆的起源	［德］魏格纳
12	物种起源（增订版）	［英］达尔文
13	热的解析理论	［法］傅立叶
14	化学基础论	［法］拉瓦锡
15	笛卡儿几何	［法］笛卡儿
16	狭义与广义相对论浅说	［美］爱因斯坦
17	人类在自然界的位置（全译本）	［英］赫胥黎
18	基因论	［美］摩尔根
19	进化论与伦理学（全译本）（附《天演论》）	［英］赫胥黎
20	从存在到演化	［比利时］普里戈金
21	地质学原理	［英］莱伊尔
22	人类的由来及性选择	［英］达尔文
23	希尔伯特几何基础	［德］希尔伯特
24	人类和动物的表情	［英］达尔文
25	条件反射：动物高级神经活动	［俄］巴甫洛夫
26	电磁通论	［英］麦克斯韦
27	居里夫人文选	［法］玛丽·居里
28	计算机与人脑	［美］冯·诺伊曼
29	人有人的用处——控制论与社会	［美］维纳
30	李比希文选	［德］李比希
31	世界的和谐	［德］开普勒
32	遗传学经典文选	［奥地利］孟德尔 等
33	德布罗意文选	［法］德布罗意
34	行为主义	［美］华生

35 人类与动物心理学讲义 ［德］冯特
36 心理学原理 ［美］詹姆斯
37 大脑两半球机能讲义 ［俄］巴甫洛夫
38 相对论的意义：爱因斯坦在普林斯顿大学的演讲 ［美］爱因斯坦
39 关于两门新科学的对谈 ［意］伽利略
40 玻尔讲演录 ［丹麦］玻尔
41 动物和植物在家养下的变异 ［英］达尔文
42 攀援植物的运动和习性 ［英］达尔文
43 食虫植物 ［英］达尔文
44 宇宙发展史概论 ［德］康德
45 兰科植物的受精 ［英］达尔文
46 星云世界 ［美］哈勃
47 费米讲演录 ［美］费米
48 宇宙体系 ［英］牛顿
49 对称 ［德］外尔
50 植物的运动本领 ［英］达尔文
51 博弈论与经济行为（60 周年纪念版） ［美］冯·诺伊曼 摩根斯坦
52 生命是什么（附《我的世界观》） ［奥地利］薛定谔
53 同种植物的不同花型 ［英］达尔文
54 生命的奇迹 ［德］海克尔
55 阿基米德经典著作集 ［古希腊］阿基米德
56 性心理学、性教育与性道德 ［英］霭理士
57 宇宙之谜 ［德］海克尔
58 植物界异花和自花受精的效果 ［英］达尔文
59 盖伦经典著作选 ［古罗马］盖伦
60 超穷数理论基础（茹尔丹 齐民友 注释） ［德］康托
61 宇宙（第一卷） ［德］亚历山大·洪堡
62 圆锥曲线论 ［古希腊］阿波罗尼奥斯
63 几何原本 ［古希腊］欧几里得
64 莱布尼兹微积分 ［德］莱布尼兹
65 相对论原理（原始文献集） ［荷兰］洛伦兹 ［美］爱因斯坦 等
66 玻尔兹曼气体理论讲义 ［奥地利］玻尔兹曼
67 巴斯德发酵生理学 ［法］巴斯德
68 化学键的本质 ［美］鲍林

科学元典丛书（彩图珍藏版）

自然哲学之数学原理（彩图珍藏版）	［英］牛顿
物种起源（彩图珍藏版）（附《进化论的十大猜想》）	［英］达尔文
狭义与广义相对论浅说（彩图珍藏版）	［美］爱因斯坦
关于两门新科学的对话（彩图珍藏版）	［意］伽利略
海陆的起源（彩图珍藏版）	［德］魏格纳

科学元典丛书（学生版）

1 天体运行论（学生版）	［波兰］哥白尼
2 关于两门新科学的对话（学生版）	［意］伽利略
3 笛卡儿几何（学生版）	［法］笛卡儿
4 自然哲学之数学原理（学生版）	［英］牛顿
5 化学基础论（学生版）	［法］拉瓦锡
6 物种起源（学生版）	［英］达尔文
7 基因论（学生版）	［美］摩尔根
8 居里夫人文选（学生版）	［法］玛丽・居里
9 狭义与广义相对论浅说（学生版）	［美］爱因斯坦
10 海陆的起源（学生版）	［德］魏格纳
11 生命是什么（学生版）	［奥地利］薛定谔
12 化学键的本质（学生版）	［美］鲍林
13 计算机与人脑（学生版）	［美］冯・诺伊曼
14 从存在到演化（学生版）	［比利时］普里戈金
15 九章算术（学生版）	〔汉〕张苍〔汉〕耿寿昌 删补
16 几何原本（学生版）	［古希腊］欧几里得

科学元典・数学系列
科学元典・物理学系列
科学元典・化学系列
科学元典・生命科学系列
科学元典・生命科学系列（达尔文专辑）
科学元典・天学与地学系列
科学元典・实验心理学系列
科学元典・交叉科学系列

达尔文经典著作系列

已出版：

物种起源	〔英〕达尔文 著　舒德干 等译
人类的由来及性选择	〔英〕达尔文 著　叶笃庄 译
人类和动物的表情	〔英〕达尔文 著　周邦立 译
动物和植物在家养下的变异	〔英〕达尔文 著　叶笃庄、方宗熙 译
攀援植物的运动和习性	〔英〕达尔文 著　张肇骞 译
食虫植物	〔英〕达尔文 著　石声汉 译　祝宗岭 校
植物的运动本领	〔英〕达尔文 著　娄昌后、周邦立、祝宗岭 译 祝宗岭 校
兰科植物的受精	〔英〕达尔文 著　唐　进、汪发缵、陈心启、 胡昌序 译　叶笃庄 校，陈心启 重校
同种植物的不同花型	〔英〕达尔文 著　叶笃庄 译
植物界异花和自花受精的效果	〔英〕达尔文 著　萧辅、季道藩、刘祖洞 译 季道藩 一校，陈心启 二校

即将出版：

腐殖土的形成与蚯蚓的作用	〔英〕达尔文 著　舒立福 译
贝格尔舰环球航行记	〔英〕达尔文 著　周邦立 译